DER BERNSTEIN UND SEINE EINSCHLÜSSE

VON

DR. ADOLF BACHOFEN-ECHT

Springer-Verlag Wien GmbH 1949

Ein Laufkäfer *(Chlaenius)* aus dem Bernstein, bei dem die natürlichen Farben gut erhalten sind.

DER BERNSTEIN
UND SEINE EINSCHLÜSSE

VON

DR. ADOLF BACHOFEN-ECHT
WIEN

MIT 188 TEXTABBILDUNGEN

Springer-Verlag Wien GmbH 1949

ISBN 978-3-211-80081-2 ISBN 978-3-7091-2303-4 (eBook)
DOI 10.1007/978-3-7091-2303-4

Ursprünglich erschienen bei Springer-Verlag in Vienna 1949.
Softcover reprint of the hardcover 1st edition 1949

Vorwort

Soll ein Buch den Leser interessieren, so muß es nicht nur interessant, sondern auch mit Interesse an der Sache geschrieben sein. Der Autor muß sich mit dem behandelten Gegenstand eingehend und liebevoll beschäftigt, ihm Jahre seines Lebens dienend geopfert haben. Und diese Forderung hat A. Bachofen-Echt mit seinem Bernsteinbuche erfüllt. In jahrzehntelanger Sammler- und Forschertätigkeit hat er, der noch als Sechziger seine alte Vorliebe für die Naturwissenschaften mit der Erwerbung des Doktortitels krönte, sich mit allem, was den Bernstein betrifft, vertraut gemacht. Mit unermüdlicher, nie erlahmender Arbeitsfreude schrieb er, vielfach schon durch Krankheit behindert, noch mit 80 Jahren das Manuskript zu dem vorliegenden Buche, dessen Drucklegung er allerdings nicht mehr erleben sollte. Bachofen trug in ihm alles zusammen, was bisher über den Bernstein, dieses fossile Harz, das als „Gold des Nordens" für Wirtschaft, Industrie, Kunsthandwerk und verschiedene Zweige der Wissenschaft von großer Bedeutung ist, bekannt war, ergänzte es durch manche eigene Beobachtung und stellte es in gemeinverständlicher Weise dar. Einen besonders breiten Raum widmete er den im Bernstein vorkommenden pflanzlichen und tierischen Einschlüssen und läßt so den längst versunkenen Bernsteinwald, seine Landschaft und sein Leben vor unseren Augen wieder erstehen. Aber auch Entstehen, Herkunft, Vorkommen, Gewinnung, Eigenschaften und Verwertung des Bernsteins werden ausführlich behandelt. Das Werk, das auch vom Verlag in dankenswert schöner Weise ausgestattet wurde, wendet sich daher an einen großen Leserkreis und hat ihm viel zu bieten. Aber auch der Fachmann wird es gern zur Hand nehmen, weil er in seinen übersichtlichen Zusammenstellungen der bisherigen Forschungsergebnisse und in dem reichhaltigen Literaturverzeichnis das leicht findet, was er sich sonst aus Hunderten von Einzelarbeiten mühevoll zusammensuchen müßte.

So übergebe ich denn das Buch in freudiger Erfüllung eines Vermächtnisses der Öffentlichkeit. Möge es vielen ein oft benützter Wegweiser in das geheimnisvolle Reich längst vergangenen erstarrten Lebens und doch lebensvollster Offenbarung werden!

Wien, im Dezember 1948.

Dr. M. Beier.

Inhaltsverzeichnis

I. Zum Geleite

Ich bin durch viele Wälder gewandert und jeder hat mir von tiefen Geheimnissen erzählt. Die gepflegten Wälder Deutschlands, die unberührten, schweigenden Buchen-Dome der Karpaten, die Palmen-Haine Ägyptens und auch die versunkenen Wälder der Steinkohlenzeit mit ihren fremdartigen Bäumen und ungeheuren Farnen stehen deutlich vor mir. Keiner von allen diesen Wäldern aber ist so wunderbar wie der Bernstein-Wald, keiner ist so voll von Geheimnissen und Offenbarungen, von keinem wissen wir so viele zarte Einzelheiten und keiner umgibt mit gleicher Schönheit, was er uns lehren will. Schon der Weg zu dem Strand, an dem wir seine Reste finden, ist voll ungeahnter Schönheit, wir müssen nur den rechten Tag und den rechten Weg wählen. Nordwärts von Königsberg liegt ein stundenweiter Wald, alte Bestände, meist Fichten und Kiefern. Der moosige Boden dämpft den Ton des Schrittes, und wenn man Glück hat, mag man leicht ein Stück Wild beschleichen. Nach Stunden Wanderns wird es lichter, und an Stelle des Nadelholzes treten Laubbäume, mächtige Eichen und Eschen. Man sieht: Hier wird seit Jahrhunderten jeder Baum geschont. Eine milde Brise sagt uns, daß wir nicht mehr fern vom Strand sind. Da sehen wir ein Wunder. Wo die stärksten Eschen ihre mächtigen Kronen breiten, sind am Boden blaue Flächen, so blau, als sei ein Stück südlicher Himmel herabgesunken. Glockenblumen meterhoch, Blütenrispen mit einem Dutzend, mit zwanzig Glocken, so groß und tiefgefärbt, wie sie sonst nirgends in deutschen Wäldern sich finden, stehen da. Nicht einzeln, Flächen, so groß wie ein Marktplatz, sind bedeckt, so dicht, daß man den Boden nicht sieht, Rispe an Rispe, Blüte an Blüte dehnt es sich unter dem dichten Laubdach rund um den ungeheuren Stamm. Schreitet man wenig weiter, öffnet sich der Raum zwischen den Stämmen, und unvermittelt steht man am Rande eines steilen Absturzes (Abb. 1). Unten liegt ein weites, ruhiges, blaßblaues Meer, soweit der Blick nach Nord reicht, und nach West und Ost zieht der Steilrand, an dem hie und da abgeglittene Waldstücke lehnen oder einzelne Bäume im letzten Kampf, sich mit ihren Wurzeln anklammernd, in verzerrten Stellungen haften. Still ist die See und sonnenbeschienen, wenn auch der hellste Tag hier draußen nicht annähernd solche Bläue auf Himmel und See kennt, wie sie drin im Walde die feuchte Brise den Glocken entlockt. Leise nur knistert der Sand, wie der Ufer-Strom von West nach Ost darüber hinspült. Wenn man aber die Küste hinunterblickt, weiß man, daß nicht jeder Tag so ist, daß hier wilde Stürme toben können und daß zeitweise die Wellen mit wüster Gewalt an dem Ufer nagen, den lockeren Sand wegspülen und sich tief in den Strand hineinbohren. Dann löst sich der reiche Humus der obersten Schichten, und mit donnernder Gewalt stürzen Erde und Waldstücke hinab oder rutschen, wo die Böschung milder geneigt ist, langsam hinab, bis der nächste Sturm wieder ein Stück ihrer Stützen forträgt und sie so dem Untergang immer näher bringt. Damit versteht man, warum der Uferwald hier geschont wird, der mit seinen Wurzeln, je älter die Bäume werden, desto tiefer in den Boden dringt und ihn festigt.

Abb. 1. Blick vom Steilufer bei Warnicken nach Osten über den Strand.

Steigt man hinunter und wandert mit offenen Augen den Strand entlang, mag es einem leicht widerfahren, daß zwischen den Sandkörnern und derben Gesteinsbrocken etwas fremdartig aufleuchtet. Wenn wir danach greifen, ist es ein leuchtender goldiger Splitter, wunderlich leicht an Gewicht: Bernstein. Tobt hier der Sturm durch Tage und wühlen die Wogen bis hinunter auf den Grund der Ostsee, so kommen tausende von Kilo Bernstein, eingehüllt in Tang und Krett, in einem Gewirr von Meerespflanzen oder auch frei an die Oberfläche und werden an den Strand geworfen. Dann ist großer Erntetag für die Strandleute. Was Beine

Abb. 2. Bernsteinfischer nach einem Sturm am Strande der Ostsee.

hat, jung und alt, zieht hinunter zum Strand und sammelt, was am Ufer liegt, oder watet hinaus, soweit es gehen mag, und zieht mit langen Rechen das treibende Gut, den Strandsegen, an Land (Abb. 2). Denn der Strom rastet nicht und trägt oft in nächster Sicht die zusammengeballten Tange und ihren leuchtenden Inhalt an einem Ort vorbei und wirft sie weiter östlich, wo schon andere Strandrecht haben, ans Ufer. Seit Jahrtausenden waren hier die Sturmtage Erntetage (Abb. 3). Freilich fand man auch drin im Land weitab vom Strand an vielen Stellen im Boden das prächtige Gestein, und mancher Acker trug wertvollere Ernte, wenn man ein „Nest" Bernstein in ihm fand, als wenn man zwanzig Jahre auf ihm säte und Frucht heimführte. Noch immer bringt die See Bernstein an Land und Zufallsfunde werden gemacht, das genügt aber nicht mehr dem Bedarf. Längst hat Großbetrieb eingesetzt und fördert in bergmännischem Abbau ein Vielfaches von Seestein als Bergstein (Abbildung 4).

Abb. 3. Bernsteinfischer. Die Galgen erinnern an das harte Bernstein-Recht. Nach einem alten Stich.

Abb. 4. Bergmännischer Abbau des Bernsteins bei Paniken.

Was Aristoteles und Plinius wußten, das Mittelalter aber vergaß, hat man vor kaum zwei Jahrhunderten wieder erkannt und daran geforscht. Zweige und Blüten, viele damals lebende Pflanzen und Reste einer reichen Tierwelt sind in dem klaren Harz eingeschlossen und in ihrer Schönheit bewahrt. Freilich müssen wir viele Stücke untersuchen, wenn wir, wie ein edelstes Mosaik, das Leben jener fernen Zeit erkennen und wieder in seinen Zusammenhängen vor uns aufbauen wollen.

Die folgenden Blätter und Bilder sollen versuchen, eine Vorstellung zu vermitteln, wie der Wald und seine Bewohner aussahen, welche Schicksale das Harz einiger Bäume, das zum Bernstein erhärtete, erlebte und welche Beziehungen zwischen dem Leben jener fernen Zeit und heute bestehen. Selbstverständlich kann es nicht die Aufgabe dieses Büchleins sein, neue, bisher unbekannte Formen eingehend zu beschreiben. Diese Arbeit, die sich reichlich lohnt, weil immer neue Arten gefunden werden, kann nur von Forschern, die ein scharf umrissenes Gebiet der Naturwissenschaft bearbeiten, geleistet werden. Unzählige Einzelstudien werden nötig sein und sind zum Teil schon durchgeführt, die uns den ungeheuren Artenreichtum enthüllten. Dieses Buch will nur ein Führer sein durch einen Wald, der vor Millionen von Jahren voll Leben war, und Schritt für Schritt Blicke in seine einzigartige Schönheit vermitteln.

Wenn ihm das gelingt, hat es seine Aufgabe erfüllt.

II. Heimat und Wanderung

Wenn man von der Heimat des Bernsteins spricht, denkt man zunächst nur an das Gebiet der Ostsee, an die Gestade des Samlandes, wo ihn die Wellen ans Ufer tragen und fleißige Arbeit aus der Erde fördert (Abb. 5). Seit Jahrtausenden wandert er von hier in die Welt. Aber ist hier seine wahre Heimat, wuchsen hier die Bäume, die dieses edelste Harz ausschieden? Noch C o n w e n t z nahm an, daß die Fläche der Ostsee einst von Wald bedeckt war, in dessen Boden das Harz eingelagert wurde, in dem er die Spuren einer reichen, darin eingeschlossenen Flora verfolgte und einen großen Artenreichtum feststellte. Er stellte gründliche Berechnungen an über Größe und Dauer der Bestände, die nötig

Abb. 5. Karte des Samlandes. Die Bernsteinvorkommen längs der Küste schwarz eingezeichnet.

wären, um die im Samland und dem umgebenden Meere versunkenen Mengen, die er mit 4.800,000.000 kg berechnete, zu erzeugen.

Heute wissen wir mit voller Sicherheit, daß das Gebiet, wo das Harz, das zu Bernstein wurde, aus den Bäumen floß, nicht das gleiche war mit dem, wo wir ihn heute finden. Durchforschen wir die ältesten Schichten, in denen er eingelagert ist und aus denen er gegraben wird, finden wir in engster Gemeinschaft mit ihm mancherlei Muscheln, Haifischzähne, Krabben, Seeigel, eine reiche Meeresfauna, von der über 150 Arten beschrieben und genau mit Funden aus anderen Ablagerungen verglichen worden sind, so daß die Zeit, in der sie lebten, festgestellt werden konnte. Die im Bernstein erhaltene Landfauna übertrifft in ihrer Anzahl der Arten die Meerestiere ungeheuer. Es drängt sich aber auch die Frage auf, ob diese beiden Faunen gleichzeitig gelebt haben. Die Lebensgemeinschaft der Meeresbewohner hat in dem stillen Meeresteil gelebt und ihre Reste wurden mit dem von Flüssen dem Meer zugeführten Bernstein gleichzeitig von Sanden und Sinkstoffen umhüllt und überdeckt. Als besonders charakteristisch und für die Zeitbestimmung der Ablagerungen maßgebend gilt unter den Muscheln *Ostrea ventilabrum,* die ein Leitfossil für das Oligozaen ist.

Wir wissen, daß nach Ablagerung der senonischen Kreide auch hier mächtige Krustenbewegungen stattgefunden haben müssen; denn auf den später festen und mergeligen Ablagerungen der Kreide ist nur eine geringe Folge von eozaenen und darüber oligozaenen Schichten aufgelagert. Während im Senon ganz charakteristische kleine Belemniten vorkommen, finden wir hier typische tertiäre Reste von Tieren vollständig anderer Herkunft. Es hatte offenbar zunächst eine Hebung stattgefunden, die wahrscheinlich die Kreideschichten über den Meeresspiegel oder bis in seine Nähe hob, so daß früh-eozaene Ablagerungen in diesem Gebiet nicht in Erscheinung treten. Darauf sank die Oberfläche wieder und wurde neuerdings überflutet. Die Senkung muß bedeutend gewesen sein, da die Meeresfauna aus mittlerer Tiefe stammt. Zweifellos wurde das nördlich liegende Festland von der Bewegung ebenso ergriffen wie der Boden des Meeres und so erklärt sich, daß bedeutende Abschwemmungen dort stattfanden, wahrscheinlich auch von der Küste bedeutende Teile abgetragen wurden, in ähnlicher, freilich wesentlich größerer Ausdehnung und Tiefe als heute an der Nordküste des Samlandes. Die Zeit zwischen der Ablagerung der Kreide und den erhaltenen spät-eozaenen Schichten von geringem Ausmaß muß eine bedeutende Länge gehabt haben. In sie fällt ja die weitgehende Umgestaltung der Pflanzenwelt, die in der Kreide sehr weit gediehen war, aber in der Spanne bis zur Zeit, in der der Bernstein gebildet wurde, sich wesentlich weiter der lebenden Flora näherte. Daneben ging auch eine bedeutende Umgestaltung der Tierwelt vor sich.

Den Untergrund der tertiären Schichten bildet hier und weit nach Rußland hinein senonische Kreide. Der darin häufig vorkommende Belemnit ist ein Beweis, daß es sich um Ablagerungen eines Meeres auch hier handelt. Dieses Meer bedeckte, abgesehen von einigen Inseln, nicht nur ganz Norddeutschland, sondern griff weit hinein nach Polen und Rußland. Nördlich fand es seine Grenze an den Urgebirgen Fenoscandiens, die das heutige Skandinavien, Finnland und wahrscheinlich auch den nördlichen Teil der Ostsee umfaßten. Der am weitesten nach Südwest vorgeschobene Pfeiler ist Bornholm; Gotland und die anschließende Flachsee Hogebank und Mittelbank waren wahrscheinlich mit dem Festland verbunden. Jenseits des Meeres nach Süden war das nächste Festland die Böhmische Masse und die alten Bergzüge, die eine Verbindung mit den Schiefergebirgen des Mittel-Rheins bilden. Weitaus die nächste Küste war die Fenoscandiens, die von der heute erhaltenen Ablagerungsstelle des Bernsteins kaum mehr als 150 km entfernt war.

Die Schichten, die zum Eozaen gerechnet werden, enthalten schon etwa 13 m über den letzten Kreidemergeln Bernstein in geringen Mengen. Wenig höher, etwa 20 m über der Kreide, folgen die graugrünen glimmerreichen tonigen Sande, die die wichtigsten Ablagerungen von Bernstein enthalten und, obwohl sie durchaus nicht blau sind, als „Blaue Erde" bezeichnet werden. Darüber folgen dann in lebhafter Abwechslung oft sehr dünne Schichten aus grobem und feinem Sand, stärker oder schwächer kalkhaltige Tone und schließlich diluviale Blocklehme und Humus. Kauenhoven weist nach einer Bohrung, die bis in die Kreide getrieben wurde (ca. 100 m), über der Blauen Erde 19 verschiedene Schichten nach. Es scheint danach, daß ein lebhafter Wechsel von Hebungen und Senkungen stattgefunden hat, wobei die Hebungen überwogen, so daß schließlich Verlandung eintrat (Abb. 6).

Wir müssen annehmen, daß Fenoscandien durch lange Zeit die ungeheuren Wälder trug, in denen die Bernsteinbäume standen, starben und moderten. Das Harz floß an den Stämmen nieder oder gelangte mit den niederbrechenden Bäumen in den Mulm des Waldbodens. Holz und Laub vermoderten, nur das Harz wurde von der Humussäure nicht angegriffen, und Holzstücke, die von Harz durchtränkt oder darin eingeschlossen waren, blieben unverändert. Es scheint wahrscheinlich, daß bereits im Waldboden das Harz verhärtete (vielleicht durch Einwirkung der Humussäure?). Es wäre sonst die prachtvolle Erhaltung der äußeren Form vieler Stücke, an denen wir Studien über das Fließen und Erstarren des Harzes anstellen können, vollständig unmöglich. Wenn es in weichem Zustande aus dem Boden ausgespült wurde und seine Reise in Bächen, Flüssen und zuletzt im Meere antrat, wäre mindestens die äußere Gestalt verwischt oder ganz zerstört worden. Auch das salzige Meerwasser griff das Harz nicht an und, da sein spezifisches Gewicht nur wenig höher war als das des Wassers, wurde es bei diesen Transporten nicht in die an-

Abb. 6. Eine alte, aufgelassene Bernsteingrube. Zeigt die wechselvolle Schichtenreihe über der „Blauen Erde".

deren Geschiebe gemischt, sondern glitt darüber hin. Es wurde erst dort eingelagert, wo das Wasser ruhig stand, also wohl in ruhigen Buchten, und wurde dort von Sanden und feinen Sinkstoffen bedeckt. Einer der fenoscandischen Küste nächsten Punkte, wo es abgelagert wurde, war dort, wo heute das Samland und das umgebende Meer liegen. Neben den Transporten durch Flüsse ins Meer können gewiß auch Abbrüche der Küste mitgewirkt haben, so daß Bernstein in das Meer gelangte und von Strömungen weiter verfrachtet wurde. Das Gebiet des heutigen Samlandes war aber weitaus nicht die einzige Stelle, wo Bernstein zur Ruhe kam, sondern große Mengen wurden weit hinaus in das Meer verfrachtet, vielleicht mit nicht vollkommen vermoderten Stämmen befördert, wie heute im Stillen Ozean an weitab gelegenen Inseln Mengen von Holz und ganze Stämme aus Indien angeschwemmt werden. Bei den Festungsbauten von Brest-Litowsk wurden bedeutende Mengen von Bernstein in tertiären Schichten gefunden, bei Kiew liegt er in den *Spondylus*-Tonen, die als Ober-Eozaen gelten, und bei Charkow und Jekaterinoslav, sowie weiter südlich bei Borislav ist er bestätigt. Ob ein Vorkommen bei Kaltodaschansk am Ural tertiär ist, konnte ich nicht feststellen. Die Möglichkeit plistozänen Transportes scheint an dieser Stelle wahrscheinlicher (Abb. 7). Die Feststellung J e n t s c h s in den grauen

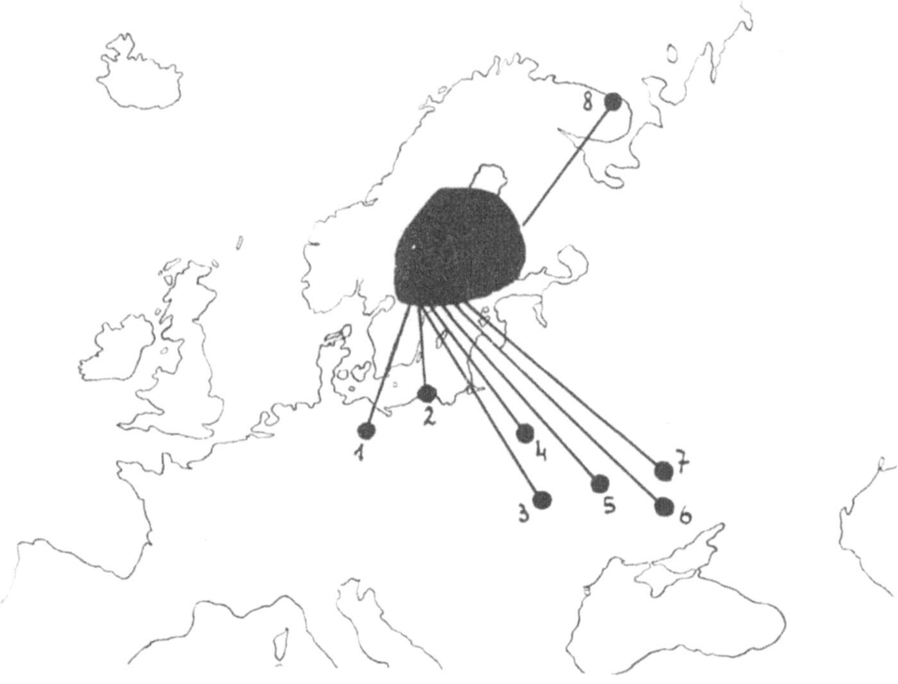

Abb. 7. Die Vorkommen von Bernstein im nördlichen und östlichen Europa, die von tertiären Transporten aus dem ursprünglichen Gebiete des Bernsteinwaldes im heutigen Fenoscandien stammen. 1. Eberswalde, 2. Samland, 3. Shitomir, 4. Brest-Litowsk, 5. Kiew, 6. Jekaterinoslaw, 7. Charkow, 8. Swjatoi Noss.

Letten des Samlandes, die ca. 13 m über der Kreide liegen und als spätes Eozaen gelten, stimmt gut überein mit den Beobachtungen in Rußland. Am Nordrand der Böhmischen Masse wurde unter August dem Starken in tertiären Schichten bei Schmiedeberg Bernstein gegraben. Leider sind die Stücke beim Brand des Zwingers zerstört worden und es scheint durchaus möglich, daß das Harz von Bäumen stammte, die auf dem Erzgebirge wuchsen.

Wenn wir alle genannten Vorkommen, die für die außerordentlich weiten Transporte im Meer wichtig sind, mit der Menge des Bernsteins in den samländischen Schichten vergleichen, bleibt das dortige Vorkommen weitaus das reichste. Auf deutschem Boden sind einzelne Funde in tertiären Ablagerungen in Schlesien und Brandenburg (Eberswalde) noch zu erwähnen.

Das Vorkommen in der Blauen Erde müssen wir, da ja unbedingt die Ablagerung im Boden der Wälder vorhergegangen ist, als sekundär betrachten. Nur ein Teil des hier eingeschlossenen Bernsteins ist bis zu unserer Zeit an der Stelle geblieben, wo er zu Boden sank. Eine Unterbrechung der 1 bis 10 m starken Schichten, die ihn enthalten, bildet bereits eine steinleere Zwischenschicht von Sand. Wie schon gesagt, liegen darüber in reicher Folge wechselnde Ablagerungen, die alle mehr oder weniger Bernstein enthalten. Dazu gehört eine spät-tertiäre Schicht, in der Braunkohlen mit flözleeren Zwischenlagen abwechseln.

Zur Zeit dieser Ablagerung war die Hebung so weit fortgeschritten, daß nahe dem Ufer Sümpfe entstanden, in denen das Holz vermoderte. Um dasselbe zu Braunkohle werden zu lassen, ist aber ein Sinken des Gebietes notwendig. Es fand also wieder ein Absinken statt, sowie Einbrüche des Meeres, wobei wieder Sande abgelagert wurden. Diese sind meist dunkel gefärbt, was auf eingeschwemmte Tange und andere Pflanzenreste schließen läßt. Die Braunkohlen enthalten keinen Bernstein, es bestanden danach um diese Zeit hier, in der Umgebung der entstehenden Kohlenlager, keine Bernsteinbäume mehr. In Zwischenschichten findet er sich jedoch, also vom Meere eingeschwemmt.

Diese Bernsteinstücke sind aus älteren Schichten ausgewaschen, befinden sich also mindestens an dritter Ablagerungsstelle, möglicherweise waren sie auch schon dorthin aus einer älteren Schicht gelangt und liegen dann an vierter Stelle. Wir können ja heute gleiche Vorgänge immer wieder beobachten, da das Meer an der Steilküste des Samlandes nagt und immer wieder die ganze anstehende Schichtenfolge zum Einsturz bringt, so daß gleichzeitig aus den verschiedensten Schichten der darin enthaltene Bernstein wieder ins Meer kommt und von der Strömung weiter getragen wird. An passender Stelle wird er dann neuerdings angelagert und es liegen dann sicher Stücke zusammen, die nur einmal, mit anderen, die zum vierten oder fünften Mal umgelagert sind. Alle aber stammen aus der frühesten Ablagerung, der „Blauen Erde". Gerade die häufigen Hebungen und Senkungen, die nachweisbar sind, bringen auch für ältere Zeiten den Gedanken nahe, daß alte Ablagerungen nicht nur an der Küste abgetragen wurden, sondern daß auch der Boden des Meeres aufgewühlt und der dadurch losgehobene Bernstein irgendwo abgelagert wurde, häufig gemischt mit solchem aus jüngeren Schichten. Dank seiner Eigenart, dem geringen spezifischen Gewicht, konnte der Bernstein alle diese Transporte, ob sie sich nur in engen Grenzen abspielten oder über weite Entfernungen gingen, unbeschädigt überstehen.

Gegen Ende des Pliozaens war die Abkühlung des in Eozaen und Oligozaen mindestens subtropischen Klimas so weit vorgeschritten, daß die Gletscher der hohen Gebirge immer tiefer ins Land herabstiegen und Schritt um Schritt nicht nur die Pflanzen- und Tierwelt vernichteten oder zur Abwanderung zwangen, sondern auch die Ablagerungen früherer Perioden vollständig zerstörten und abtrugen. Das Eis bedeckte schließlich nicht nur ganz Fenoscandien, sondern füllte die Ostsee, überdeckte die verlandeten Gebiete Norddeutschlands und trieb seine Moränen weit nach Süden vor, in ihnen die Geschiebe aus dem Norden ablagernd. Wiederholt zog es sich zurück und stieß neuerdings vor, und ähnlich wie heute die Eismassen Grönlands, dürfte seine Mächtigkeit über Ostsee und Samland 3000 m betragen haben. Wie jeder Gletscher, schürfte die sich langsam bewegende Masse nicht nur die Oberfläche ab, sondern der ungeheure Druck ihres Gewichtes hatte in den älteren Schichten Stauchungen weicherer Gesteine zur Folge. Bis weit in die norddeutsche Ebene hinein können wir diese Wirkung des Druckes beobachten. Im Samland finden wir Schollen des Tertiär vollständig in diluvialen Blocklehm eingehüllt und von ihrer ursprünglichen Umgebung losgelöst. Die größte bei Nußkern gelegene hat eine Länge von etwa 6 km und eine bedeutende Breite.

Auf ihrem Rücken trugen die Gletscher ungeheure Massen von Blöcken aus den skandinavischen Bergen bis weit nach Norddeutschland und Holland, bei Rückzügen bauten sie gewaltige Moränen und die langen Rücken der Oser in Schweden auf. In der Tiefe verarbeiteten sie die alten Schichten und zermalmten sie zu feinsten Körperchen, die in großer Mächtigkeit aus den abfließenden Wässern und als Staub vermahlen, durch Stürme vertragen, im Vorland der Gletscher zur Ablagerung kamen. Die Wege und Richtungen, in denen sich die Gletscher bewegten, hat I. Korn durch genaues Studium der in Holland, Deutschland und Rußland abgelagerten Geschiebe und Vergleich derselben mit den in skandinavischen Gebirgen anstehenden Gesteinen feststellen können. Die Wege der Schmelzwässer, die den Untergrund der Gletscher begleiteten und die Materialien, die diese mitführten, sowie die durch ihre Kraft erfolgte Zerstörung älterer Schichten sind nicht festzustellen, da sie durch die bei dem Rückzug der Gletscher entstehenden Ablagerungen immer wieder verdeckt und überlagert wurden. Gewiß förderten sie große Mengen von Bernstein hinaus und lagerten sie dort ab, wo stillere Strömung war oder einzelne

Flußarme bei Wechsel der Richtung des Hauptstromes zu stehenden Wässern wurden. So mögen die einzelnen Stücke, die in Brandenburg und in Schlesien in plistozänen Ablagerungen gefunden wurden, dahin gekommen sein, wie auch Stücke auf Moränen gerieten. Wichtiger als die Flüsse in der Zeit der starken Vereisung wurden für das Verbringen des Bernsteins die um ein Vielfaches mächtigeren Ströme in der Zeit des letzten Rückganges der Gletscher. Ungeheure Massen von Schmelzwässern müssen in dieser Zeit abgeflossen sein und diese zerstörten Schichten, in denen Bernstein lag, führten denselben mit und lagerten ihn neuerdings ein. So kommt es, daß in Samland kaum ein tieferer Brunnen gegraben oder eine Drainage angelegt wird, ohne daß Bernstein gefunden wird. An Stellen, wo das Wasser eine Zeit stagnierte, entstanden schon im nördlichen Teil Ostpreußens sogenannte Nester, wo größere Mengen oft dicht zusammen eingelagert wurden. Am stärksten finden sich solche jedoch südlich des Uralisch-baltischen Landrückens, auf dem lange der Südrand des Eises auflag. Durch den starken Fall des Wassers an dessen Südrand wurden offenbar tiefe Kolke ausgespült, in denen der Bernstein stellenweise in großen Mengen eingelagert wurde. Von den Vorkommen im Norden des Landrückens seien als die wichtigsten Fundstellen genannt: Heiligenbeil, Schillingehnen, wo ein Stück mit $6^3/_4$ kg gefunden wurde, Schlappacken bei Gumbinnen. Südlich des Landrückens sind die Vorkommen von Johannisburg und Ortelsburg, Schimanen, Willenberg, Allenstein, Kreis Neidenburg, die wichtigsten. An vielen dieser Orte wurde durch lange Zeit bergmännisch Bernstein gewonnen. Alle diese Gewässer, die aus den Gletschern abflossen, und was von Süden von der Böhmischen Masse, vom Harz und Thüringen abströmte, sammelten sich in einem ungeheuren Strom, der am Südrand der Eismassen westwärts zog und westlich von dem heutigen Schleswig in einem weit nach Norden vorgeschobenen Delta in die Nordsee mündete. So weit dieser Strom in lebhaftem Flusse war, wurde kein Bernstein angelagert, sondern er wurde über den schweren Geschieben hingleitend mitgeführt bis dorthin, wo im Delta immer wieder tote Arme entstanden, in denen das Wasser stillstand. Hier sank er zusammen mit feinen Sanden zu Boden und es entstanden neue, vielfach sehr reiche Nester (Abb. 8). Von diesen Ablagerungen stammen die Bernsteine, von denen die ursprüngliche Versorgung Italiens mit dem sehr gesuchten, edlen Gestein ausging und die Funde aus dem westlichen Jütland. Wahrscheinlich sind die Bernsteininseln des Plinius und anderer römischer Schriftsteller die Nordsee-Inseln, wo vermutlich ein Handelsplatz für Bernstein lag.

Bei weiterem Rückgang des Eises scheint eine Verbindung der Ostsee zum Weißen Meere bestanden zu haben, auf die wohl das Vorkommen von einzelnen Stücken am Ufer dieses Meeres zurückgeht. Der Einstrom der Flüsse zur Ostsee überwog und überwiegt noch heute weitaus die Menge der Verdunstung und, als sich bei weiteren Krustenbewegungen die Verbindung nach Norden und wohl auch jene, die eine Zeit über die Senke, in der heute die

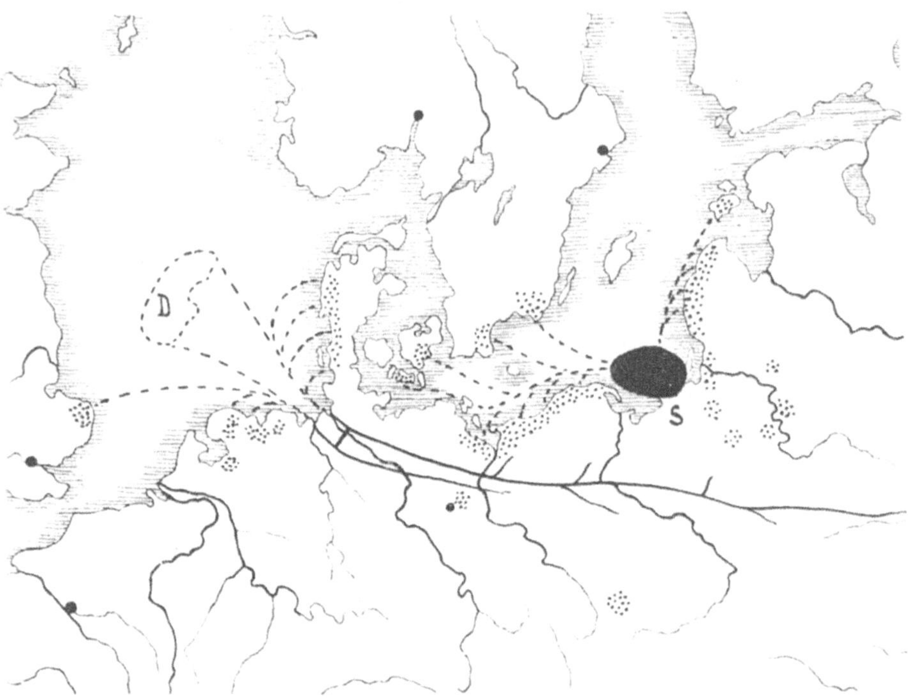

Abb. 8. Spätere Transporte des Bernsteins aus seiner sekundären Lagerstätte im Samlande durch Meeresströmungen und Flüsse der Eiszeitperiode in die (punktierten) heutigen Lagerstätten.

großen schwedischen Seen liegen, schloß, bildete sich der Abfluß durch die Belte und den Sund nach der Nordsee, durch den die Wässer der Ostsee abfließen, wodurch diese immer salzarmer wird. Diese Verbindung hat einen gewaltigen Einfluß auf die Strömung und in dieser Zeit mögen die Vorkommen von Bernstein in Jütlands Osten und auf Schonen entstanden sein. Obwohl die Hauptströmung westwärts gerichtet ist, zieht an der Südküste, vor allem im östlichen Teil der Ostsee, fast immer eine Strömung nach Osten entlang dem Ufer und nagt an demselben. Sicher seit vielen Jahrtausenden greift dieser Strom die Steilküste an, die von tertiären und plistozänen Schichten, die sehr wenig widerstandsfähig sind, gebildet wird und wäscht sie aus, so daß immer wieder die Lehnen ins Meer abrutschen. Obwohl der Rückgang nur höchstens 100 m in einem Jahrhundert beträgt, liegen viele Kilometer weit ins Meer hinaus mächtige Blöcke aus nordischen Gesteinen, die in der Eiszeit von den Gletschern in dem sogenannten Blocklehm hier abgelagert wurden (Abb. 9). Die Strömung nimmt alle feineren Sande und geringen Geschiebe mit sich nach Osten, aber diese oft viele Tonnen schweren Blöcke bleiben liegen, wo sie auf den Grund sanken. Von der Küste beginnend, reicht der ganze Komplex von Schichten des Tertiär und Diluv, der aus nicht sehr festen Materialien aufgebaut ist, weit hinein in das Land. Von Nodems bis Brüsterort streicht die Küste nordwärts, dann über Rauschen ostwärts nach Kranz, wo sie zu verflachen beginnt. Hier verschwinden die älteren Schichten am Strand vollständig und geologisch sehr junge, das Haff von der See trennende Dünen treten an ihre Stelle. Ihr noch immer fortdauernder Aufbau erfolgt aus Zerstörungsprodukten, die vom Westen herangeführt werden. Mit diesen wird auch der Bernstein, der darin lagerte, herangetragen und abgelagert, wo günstige Bedingungen herrschen. Durch diese Transporte entstanden die Nester, die sich nahe dem Strand in Estland und auf Ösel finden und als wichtigstes jenes im Frischen Haff, das durch Stalin und Becker durch Ausbaggerung, die viele Tausende von Kilogramm förderte, genutzt wurde.

Abb. 9. Steilküste bei Warnicken. Zeigt die aus dem Blocklehm stammenden Gesteinstrümmer, die am Strande liegenbleiben, während die feineren und leichteren Teile nach Osten verfrachtet werden.

Wenn man zwischen Brüsterort und Kranz nahe am Wasser steht, hört man leise den Strom ziehen, der fortwährend Sand gegen Osten fördert, und hie und da findet man im Ufersand ein Körnchen, das golden glänzt, oder Sprockholz, das aus den Braunkohlen stammt. Wenn Sturm herrscht, schlagen mächtige Wellen gewaltig ans Ufer und waschen aus der ganzen Schichtenfolge Massen heraus, die abrutschen, vom Strom ergriffen und aufgearbeitet werden. Sehr gefördert wird diese Zerstörung durch Tagwässer, die durch Spalten im Blocklehm niedersickern, die darunter liegenden Sande und Braunkohlen auswaschen und lockern. Schließlich treten sie in irgend einer Schicht nahe dem Strand oder höher in dem Steilrand als Quelle aus. Am längsten hält der von einer dünnen Humusschicht überdeckte Blocklehm aus, während die tieferen Schichten schon stark ausgewaschen sind. Schließlich stürzt er, haltlos geworden, plötzlich ab, die Pflanzendecke mit sich reißend. Im Meer bleiben dann nur die schweren Blöcke liegen, während die leichteren Teile aufgearbeitet werden. Ein interessantes Erlebnis erzählte mir ein Hirt, der dort seine Herde trieb. Eines Tages wollte das Vieh durchaus nicht die letzten hundert Schritte gegen den Steilrand gehen, wo doch das beste Futter wuchs. Wenige Tage später stürzte ein breiter Streifen plötzlich zusammen und rollte meerwärts. Die Tiere hatten die unterirdische Bewegung schon Tage vorher empfunden und das verdächtige Stück Land gemieden. Neben den bedeutenden Transporten von Bernstein nach Osten in unserer Zeit werfen Stürme auch geringere Mengen von Bernstein an der Küste von Pommern aus und die Vorkommen in Schonen stammen aus jungen Zeiten, wo nach genauen Aufnahmen an über hundertundfünfzig Stellen Bernstein gefunden worden ist. Damit sind wahrscheinlich noch nicht alle Wege aufgezeigt, auf denen er immer wieder weitergetragen worden ist, und alle Stellen, wo er heute gefunden wird. Das erstaunlichste scheint mir, daß wir noch einen letzten Rest jenes zweifellos ursprünglich wesentlich ausgedehnteren Gebietes, wo seine erste Ablagerung, nachdem er ins Meer vertragen wurde, entstand, unberührt finden konnten.

Als Menschen den Strand der Ostsee zuerst betraten, müssen ungeheure Mengen dort auf dem Sand und von diesem bedeckt gelegen haben. Wie überall, wo wir Spuren unserer frühen Ahnen finden, sehr bald die Freude am Schönen aufscheint, war es wohl auch hier. Schon in der Altsteinzeit hat der Mensch sich an der Schönheit des Bernsteins gefreut. Aus Sibirien kam eine Figur, die wahrscheinlich ein junges Wildpferd darstellt, die mit großem Geschick geschnitten ist, und rohe Perlen finden sich in sehr alten Gräbern Nordeuropas. Aus der mittleren Steinzeit stammt eine Anzahl sehr interessanter Figuren von Menschen, von Knöpfen und allerhand Gegenständen, deren Verwendung und Bedeutung noch nicht klar ist, die bei den Baggerungen zu Tage kamen, die Stalin und Becker im Haff durchführten. Besonders die menschlichen Figuren verdienen warmes Interesse, weil sie im Gegensatz zu den herrlichen Felszeichnungen und Kleinplastiken Frankreichs und Deutschlands, die viel seltener Menschen darstellen als die verschiedensten Tiere, gerade den Menschen zwar in sehr roher Arbeit, aber durchaus kenntlich vorführen. In der jüngeren Steinzeit finden wir besonders in Schweden Nachahmungen von Äxten und anderen Gegenständen in zierlicher Form und Größe, fein geglättet, als Grabbeigaben. In der Bronzezeit besteht schon ein lebhafter Handel nach dem Süden Europas und nach Asien.

Abb. 10. Die Transportwege des Bernsteins in geschichtlicher Zeit. - · · — · — Transportweg der Phönizier, × × × der Griechen, - · — - - --- und . . . . der Römer.

Homer kannte schon das Elektron und in den Gräbern von Mykene und auf Kreta, sowie in Ägypten finden sich Schmucksachen von großer Schönheit, und man verwendete Elektron zur Bereicherung von Goldschmiedearbeiten. In der Hallstatt-Zeit finden wir es mit Vorliebe zum Schmuck der Waffen verwendet. In Italien wurde wahrscheinlich ursprünglich dort vorkommendes wesentlich weniger schönes Material verwendet; aber als man Bernstein kennengelernt hatte, entwickelte sich ein lebhafter Handel zunächst von der Nordsee her mit dem aus Jütland und den vorliegenden Inseln stammenden Bernstein, der auf der Handelsstraße über Rhein und Rhône das Mittelmeer erreichte, später auch über Carnuntum ging. Im Osten ging die wichtigste Handelsstraße die Weichsel aufwärts und über Nord- und Ostrand der Karpaten zum Schwarzen Meer nach Byzanz und Kleinasien. Funde von wohlsortierten Niederlagen, die mehrfach in der Erde verborgen in der Nähe von Breslau gefunden wurden, lassen auf eine Querverbindung nach Carnuntum und Rom schließen. China hat in sehr früher Zeit auf den gleichen Wegen, auf denen auch griechische Werke dorthin wanderten, Bernstein bezogen. Bekannt ist, daß zur Zeit Neros Rom mit dem über den Handel ihm zugeführten Bernstein nicht das Auskommen fand und der Kaiser einen Zenturio direkt nach der Bernsteinküste entsandte. Derselbe erreichte wohl als erster Römer das Samland und brachte so große Mengen nach Rom, daß die Netze im Zirkus mit Bernsteinstücken verziert werden konnten (Abb. 10).

III. Bernstein

Daß Bernstein ein verhärtetes Harz ist, wußten schon Griechen und Römer, ebenso kannten sie seine Eigenschaft, durch Reiben Anziehungskraft zu gewinnen. Der Zeit chemischer Forschung blieb vorbehalten, seine chemische Zusammensetzung und Unterschied derselben von anderen fossilen und rezenten Harzen festzustellen.

Dem Bernstein durchaus eigen ist sein Gehalt an Bernsteinsäure (COOH.CH 2.COOH), der von 3·2% bis 8·2% schwankt. An Grundstoffen ergibt der Durchschnitt vieler Analysen: C (Kohlenstoff) 78·047%, H (Wasserstoff) 9·88%, O (Sauerstoff) 11·74%, S (Schwefel) 0·42%, Asche 0·19%. Diese Zahlen gelten für reinen Bernstein ohne Beimischungen. Die Beimischung kann jedoch ein Vielfaches betragen, wodurch natürlich der Aschengehalt vergrößert und die Verhältniszahlen der Grundstoffe beeinflußt werden. Die Löslichkeit in Äther schwankt von 18 bis 23%, in Alkohol von 20 bis 25%. Das spezifische Gewicht liegt zwischen 1 und 1·3, der Härtegrad beträgt 2 bis 2·5.

Nicht sehr fern dem Bernstein steht der Rumenit, der spärliche Mengen von Bernsteinsäure enthält, jedoch in wesentlich jüngeren Schichten (Sarmat) vorkommt. Andere fossile Harze aus tertiären Schichten des Appenin, der Sienit Siziliens, die Vorkommen in Spanien, Burma u. a. m., sind ohne Bernsteinsäure, die auch plistozänen Kopalen aus Afrika, Neuseeland, den Philippinen und anderen Inseln des stillen Ozeans fehlt.

Mit diesen Feststellungen ist der Unterschied zwischen Bernstein und anderen tertiären Harzen keineswegs erschöpft. Er übertrifft alle in der Vielfältigkeit seiner Färbung und dem leuchtenden Glanz, den er geschliffen gewinnt. Zur Bearbeitung ist er besonders geeignet und kein anderes Harz besitzt eine annähernd so reiche Vielfältigkeit an Einschlüssen von Pflanzen und Tieren. Wir finden Stücke von voller Durchsichtigkeit und goldgelber Farbe, dann grünliche, selten erscheinen gesättigtes Rot, dunkelblau, ja fast schwarz. Noch größer wird die Mannigfaltigkeit bei den Stücken, die mancherlei anorganische oder organische Beimischungen enthalten, es mögen Erde, Luftbläschen oder Säfte des Baumes sein, die in das Harz gerieten, als es noch flüssig war. Oft erheblich breite und lange dünne Stücke verdanken ihre reiche Farbentönung zweifellos Säften, die neben dem Harz in Spalten des Baumes aufstiegen und sich mit dem Harz mischten. Der Bergmannsname ist: Platten. Die im Handel „Knochen" genannten Stücke sind durchsetzt mit dicht gelagerten Luftbläschen von nur 0·0008 mm Durchmesser (Kaunhoven). Sie erscheinen dadurch vollkommen weiß. Buntknochig heißen die Stücke, die einen reichen Wechsel von klaren und vollkommen weißen Stellen zeigen. „Bastard", der in verschiedenen Tönen zwischen weiß und gelb spielt, enthält noch kleinere Luftbläschen. „Klar" heißen Stücke, die vollständig durchsichtig und gelb sind; „grünklar" hat einen grünlichen Ton. Die Beimengung unzähliger kleinster Luftbläschen scheint mir am ehesten dadurch erklärbar, daß das Harz, noch in Hohlräumen eingeschlossen, stark erwärmt wurde und dann durch eine vielleicht neu entstehende Öffnung austrat und Luft absorbierte, ähnlich wie heißes Wasser, das unter Druck stand, bei plötzlichem Austreten sich durch unzählige kleinste Luftbläschen trübt. In dem zähen, sich verfestigenden Bernstein konnten die Bläschen nicht mehr entweichen.

Beim Sortieren des Bernsteins werden mehr als 100 Sorten unterschieden, wobei von kleinsten Körnern bis zu großen Stücken und bei verschiedenen Farbentönen der Wert sehr verschieden ist. Nur ein verhältnismäßig geringer Teil wird zu Schmuck, der weitaus größte zu chemischen und pharmazeutischen Präparaten verarbeitet. Für Herstellung von Schmuck oder Kunstwerken werden an Farbe, Härte und Reinheit der Stücke höchste Anforderungen gestellt. Wenn wir unser Interesse den Einschlüssen aus dem Tier- und Pflanzenreich des Bernsteinwaldes zuwenden, sind die sogenannten Schlauben am wichtigsten. Es sind jene Harz-Ergüsse, die am Baum nach außen traten und am Stamm oder den Ästen herabflossen und dabei erstarrten. Meistens sind dieselben klar, doch auch manches Mal durch Beimischungen getrübt. Sie erlauben durch ihre Form allerlei Schlüsse über das Fließen des Harzes, über langsame Bewegung oder heftiges Vordringen und damit über Besonnung oder Beschattung des Ausflusses. An dem einen Stück, das zweifellos von langsam am Stamm herabfließendem Harz stammt, sehen wir Tropfen, die an der Oberfläche erstarrten (Abb. 11). Ein anderes zeigt am oberen Rand den Abdruck eines dünnen Astes, an dem es herabfloß und in einzelnen Wellen tropfsteinartig absank, wobei es erstarrte. Nicht selten sind feine tropfenförmige Körper, die an einem dünnen Faden hängen

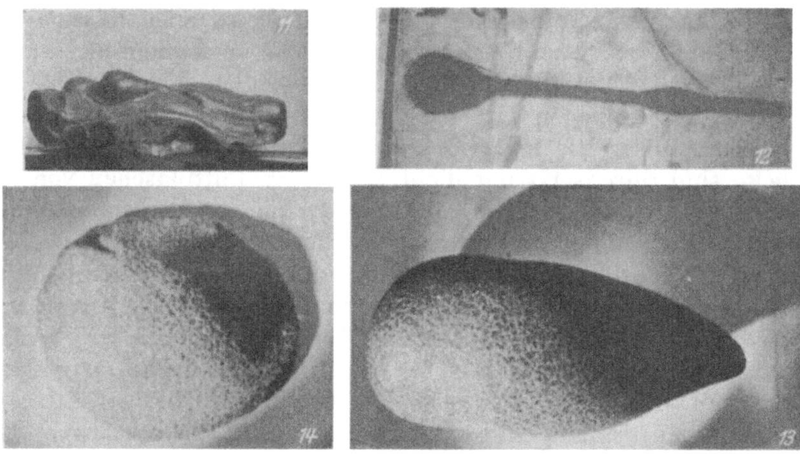

Abb. 11. Langsam ausgeflossenes Harz, im Fluß erstarrt.
Abb. 12. Bernsteinnadel. Ein Tropfen an einem Faden erstarrt.
Abb. 13. Großer Bernsteintropfen, der sich losriß.
Abb. 14. Großer Bernsteintropfen, der durch Aufschlag auf den Boden plattgedrückt wurde.

(Bernsteinnadeln), die erstarrten und dann von einer Welle dünnflüssigen Harzes umhüllt wurden (Abb. 12). Es handelt sich da um einen Ausfluß vor dem Eintritt der starrmachenden Abendkühle und um einen späteren lebhaften bei Wiedereintritt der Wärme. Ähnliches können wir heute an Harz von Kirschbäumen beobachten. Nicht selten sind tropfenförmige, mehrere Zentimeter lange Körper, an denen man noch die Stelle sieht, wo sie sich vom Faden trennten und zu Boden fielen (Abb. 13). Manche, die offenbar aus großer Höhe kamen, wurden beim Auftreffen auf den Boden vollkommen platt geschlagen (Abb. 14). Nicht selten findet man Stücke, bei denen ganz klare dünne Schichten mit papierdünnen dunklen wechseln. Ich fand bis 40 solche Wechsellagerungen auf knapp 20 mm. Es scheint das einen regelmäßigen Wechsel zwischen klaren Ausflüssen und Stillstand anzuzeigen. Bei manchen schlanken Zapfen ist ein ähnliches Wechseln zu bemerken. Es zeigt das, daß die Ausflußstelle abwechselnd stärker besonnt und dann wieder beschattet war; es weist also darauf hin, daß langsames durch lebhaftes Fließen abgelöst wurde, also sicher die Sonnenbestrahlung zeitweise sehr heftig war. Viele Insekten-Einschlüsse scheinen ebenfalls auf lebhaften Wechsel von Zähigkeit und großem Flüssigsein schließen zu lassen.

Eine hohe wissenschaftliche Bedeutung gewinnt der Bernstein durch seine Einschlüsse von Pflanzenresten und Tieren. Man muß allerdings eine nicht geringe Anzahl Stücke durchsehen, ehe man einen Einschluß findet. Zeitweise wenigstens wurde das Suchen nach solchen vom Werk Palmnicken gefördert und an dem laufenden Band, an dem die Sortierung nach Größen und Färbung vorgenommen wurde, saß auch eines der Fräulein, damit beschäftigt, die Stücke herauszusuchen, in denen ein Einschluß zu sein schien. Es war das keine leichte Aufgabe; denn der rohe Bernstein hat so gut wie immer eine getrübte Oberfläche, so daß man von dem klaren Inneren nur einen Schimmer bei guter Durchstrahlung erkennen kann. Erleichtert wird die Aufgabe dadurch, daß die Einschlüsse nahezu immer in Schlauben liegen. Was immer in einen derartigen Ausfluß hineinkam, konnte sich nur in den seltensten Fällen wieder befreien. In den im Baum in Rissen aufsteigenden und dann verhärteten Harzmengen finden sich, abgesehen von Holzresten, selten sehr schöne Abdrücke der im Holz der Bäume fressenden Larven von Bockkäfern und anderen Insekten. Das erste Interesse gilt den Resten von Pflanzen, die Göppert und Conwentz mit Gründlichkeit bearbeitet haben. Aus diesen Einschlüssen gewinnen wir eine ausgezeichnete Übersicht von dem Walde und eine annähernde Vorstellung von der Dichte, in der die einzelnen Waldbäume und das Unterholz im Wald vorkamen. Wirklich erreicht wird eine genaue Kenntnis des Mengenverhältnisses allerdings nie, weil die Bedingungen, unter denen Reste von Blüten, Früchten oder auch Holzteile eines bestimmten Baumes in Harz geraten konnten, sehr verschieden waren. Haare von

Abb. 15. Wechsellagerung von klaren und dunklen Schichten im Bernstein, die einen Einschluß vortäuschen.

Eichentrieben und Blütenrispen derselben sind wesentlich häufiger als Blüten anderer Bäume, die weniger leicht abfallen und vom Wind vertragen werden. Auch die Nadeln der Koniferen sind im Verhältnis zu dem sicher sehr großen Bestand nicht häufig. Zweige von *Thuja* machen allerdings eine Ausnahme. Da diese meist als Unterholz wuchsen, konnten sie von herabfallenden Tropfen leicht abgeschlagen werden. Trotz den zweifellosen Lücken ist unser Bild von der Zusammensetzung der Wälder ein sehr reiches.

Ein Versuch, einen Überblick zu gewinnen, ist im folgenden Abschnitt gemacht. Wenig günstig steht es um unsere Kenntnis der auf freien, mit Wiesen bedeckten oder auf vom Sturm gerissenen Lücken im Wald sich ansiedelnden Pflanzengemeinschaften. Wir finden einzelne, seltener eine nennenswerte Menge stiellose Blüten, Blätter und andere Reste vieler verschiedener Arten, aber es gehörten ganz besondere Umstände dazu, sie auf das Harz zu bringen. Mancher Strauch oder Busch mochte unter einem harzenden Baum am Waldrand stehen, so daß herabfallendes Harz ihn traf, was aber weiter draußen auf Wiesen oder Windbrüchen wuchs, konnte nur mit dem Harz in Berührung kommen, wenn Blüten oder Blätter vom Wind vertragen wurden und auf einem Harzstück landeten. So sind die meisten Blätter von Palmen nur als Abdrücke auf Harz gefunden worden und auch von anderen Blättern haben wir ähnliche Abdrücke. Sehr viele Blüten, die man findet, sind offenbar schon halb vertrocknet eingeschlossen worden. So ist unsere Kenntnis aller Pflanzen, die nicht direkt in nächster Umgebung der harzenden Bäume wuchsen, unvermeidlich mangelhaft.

Es ist z. B. nicht anzunehmen, daß nur eine hochentwickelte Glockenblume damals vorkam, aber wir haben von dieser großen und verbreiteten Familie im ganzen einen Vertreter. Nicht anders ist es mit sehr vielen Pflanzen, die, auf offenen Flächen wachsend, nur schwer ein Zeichen hinterlassen konnten. Dafür sind aber alle Einschlüsse von ergreifender Schönheit. Die besten Herbarien können uns nicht annähernd den gleichen Eindruck überliefern, wie er hier seit vielen Millionen Jahren erhalten geblieben ist.

Noch um vieles stärker freilich ist diese Empfindung, daß wir Leben und Sterben beobachten, wenn wir die Einschlüsse von Tieren betrachten. Wir brauchen nur ein Stück Bernstein in die Hand zu nehmen, so erwacht in uns die Vorstellung von einem sonnenbeglänzten, mächtigen Baum, vor dem ein Schwarm leuchtender kleiner Fliegen schwebt (Abb. 16). Eine wird von der glänzenden Fläche des ausgetretenen Harzes angelockt, fliegt darauf und ist gefesselt, eine zweite, dritte und viele weitere folgen. Dazwischen fließt immer weiter Harz hervor, so daß Schicht um Schicht klaren, goldglänzenden Harzes alles umhüllt, bis in dem einen nicht 20 cm² großen Stückchen Bernstein, das wir in der Hand haben 250 Tierchen in allen Stellungen zusammen liegen. An einer anderen Stelle sind langbeinige Limnobiiden an einem Baum vorbeigekommen, der ebenso verlockend ist, und viele sind angeflogen und blieben mit den langen Beinen hängen; aber die Flügel waren stark genug, die Tiere loszureißen, die nun als Invaliden das Weite suchten und kläglich eingingen, während die losen Beine von der nächsten Welle der Flüssigkeit umschlossen wurden. Dipteren, Hymenopteren sind im Flug, Käfer in voller Bewegung festgehalten, während die trägen Trichopteren und Kleinschmetterlinge meist ruhig sitzend getroffen wurden. Nicht selten sind deren Raupen, die mit ihrem Wohnsack wandern, in allen Einzelheiten erhalten.

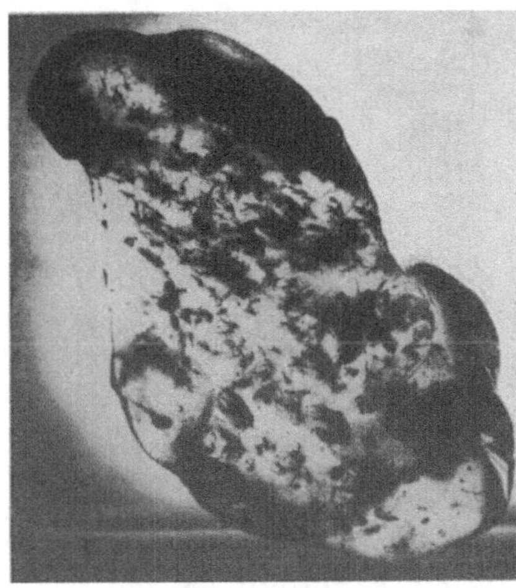

Abb. 16. Ein Schwarm von 250 Dipteren wurde im Bernstein eingeschlossen.

Vielfach fielen durch Besonnung stark erwärmte große Tropfen von großer Höhe herab auf den Waldboden. Man findet nicht selten diese in der gestreckten Form, wie das Material beim Fall sich anordnete, aber es kommt auch nicht selten vor, daß ein derartiges Gebilde schwer auf dem Boden aufschlug und dadurch auf der Unterseite abgeplattet wurde. Lag dort ein Tier, wurde dasselbe natürlich eingeschlossen. So fand ich einen Anneliden, der in seiner schlängelnden Bewegung im Abdruck vollkommen erhalten ist. Ähnlich erging es einem Zug Ameisen, von denen ungefähr 30 in einem stark abgeplatteten Stück auf der Unterseite, die noch die Unebenheiten des Bodens zeigt, festgeklebt sind. Auf ein weiches Stück trat ein Raubtier, dessen Fährte trefflich erhalten blieb. Ein interessantes Zusammentreffen findet sich in einem Tropfen, in dem ein Annelide zusammen mit einer Diptere eng aneinander gedrückt liegt (Abb. 17). Gewiß haben die Tiere nicht so zusammen gelebt, sondern die Mücke ist schon vor dem Abfallen des Bernsteinharzes in dasselbe geraten und mitgenommen worden, als dasselbe den Weg nach abwärts einschlug und unten wurde der Annelide getroffen. Anders traf das Schicksal eine Heuschrecke, die unvorsichtig auf einen auf dem Boden liegenden Block noch nicht trockenen Harzes sprang. Sie wurde gefesselt und von einer nächsten Welle überflutet. Das Gleiche finden wir bei einer Mücke, die noch lebend auf einer Fläche festgeklebt saß, als eine zweite und dann eine dritte Welle sie umschloß. Die Fühler sind tief herabgezogen, als der zweite Tropfen traf. Von einem reichen Leben im Wald erzählt ein Stück, das Tiere aus ganz verschiedenen Ordnungen enthält. In dem großen Tropfen liegen neben zwei Myriapoden Dipteren verschiedener Familien, eine Braconide, Käfer, darunter ein Laufkäfer, und eine Ameise. Schwer ist es, eine Erklärung zu finden, wie alle das gleiche Grab gefunden haben, Nicht weniger Interesse verlangt ein Stück, in dem neben Säugetierhaaren ein Ichneumonide, Ameisen, Dipteren und eine Lepidoptere gemeinsam liegen.

Abb. 17. Regenwurm und Mücke, gemeinsam im Bernstein eingeschlossen.

Wundervoll erhalten sind die Schuppen des Schmetterlings, die in einiger Entfernung von ihm in einem schmalen Streifen auseinandergezogen ihre verschiedenen Formen prächtig beobachten lassen. Daneben enthält das gleiche Stück verschiedene Zeichnungen, die auf den ersten Blick wie Tiere erscheinen, aber nur Folgen irgend einer Reaktion einer ins Harz geratenen Ausscheidung sein dürften. Nicht selten sieht man, daß ein Tier, an das Harz geraten, seine Kräfte einsetzte, um die Freiheit wieder zu gewinnen. Da ist eine Diptere, die heftig mit den Flügeln zu schwirren suchte, um wieder frei zu kommen, ein Elater, der, an einem Bein gefangen, sich energisch um das Hindernis drehte, aber schließlich neben seinen Spuren verendete (Abb. 18). Bei einem anderen Käfer ist der Darm herausgedrückt und bei einer Coleoptere treten unter den Flügeln die Luftblasen hervor, die die Gefangene von sich gab, als sie verendete (Abb. 19). Spinnen findet man mit Resten ihres Netzes zusammen und andere, ihre Beute ergreifend, wie auch einen Laufkäfer, der eine Ameise ergriffen hat. Besonders reizvoll fand ich das Bild eines Ameisenpaares, von denen die eine die andere füttert. Weiters fand ich Paare verschiedenster Familien in copula. Auf den Reichtum der Fauna scheint ein Stück hinzuweisen, in dem nicht weniger als fünf Myriapoden zusammen eingeschlossen sind. Diese Reihe interessanter Beobachtungen ließe sich noch wesentlich erweitern. Aber auch die Sammlung jener Tiere, die in Ruhe vom Tod überrascht wurden, hat keine Ähnlichkeit mit einer systematischen Aufstellung einer Käfersammlung lebender Arten. Hier ist bei unzähligen scheinbar die

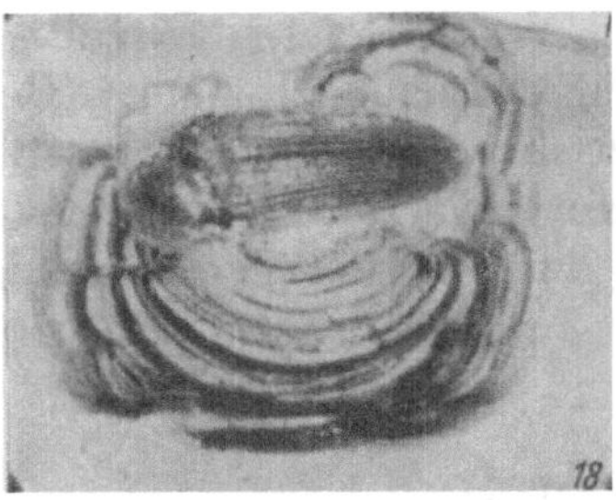

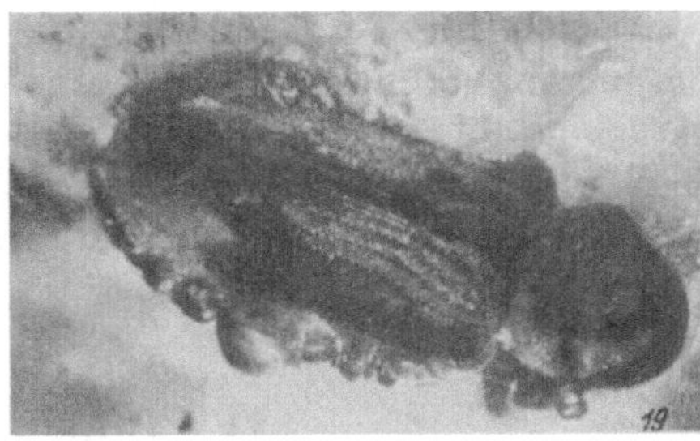

Abb. 18. Ein Elateride (Schnellkäfer), der sich, im Harz festgehalten, durch Kreiselbewegungen zu befreien versuchte.

Abb. 19. Bei einem eingeschlossenen Käfer sind Luftblasen aus den Atmungsorganen ausgetreten.

Bewegung nur plötzlich unterbrochen und könnte jeden Augenblick weitergeführt werden. Dipteren, Hymenopteren sind im Flug, Schmetterlinge und deren Raupen mit ihrem Wohnsack wandernd, Trichopteren ruhig sitzend, Käfer in Bewegung getroffen. Selbst die eingeschlossenen Federn verraten ein Stück aus dem Leben ihrer einstigen Träger. Der Eindruck kaum erloschenen Lebens wird noch verstärkt durch die vollkommene Erhaltung von Farben (siehe Farbtafel), die wir an den Flügeln von Käfern, Heuschrecken und anderen Insekten finden. Unter anderem fand ich auch eine Springspinne, die in voller Farbenpracht erhalten ist.

Machen uns schon diese die Fauna und Pflanzenwelt des Bernsteines so lebensfrisch vorführenden Erscheinungen einen tiefen Eindruck, wird dieser noch weiter vertieft durch die einzigartige Erhaltung feinster Einzelheiten. Daß man die feinsten Sinnesorgane untersuchen, die Augen einer Fliege wie in einem wohlgelungenen Präparat zählen kann, wird noch weit in den Schatten gestellt, wenn wir an der kleinsten bekannten Hymenoptere, die etwa 1 mm lang ist, noch die Härchen an den Fühlern deutlich unterscheiden und Fäden von Spinnen klar vor uns sehen, so daß man bei manchen nach der Technik des Baues die Familie, zu der der Künstler gehörte, festzustellen vermag. Prof. V o i g t, der schon an Fossilien aus der Grube Cäcilie bei Halle große Erfolge im Feststellen von feinsten in der Kohle erhaltenen Muskeln hatte, hat den Irrtum gebrochen, daß von den Einschlüssen nur die Form der Tiere und Pflanzen erhalten sei und daß die wenige Kohle, die häufig sich in diesen Hohlräumen befindet, nichts mehr von den Resten des eingeschlossenen Tieres enthält. Durch Abzüge nach seiner Lackmethode fand er deutliche Reste von Muskeln bei Tieren und viele interessante Einzelheiten im Aufbau der Zellen bei Hölzern. Manches von ihm gefertigte Präparat zeigt im Mikroskop bei starker Vergrößerung die überraschendsten Einzelheiten vom feinen Aufbau niederer Tiere. Wir können noch manche Beobachtung anführen, die einzig am Bernstein und seinen Einschlüssen gemacht werden kann, und Bilder und Inhalt dieser Arbeit wollen einen Antrieb geben, die Forschung an diesem einzigartigen Material weiter zu vertiefen.

IV. Pflanzenwelt

H. R. Göppert und A. Menge haben durch ein grundlegendes Werk über die Flora des Bernsteins uns mit allen Funden an Pflanzen, die ihnen zugänglich waren, in ausgezeichneter Darstellung bekannt gemacht. Wenige Jahre später hat H. Conwentz eine Monographie der Bernsteinbäume veröffentlicht, die eine hervorragend gründliche Darstellung aller Beobachtungen über von Bernstein eingeschlossene Hölzer, über Nadeln, Blüten und Früchte der Bernsteinharz ausscheidenden Bäume bietet und außerordentlich klar die Beziehungen zu lebenden Arten studiert. Diese beiden Werke geben uns trotz ihrer Gründlichkeit nur ein unvollkommenes Bild der damaligen Flora, das nur durch einige Beobachtungen über Lebensräume verwandter, jetzt lebender Pflanzen ergänzt werden kann, wenn man sich ein vergleichendes Bild über die Erscheinung des damaligen Waldes gegenüber den Beständen unserer Zeit zu schaffen sucht.

Wahrscheinlich finden wir Reste von allen im Walde stehenden Bäumen und dem Unterwuchs, der den Boden darunter bedeckte, aber nur sehr spärlich sind die Funde von Pflanzen, die außerhalb des Waldes lebten. Nur ein Zufall konnte Bestandteile derselben dorthin tragen, wo das Harz an den Stämmen herniederfloß oder am Boden lag. Meistens sind es einzelne Blüten oder Blätter, die fast verwelkt eingeschlossen wurden und kaum genügen, um eine Verwandtschaft festzustellen. Viele Arten der fliegenden Insekten dagegen, auch wenn sie gewöhnlich über offenem Land sich bewegten, konnten viel leichter, vom Winde erfaßt, an das Harz getragen werden und geben den zuverlässigen Beweis, daß nicht durchgehends geschlossene Wälder das Land bedeckten. So bleibt immer eine unüberbrückbare Lücke in unserer Kenntnis und wir müssen suchen, wie ein altes Mosaik aus einzelnen Steinen uns aus scheinbar unwesentlichen Beobachtungen ein annähernd klares Bild der damaligen fernen Welt aufzubauen. Die Zusammensetzung der Wälder war eine wesentlich andere als die irgend eines lebenden Waldes in den Tropen oder im gemäßigten Gürtel unserer Zeit. Nebeneinander lebten Bäume, die heute in Amerika, Japan, Südamerika, Afrika, Australien ihre Verwandten haben, und solche, die heute in der Ebene wachsen, neben Bergbewohnern.

Ich beginne mit den

Gymnospermen (Nacktsamige)

Ordnung Coniferae (Nadelhölzer)

Aus der Ordnung der Koniferen stammen alle jene Bäume, die das Harz ausschieden, das wahrscheinlich schon in der Zeit nach seiner Einlagerung im Mulm des Waldbodens erhärtete und ohne wesentliche Veränderungen zu Bernstein wurde, der dann, ins Meer verschwemmt, seine im vorigen Teil geschilderte Reise antrat. Conwentz und Göppert verdanken wir die außerordentlich genauen Untersuchungen über die Arten, die Bernsteinharz ausschieden, ihre Beziehungen zu lebenden Arten und über ihren verhältnismäßigen Anteil an der Erzeugung des Harzes, woraus sich natürlich ihre Häufigkeit im Wald ergibt. Die größte Wichtigkeit bei diesen Untersuchungen kommt den Holzresten zu, die sich, durchtränkt mit Harz oder eingeschlossen in größeren Blöcken, erhalten haben. Nicht selten sind Platten, die von in Hohlräumen aufsteigendem Harz stammen, auf denen ebenfalls die kleinsten Einzelheiten deutlich erhalten sind. Derartige Stücke sind viele Hunderte erhalten und übertreffen die Anzahl von gefundenen Blättern und Blüten um ein Vielfaches. Markstrahlen, Tüpfel und alle anderen für jede Familie charakteristischen Einzelheiten sind deutlich zu erkennen. Conwentz baut daher auch seine Einreihung in das System durchgehends auf diesen Merkmalen auf. Es konnten so sechs Arten nachgewiesen werden, die Bernsteinharz ausschieden, unter denen sehr merkwürdigerweise als große Seltenheit eine Taxinee gefunden und bestimmt wurde. Alle anderen gehören in die Gattung *Pinites*. Drei, *Pinites Mengeanus, radiosus* und *anomalus*, sind jede durch ganz bestimmte Eigenarten umschrieben, kommen aber in nur wenigen Einschlüssen im Bernstein vor. Wichtiger als diese, weil in der Holzstruktur, der Anordnung der Zellen, Tüpfel und Markstrahlen unserer lebenden *Pinus abies* außerordentlich ähnlich, ist *Pinites succinifera*.

Der einzige auffallende Unterschied ist eine etwas geringere Anzahl der Tüpfel, die sonst vollkommen gleichgeartet sind. Auch Holzeinschlüsse dieser Art sind sehr selten, aber zweifellos festgestellt. Der ergiebigste Erzeuger des Bernsteinharzes war *Pinites stroboides,* die in allen Einzelheiten des Aufbaues ihres Stammes von *Pinus strobus* kaum zu unterscheiden ist. Ihr Harzreichtum war sehr bedeutend und zweifellos stammt weitaus die größte Menge Bernstein, die gefunden wird, von ihr.

Es ist eines der großen Rätsel, das uns der Bernstein aufgibt und das wohl unlösbar ist, daß Arten, die lebenden sehr nahestehen, Harz von der besonderen chemischen Zusammensetzung des Bernsteins nur in dieser Periode ausschieden, und daß daneben eine erhebliche Zahl von Koniferen lebte, die Harz bildeten, das Bernsteinsäure vollkommen vermissen läßt.

Es wird oft gesagt, daß die Harzergüsse jener Bäume alles übertrafen, was wir in lebenden Wäldern unserer Zeit finden. Diese Annahme scheint mir ein Irrtum. Der Weltreisende F. Hochstätter berichtet in den Sechzigerjahren des vorigen Jahrhunderts, daß in Neuseeland der Boden unter den Beständen von *Damara australis* durchsetzt ist durch Massen von Kopal. Ähnliches höre ich von manchen Beständen auf den Philippinen. Der größte Klumpen Kopal, den Hochstätter sah, wog 50 Pfund, während das schwerste bekannte Stück Bernstein $9^1/_2$ kg wiegt, also weit weniger als die Hälfte. Die Äste von *Damara australis* sollen häufig vollständig von Harz inkrustiert sein. Leider kam Ähnliches im Bernsteinwald nicht vor, sonst hätte man es leichter, Beziehungen zwischen den Funden von Hölzern und Blättern herzustellen, was bisher untunlich ist. Der stärkste von Hochstätter gemessene Baum in Neuseeland hatte einen Umfang von 15 Metern, während der Abdruck der Peripherie eines Stammes aus dem Bernsteinwalde in einem am Fuß des Baumes abgelagerten Stück Bernstein auf einen Umfang von 4 Metern weist. Freilich haben wir gewiß nicht den Abdruck des stärksten Baumes. Auch unsere europäische Kiefer kann eine sehr erhebliche Harzerzeugung erreichen. Auf der Insel Arbe in der Adria fand ich auf einer schmalen Halbinsel, die der vollen Sonnenglut des Sommers, aber auch dem ganz ungehinderten Angriff der winterlichen Bora ausgesetzt ist, einen Bestand alter Kiefern, die nur drei bis fünf Meter hoch gewachsen waren, verbogen und die einzelnen Bäume verkrüppelt, aber rings am Stamm mit Harz bedeckt. Am Fuß der Stämme hatten sich kopfgroße Blöcke von Harz angesammelt. Offenbar zerreißt die winterliche, oft mit schwersten Stürmen die Adria treffende Kälte der Bora die Stämme bis ins Innerste und dann treibt die sommerliche Hitze durch die Spalten das Harz empor und regt zu großer Erzeugung an, um die Wunden zu schließen. Gewiß können an einzelnen Stellen des Bernsteinwaldes nicht unähnliche Bedingungen die Harzerzeugung der *Pinites* mächtig gesteigert haben. Es gibt auch Stücke von Bernstein, die auf sehr starke Harzausbrüche, die rasch aufeinander folgten, hinzuweisen scheinen. Viel häufiger aber sind Stücke, die auf einen Wechsel von mäßigen Ausflüssen mit vollständiger Ruhe schließen lassen. Durchaus nicht selten, sondern weitaus in Überzahl sind kleinere Stücke und lassen eher an die Ausscheidung bei *Damara australis* denken. Wir müssen annehmen, daß unter gleichen klimatischen Verhältnissen der Wald weite Flächen Fenoscandiens eine, auch geologisch gesehen, sehr lange Zeit bedeckte. Die Harzerzeugung braucht daher durchaus nicht ungeheuer groß gewesen zu sein. Nach dem Hochstätterschen Bericht möchte ich annehmen, daß sie geringer war wie in unserer Zeit bei *Damara australis,* wobei gewiß nicht abzulehnen ist, daß unter besonderen Verhältnissen, die der Beobachtung auf Arbe ähnlich gewesen sein mögen, eine gewaltige Steigerung eintrat.

Abb. 20. Wurzel einer Konifere.

Ließ sich aus verharzten Hölzern das Vorhandensein von fünf Arten Bernsteinharz liefernden Bäumen, die lebenden Arten nahestehen, feststellen, geben die Blätter und Blüten von Koniferen (Abb. 21) ein weiteres Bild von Arten, die in diesen Wäldern vorkamen. Da diese nicht häufigen Reste sich nie gemeinsam mit Holz eingeschlossen finden, ist eine Gleichstellung mit den durch Studium der Hölzer festgestellten Arten nicht zu erreichen, obwohl die größte Wahrscheinlichkeit besteht, daß wenigstens einige zusammengehören. Die Blätter der aus dem Bernstein beschriebenen *Pinites subrigida* stehen der jetzt in Amerika lebenden *Pinus rigida* sehr nahe. Dieselbe kommt auch in tertiären Braunkohlen von Bilin (Böhmen) vor, während sie in Amerika fossil noch nicht gefunden ist. Ähnlich ist die Beziehung von *Pinites silvatica* zu *Pinus silvestris* und *montana.* Die wenigen kleinen Nadeln stehen der letzteren, die großen der ersteren so nahe, daß man sie zu diesen Arten zählen kann. Eine sehr auffallende Erscheinung ist *Pinites bankso-noides,* die der heute nach Norden bis zum 64. Grad lebenden *Bank-soniana* dem Blatte nach vollkommen gleichartig ist. Nicht minder interessant ist das Vorkommen von zwei Arten *Sciadopitys,* die mit ihren so charakteristischen Blättern für einen in sehr trockenem Gebiet liegenden Lebensraum sprechen. Sie stehen der heute in Japan lebenden Schirmtanne außerordentlich nahe. Von Endler wird allerdings die Richtigkeit der nahen Verwandtschaft angezweifelt, die Annahme jedoch, daß die Blätter mit ihren zwei Reihen Spaltöffnungen von einer Trockenheit liebenden Pflanze stammen, bleibt bestehen. Ein verhältnismäßig häufiges Vorkommen kann von den Blättern der *Sequoia Langsdorfi* festgestellt werden, die den jetzt in Kalifornien vorkommenden Riesenbäumen nahesteht und sich auch in vielen Braunkohlenlagern Europas findet. Auch sie fehlt

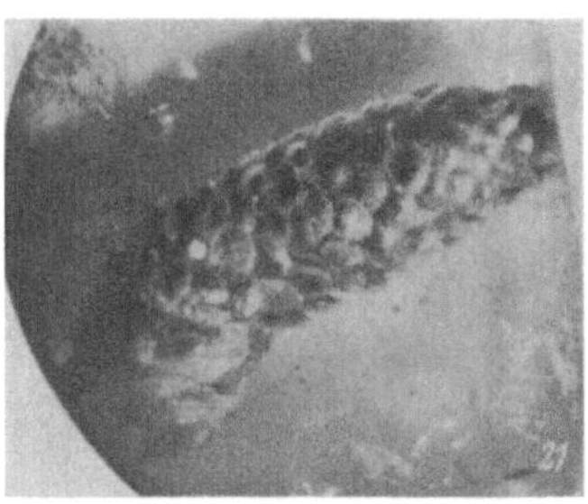

Abb. 21. Blütenzapfen einer *Pinites.*

Abb. 22. Zweig einer *Thuja.*

im Tertiär Amerikas. An Blüten von *Abies* haben sich nur wenige gefunden, die unter eigenem Namen beschrieben sind, aber auch einer der unter den Hölzern oder Blättern angeführten Arten angehören mögen.

An *Cupressineen* kommt ein *Juniperus,* der dem amerikanischen *Virginianus* sehr nahesteht, und mehrere Arten von *Widdringtonien* vor, die heute ihre Vertreter in Südafrika haben. Die Familie *Libozedrus,* deren Wohngebiet heute Südamerika und Neuseeland umfaßt, ist durch mehrere Arten vertreten. Eine *Biota* steht der in China und Japan lebenden, die Sträucher von 6 m Höhe bildet, nahe.

Wohl die am häufigsten durch Zweige vertretene Konifere ist *Thuja orientalis succinea* (Abb. 22), Auch einige Blüten der Art sind gefunden worden. Schon der Name zeigt, daß diese Art nahezu unverändert bis in unsere Zeit lebt und nicht weit von ihrer damaligen Heimat abgedrängt wurde. Ebenso nahe steht *Cupressus semperivivus* der lebenden Art. *Taxodium* ist nur durch wenige Funde bestätigt, während *Glyptostrobus,* jetzt ein Bewohner Chinas, in mehreren Stücken festgestellt wurde.

Gnetaceae sind durch eine Art vertreten: *Ephedra Joanina,* die nicht einer den alten Kontinent bewohnenden, sondern der in Quito reich verzweigte Sträuche bildenden *Ephedra americana* sehr nahesteht.

Die Geschichte der Koniferen reicht weit zurück. Der erste Vertreter ist im Perm *Ginkgo,* die in der Kreide eine hohe Aufspaltung in Arten erreicht, im Tertiär schon an Artenreichtum zurückgeht und jetzt nur mehr eine Art, *Ginkgo biloba,* umfaßt. Im Bernstein wurde sie noch nicht gefunden, obwohl in jener Zeit zweifellos mehrere Arten in Europa lebten. Araukarien, Thuja, Pinus, Abies und andere treten zuerst in der Kreide auf und gewinnen bald eine bedeutende Verbreitung, haben aber erst spät Amerika, China und Indien erreicht. Ihre Urheimat scheint demnach Nordasien und Europa zu sein. Im Tertiär gehen sie weit nach Norden und erreichen den 81. Grad in Grönland.

Angiospermae

Monocotyledonae

Die meisten Familien sind, wenn auch nur durch wenige Arten, im Bernstein vertreten. *Liliaceae* sind durch wenige Blüten von *Smilax baltica* vertreten, von der eine ganz prachtvoll erhalten ist. Sehr nahe Verwandte bewohnen heute Ostasien.

Comoliaceae sind noch weniger gefunden. C o n w e n t z kannte nur eine Blüte.

Palmae. Diese in der Jetztzeit über die Tropen aller Kontinente verbreitete Familie, die in einzelnen Arten auch über die Wendekreise vorstößt, das Mittelmeer erreicht und einen Vertreter in Sizilien hat, ist im Tertiär weit verbreitet und sehr artenreich. Im Bernstein finden sich mehrere Arten, sie sind aber durchaus nicht häufig.

Phönix ist durch eine Blüte von guter Erhaltung vertreten.

Sabalites wird durch eine größere Anzahl von Blattabdrücken vertreten (Abb. 23), die fast durchgehend zeigen, daß das Blatt außen auf einem Harzblock lag. Entweder hat das herabfallende Harz das Blatt mitgerissen, oder dieses ist auf ein Stück geweht worden, das noch sehr weich war. Die Größe der Blätter hinderte wohl vollkommenes Einschließen. Wahrscheinlich gehören die Blätter mehreren verschiedenen Arten an. Die heutige Heimat der Sabal-Palme ist Nordamerika, wo sie von Florida bis nach Norden geht, weiter als irgend eine andere Palme.

Palmophylum ist ein von C o n w e n t z aufgestellter Sammelname für eine Anzahl Reste von Palmenblättern, deren nähere Bestimmung an der Unvollständigkeit der Stücke scheiterte.

Graminophylum ist ebenfalls ein Sammelname, unter dem die nicht unbedeutende Anzahl von Gräsern zusammengefaßt ist, deren genaue Einordnung in das System untunlich erscheint, da Blüten fehlen.

Das erste Auftreten der Monocotyledonen fällt in die Kreide, wo einige *Liliaceae* vorkommen; der größte Teil derselben erscheint im frühen Tertiär, wo sie bereits eine große Verbreitung gewinnen.

Abb. 23. Blätter von *Sabalites*.
Abb. 24. Im Bernstein eingeschlossene Blüte.

Dicotyledonae (doppelte Keimlappen)

Cupuliferae. Während die größte Menge von Resten der Koniferen in Einschlüssen von Hölzern besteht, durch die uns die Kenntnis der Arten und ihrer Verwandtschaft zu lebenden Formen hauptsächlich vermittelt wird, und die Funde von Blättern und Blüten stark in den Hintergrund treten, ist eine erhebliche Anzahl von Blüten von Cupuliferen gefunden worden, die beweisen, daß diese Unterordnung einen wesentlichen Teil des Bestandes der Wälder bildete.

Quercus (Eiche). Nicht weniger als zehn Arten Eichen sind allein nach Blüten aus dem Bernstein beschrieben und die Zahl der einzelnen Blütenkätzchen, die in Sammlungen liegen, ist eine bedeutende. Daneben findet sich eine durchaus nicht geringe Zahl von Blättern verschiedener Arten, die man nicht in feste Beziehungen zu den Blüten bringen kann. Das erste Auftreten der Eichen fällt in die Kreide und führt bald zu einer weitgehenden Aufspaltung, so daß in Tertiär und Kreide zusammen heute 200 Arten bekannt sind. Die ältesten Formen stehen der heute tropischen Gattung *Pasania* nahe. Heute ist ihr bevorzugter Lebensraum die nördliche gemäßigte Zone; in Asien gehen jedoch mehrere Arten über den Äquator nach Süden, wo einige Arten bis in den Malayischen Archipel vorstoßen.

Neben Blüten und Blättern finden sich ganz auffallend häufig im Bernstein von Eichen stammende Sternhaare, die an den jungen Knospen sitzen und bei der Weiterentwicklung abgestoßen werden. Einzelnen oder dicht miteinander verfilzten Päckchen begegnet man in sehr vielen Schlauben, auf die sie wohl zweifellos vom Wind angeweht wurden. Conwentz sagt gelegentlich, daß fast die häufigsten Pflanzeneinschlüsse im Bernstein von Eichen stammen.

Castanea. Blüten von Kastanien sind eine durchaus nicht seltene Erscheinung, freilich wesentlich seltener als die von Eichen. Nach Blüten sind vier deutlich verschiedene Arten beschrieben, die lebenden Arten nicht fernestehen. Gleich den Eichen treten die Kastanien zum ersten Male in der späteren Kreide in Erscheinung, erreichen aber nie die hohe Artenzahl der Eichen. Heute ist ihr Lebensraum der Mittelmeerraum, aus dem sie nach Süddeutschland verpflanzt sind und sich dort gut eingewöhnt haben, das gemäßigte Gebiet Asiens und der Osten Amerikas.

Abb. 25. Blattabdruck einer Ulme.

Fagus. Conwentz beschreibt einige charakteristische Blätter und eine Frucht einer Buche als einzige Zeichen ihres Vorkommens, das vollkommen im Bereich der Möglichkeit liegt. Neuerdings wurde die Bestimmung der Frucht angezweifelt, die Vielförmigkeit der Blätter lebender Arten gab ebenfalls die Möglichkeit zu Zweifeln. Das erste Auftreten fällt in die Kreide, die lebhafte Entwicklung geht ähnliche Wege, wie die der Eichen. Das tertiäre sichere Vorkommen umfaßt Kalifornien, Grönland und Spitzbergen.

Ulmaceae. Heute weltweit verbreitete Windblüter, sind im Bernstein sehr schwach vertreten, obwohl sie sonst im Tertiär eine erhebliche Artenzahl auch in Mitteleuropa aufweisen. Bekannt wurden bisher nur charakteristische Blätter (Abb. 25).

Myricaceae sind im Bernstein durch zwei Arten vertreten, während ihre Verbreitung im Tertiär sonst bedeutend ist. Rezent vorwiegend in Nordamerika.

Salicaceae. Weiden und Pappeln treten zuerst im Tertiär in Erscheinung und sind im Bernstein durch einige unverkennbare Blätter vertreten. Heute sind sie ausschließlich Bewohner der gemäßigten und kalten nördlichen Zone.

Lauraceae. Blätter und Blüten zweier Arten von *Cinamon* (Zimtbaum) und Blüte einer *Triantera* sind bekannt geworden. Diese diöze oder polygame Familie tritt zuerst in der Kreide von Dakota auf und ist im Tertiär über Japan und Nordamerika verbreitet, während sie heute hauptsächlich in den Tropen und Subtropen beheimatet ist und im Norden den 50. Grad, im Süden den 43. Grad erreicht.

Magnoliaceae sind durch ein ausgezeichnet erhaltenes Blatt im Bernstein nachgewiesen. Im Tertiär kommen sie rund um den Nordpol vor, heute gehen sie vom tropischen Asien bis Japan hinauf und eine Art hat in Amerika ihr Verbreitungsgebiet von Mexiko bis zur Magalhaesstraße.

Geraniaceae. Im Bernstein finden sich nicht selten Fruchtschnäbel. Auch ist diese krautige Pflanze in tertiären Schichten nachgewiesen. Heute über die ganze Erde in ca. 360 Arten verbreitet, benötigen die Geranien Insekten zur Übertragung des Pollens.

Aceraceae (Ahorn). Im Bernstein sind nicht weniger als fünf Arten dieser stattlichen Bäume nach Blüten beschrieben, sie haben also im Wald keine geringe Rolle gespielt. Ihr erstes bekanntes Auftreten fällt in das frühe Tertiär, ihre starke Entwicklung ins Miozän. Ihre Bestäubung erfolgt durch Insekten. Heute reicht ihre Verbreitung über Nordamerika, Asien, wo sie im Himalaja bis zu 2300 m hinaufsteigen, und Europa. Sie bevorzugen überall Gebirge oder dessen Ausläufer. In Europa erscheinen sie als Rückwanderer nach der Eiszeit wieder und erreichen Süd-Schweden (*Platanoides*). Ihre Urheimat liegt zweifellos im Norden.

Aquifoliaceae. Nicht weniger als drei *Ilex*-Arten (Stechpalme) sind aus dem Bernstein festgestellt, außerdem ein *Celesterinanthemum.* Das Zentrum ihres Vorkommens ist heute Südamerika, Asien hat noch mehrere Arten, Afrika, Australien, Europa sind artenarm. Bäume und holzige Sträucher (Abb. 26).

Saxifragaceae. Im Bernstein ist diese krautige, einjährige Familie durch *Stephanostema* und *Ademanthemum* vertreten, wovon mehrere Blüten festgestellt sind. Die Befruchtung wird durch

Insekten, die die Blüten wegen reicher Honigausscheidung besuchen, besorgt.

Rosaceae. Krautartige und Holzgewächse, die durch wenige Blüten im Bernstein festgestellt werden konnten. Heute über die ganze Erde verbreitet. Erstes Auftreten in der Kreide, im Tertiär starke Zunahme der Arten.

Connaraceae. Eine einzelne Blüte beweist ihr Vorkommen. Heute Verbreitung im tropischen und subtropischen Amerika, Afrika, Asien. Bäume und Sträucher, aber auch Lianen.

Ericaceae. Auffallend reichlich im Bernstein vertreten durch eine erhebliche Zahl von Arten und Individuen. Blätter und Blüten, Zweige und Früchte sind selten. Die Gattung *Andromeda* ist durch sechs Arten vertreten, verschiedene Früchte sind nachgewiesen. Das erste Auftreten der *Ericaceae* fällt in die Kreide, im Tertiär sind sie weit verbreitet.

Abb. 26. Wunderbar erhaltene Blüte einer Stechpalme *(Ilex)*.

Myrsinaceae. Zwei Arten sind durch Blüten belegt. Heutiger Lebensraum sind Tropen, Japan, Neuseeland.

Loranthaceae. Mit den vorigen verwandt. Conwentz beschreibt zwei typische Arten mit mehreren Individuen aus dem Bernstein. Als halbparasitische Sträucher sind sie durch Saugorgane mit anderen Pflanzen verbunden und halten sich an bestimmte Wirtsfamilien. Trockene Gebiete und Bäume mit starker Borke und solche, die Blätter verlieren, meiden sie. Einzelne auf Koniferen. Heute Tropen, Ostasien, Australien, Südafrika.

Urticaceae. Durch eine Art im Bernstein vertreten. Heute hauptsächlich in Europa, eine Art verbreitet von Sibirien bis Neuseeland. Windblüter.

Polygonaceae. Eine Art im Bernstein. Heute weltweit verbreitet, außer in Neuseeland und in Polynesien.

Linaceae. Eine Art in Bernstein durch zwei Klappen einer Klappenfrucht nachgewiesen. In allen Erdteilen der gemäßigten und tropischen Zonen, Bestäubung ausschließlich durch Insekten.

Euphorbiaceae. Eine Art im Bernstein (angezweifelt), weltweit verbreitet. Bestäubung durch Wind und Insekten.

Umbelliferae. Durch eine Art vertreten. Heute verbreitet in der kalten Zone und subtropisch. In den Tropen nur in Bergländern.

Greifen von dort in südliche Florengebiete über. Kräuter oder niedrige, strauchartige Holzgewächse. Bestäubung durch Insekten.

Thymeliaceae. Drei Arten im Bernstein. Heute über die ganze Erde verbreitet, außer in der Polarzone. Meist Steppen, nur wenige Urwald bewohnend, Bestäubung durch Insekten.

Papilionaceae. Im Bernstein zwei Arten. Befruchtung durch Insekten.

Oleaceae. Eine Art im Bernstein. Heute fast ausschließlich in den Tropen. Eine Art lebt in Westafrika und Südamerika.

Apocynaceae. Im Bernstein eine Art. Wenige höhere Sträucher, meist windend (*Vinca*), Lianenform. Bestäubung durch Insekten.

Campanulaceae. Im Bernstein eine Frucht. Meist in gemäßigtem Klima, viele in Gebirgen. Bestäubung durch Insekten.

Rubiaceae. Zwei Arten im Bernstein. 4500 Arten in Tropisch-Amerika, Asien, Afrika ungefähr gleich stark verbreitet. Bestäubung durch Insekten.

Caprifoliaceae. Im Bernstein zwei *Sambucus.* Meist Holzgewächse, Sträucher und Bäume. Nur wenige Arten krautartig. Gemäßigte nördliche Hemisphäre. Von Insekten befruchtet, woran hauptsächlich Nachtschmetterlinge, meist *Sphingidae,* beteiligt sind.

Santalaceae. Zwei Arten im Bernstein. Heute in den Tropen, wenige im gemäßigten Klima, stehen *Lorantaceae* nahe. Schmarotzer auf Baumzweigen. Andere wachsen mit eigenen Wurzeln am Boden, saugen zugleich aus fremden Nahrung. Manche echtgrün, also eigene Assimilation. Vorwiegend an trockenen Örtlichkeiten.

Cistaceae. Eine Art im Bernstein. Nahe *Urticaceae.* Heute Umgebung des Mittelmeeres, bilden mit die Macchia. In Amerika beschränktes Gebiet. Insektenbestäubung.

Ternströmiaceae. Eine Art im Bernstein. Holzgewächse, Bäume und Sträucher. 174 Arten tropisch und subtropisch, von einigen in Amerika und Asien wird gemäßigte Zone erreicht.

Dilleniaceae. Drei Arten im Bernstein. Heute vor allem in Australien, wenige in Afrika. Bäume bis 30 m Höhe, jedoch auch Sträucher und Lianen. Insekten-Befruchtung wahrscheinlich. Besonders prächtige Blüten. In Australien bilden sie den Scrub.

Oxalidaceae. Zwei Arten im Bernstein. 230 Arten in Südafrika, Südamerika. *Oxalis,* Selbstbestäuber.

Celastraceae. Mehrere Arten im Bernstein. In allen Klimaten, Holzgewächse, Sträucher, Bäume. Befruchtung durch Insekten, vor allem kleine Dipteren, Hymenopteren, aber auch durch Spinnen, die Netze über die stark von Insekten besuchten Blüten spannen.

Pittosporaceae. Eine Art im Bernstein.

Rhamnaceae. Eine Frucht im Bernstein. In allen Gebieten, wo Holzgewächse gedeihen. Befruchtung durch Wind. Diök.

Hamamelidaceae. Eine Art im Bernstein. Sonst im Tertiär sehr verbreitet. Polygam. Bei manchen sicher Pollenübertragung durch Insekten. Stark riechend. Subtropische Holzgewächse. Afrika, Ostindien, Malaya, Australien. In der Kreide erstes Auftreten.

Protaceae. Drei Arten im Bernstein. Heute tropisches Amerika, Asien, Südafrika.

Nicht bestimmte Blüten und Pflanzenteile folgen als Beispiele der Erhaltung (Abb. 27 bis 29).

Abb. 27. Zweig mit Blüten.

Die Menge der niederen Pflanzen, die sich im Bernstein eingeschlossen finden, ist nicht unbedeutend. Leider konnte C o n-

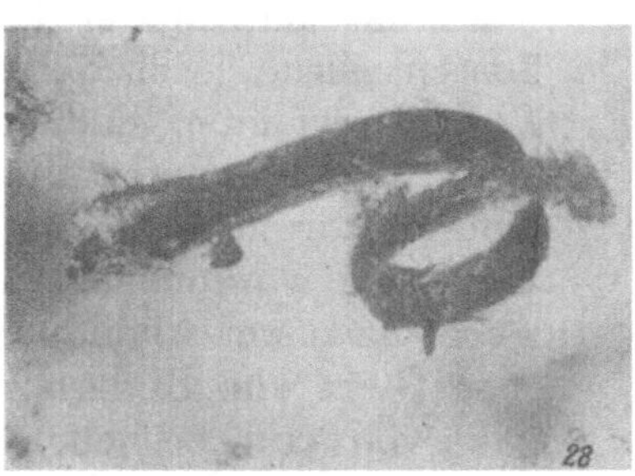

Abb. 28. Teil einer Blüte.

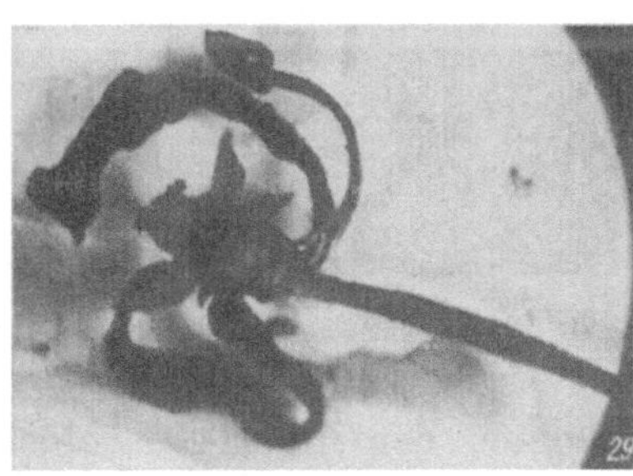

Abb. 29. Blüte im Bernstein.

w e n t z seinen Plan, dieselben einer gründlichen Bearbeitung zu unterziehen, nicht mehr ausführen. Von Farnen kenne ich eine typische Wurzel, die W e t t s t e i n bestimmte. Moose kommen nicht allzu selten vor und stehen lebenden Arten nahe (Abb. 30).

Schon B e h r e n d t bildet in seiner großen Monographie der Insekten ein Insekt ab, das von Schimmel überzogen ist, also wohl schon tot am Boden lag, als es eingeschlossen wurde. Ein besonders schönes Stück mit eingeschlossenem Schimmel besitzt

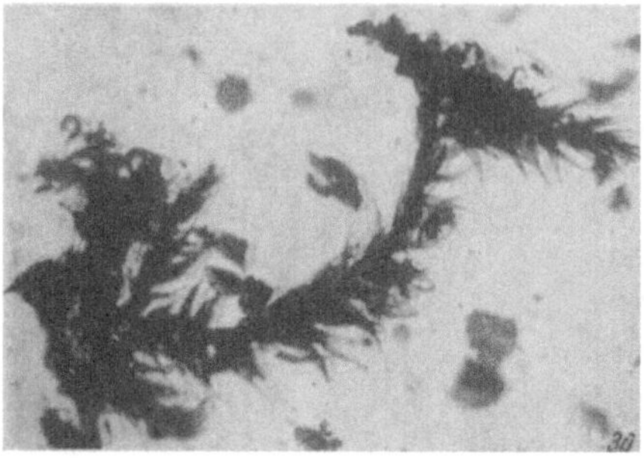

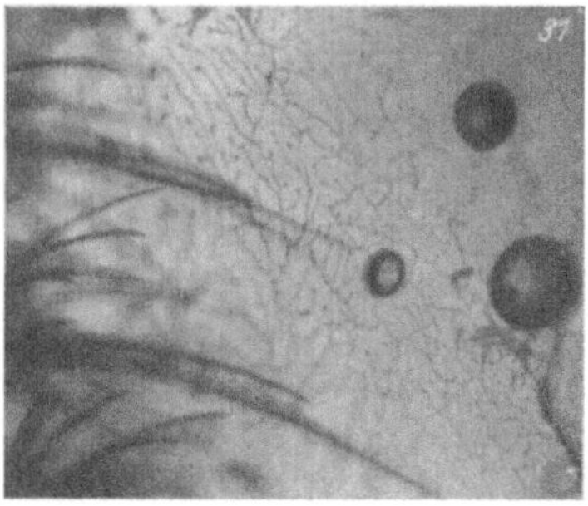

Abb. 30. Mooszweiglein.
Abb. 31. Myzelium eines Schimmelpilzes zwischen den Haaren eines Myriapoden.

das Berliner Museum (Abb. 32). Vier Eier, wahrscheinlich einer Stabheuschrecke, liegen hier zusammen. In dreien sieht man die schon fast vollständig ausgebildeten Larven liegen, während das vierte abgestorben war und dann von einer dichten Haube eines Schimmels *(Mucor?)* überzogen wurde. Eine andere Vegetation von Schimmel fand ich in den Haaren eines Tausendfußes, der offenbar schon tot auf einem Stück Harz lag und später überflossen wurde (Abb. 31).

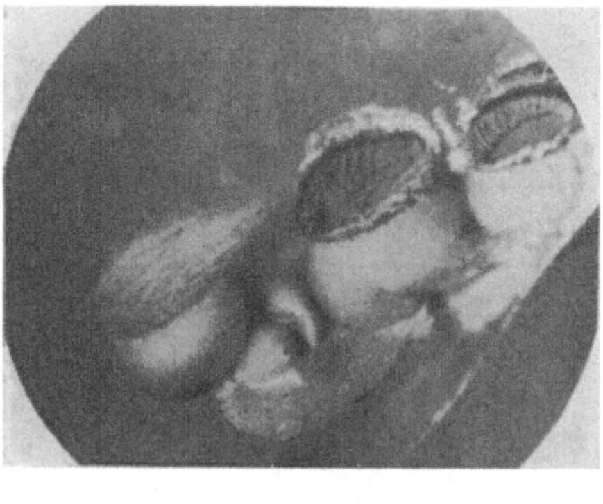

Abb. 32. Schimmelpilze auf abgestorbenen Insekteneiern.

Ich erwähnte, daß einzelne unbestimmte Blüten und Blätter nicht selten im Bernstein vorkommen, und gebe bei den Abbildungen eine Reihe von Bildern verschiedener derartiger Einschlüsse, die nur die Aufgabe haben, zu zeigen, daß gewiß ein großer Reichtum derartiger Reste besteht, wenn in einer kleinen Sammlung bereits eine nicht unerhebliche Zahl sich findet.

V. Tierwelt

Es ist ein nicht seltener Fall, daß wir in Meeresablagerungen neben den Resten der Bewohner des Meeres auch solche von Tieren finden, die zu ihren Lebzeiten auf dem Lande oder im Süßwasser hausten. Ihre Reste wurden durch Flüsse dem Meere zugeführt und dort zusammen mit denen von Meerbewohnern erhalten. Es handelt sich in diesen Fällen in der Regel um Tiere, die gleichzeitig mit den Meeresbewohnern lebten. Ausnahmen ergeben nur einzelne Stücke, die aus älteren Ablagerungen ausgewaschen und neuerdings eingebettet wurden. Stets finden sich verhältnismäßig wenige Arten der Landtiere gegenüber den im Meere heimischen. Ganz anders sind die Verhältnisse in der maritimen Ablagerung der „Blauen Erde" im Samland und den gleichzeitigen verwandten Vorkommen in Polen, Rußland usw. Wir finden darin eine reiche Fauna von teilweise für die Zeitbestimmung sehr wichtigen Meeresbewohnern und daneben im Bernstein eine ungeheuer reiche Fauna, die am Land lebte und im Harz prachtvoll erhalten aus dem Waldboden ausgespült und gleichzeitig mit der Meeresfauna von Sanden und anderen Sinkstoffen eingeschlossen wurde.

Diese Landfauna überragt die mit ihr eingeschlossene Meeresfauna ungeheuer an Artenzahl. Es drängt sich bei ihrem Studium die Frage auf, ob sie gleichzeitig mit den Meeresbewohnern gelebt hat oder älter war als diese. Zeitlich kann das Alter der Blauen Erde, die den Bernstein enthält, als Oligozaen angesehen werden, aber die in „Heimat und Wanderung" geschilderten Verhältnisse machen es wahrscheinlich, daß die großen Mengen von Bernstein schon früher im Waldboden aufgespeichert waren und erst bei einer bedeutenden Krustenbewegung ausgespült und dem Meere zugeführt wurden.

Im Bernstein sind Vertreter folgender Ordnungen festgestellt worden: Korallen, Würmer *(Vermes)*, Kruster *(Crustaceae)*, Tausendfüßler *(Myriapoda)*, Spinnentiere *(Arachnoideae)*, darunter echte Spinnen, Afterskorpione, Weberknechte, Milben, ferner Insekten, von denen alle Ordnungen mit Ausnahme der in anderen Tieren lebenden Parasiten sich finden, Eidechsen, *(Lacertidae)*, Vögel *(Aves)*, Säugetiere *(Mammalia)*.

Die Häufigkeit der Vertreter einzelner Ordnungen steht natürlich keineswegs in direktem Verhältnis zu der Häufigkeit ihres Vorkommens im Bernsteinwald und dessen Umgebung. Eidechsen sind nur durch einen einzelnen wohlerhaltenen Fund und einzelne Hautstücke vertreten, obwohl sie sicher in einer an Insekten so reichen Periode häufige und fleißige Jäger waren. Von Vögeln konnten nur selten Federn, die durch besondere Zufälle an das Harz gerieten, erhalten bleiben. Ähnlich steht es mit Haaren von Säugetieren, die immerhin wesentlich häufiger als Federn sind.

Daneben gibt es manche Dipteren, aus deren Vorkommen man Schlüsse auf das Vorkommen von Säugetieren ziehen kann, und die wenigen Flöhe, die wir kennen, berechtigen zu Schlüssen auf das Vorkommen von Insektenfressern. Würmer mochten zu Tausenden den Boden durchwühlen, aber nur, wenn sie einmal über den Boden krochen, was außerdem selten bei heißem Wetter stattfindet, das das Harz zum Fließen bringt, konnten sie in Gefahr kommen, eingeschlossen zu werden. Ähnlich steht es mit Asseln, die selten bei Tag ihre Verstecke in moderndem Holz oder dem Boden verlassen. Reich ist die Beute an Insekten und nicht gering an Spinnentieren. Aber am deutlichsten tritt hier der Unterschied zwischen der wahrscheinlichen Häufigkeit der Arten und deren Auffindung hervor. Am häufigsten kommen jene Arten von Insekten vor, die, wie viele Zweiflügler, von dem glänzenden Harz angelockt wurden. Von ihnen kann man Hunderte in einem Stück Bernstein finden, von Spinnen sind jene, die an der Rinde der Bäume jagen, viel öfter vertreten wie die, die in Blüten lauern. Von Schmetterlingen finden wir Kleinschmetterlinge, die rastend oft an Bäumen sitzen, nicht gerade oft, aber unendlich häufiger als Großformen. Bienen hatten gewiß kein Interesse an dem für ihren feinen Geruchssinn unerfreulichen Harze. Wir besitzen aber Beweise für ihr Vorkommen durch eine verhältnismäßig hohe Zahl verschiedener staatenbildender Familien, die jedoch meist nur durch ganz wenige Exemplare vertreten sind. Ähnlich steht es mit anderen blütenbesuchenden Hymenopteren, während jene, die ihre Eier in an den Bäumen oder in denselben hausende Larven anderer Insekten legen, häufig vorkommen, da sie auf der Suche nach geeigneten Larven verunglückten. Noch eine große Reihe solcher Gegensätze ließe sich anführen.

Wenn wir am Schluß uns ein Bild über die wirklich damals bestehenden Mengenverhältnisse des Vorkommens der verschiedenen Ordnungen und Familien machen wollen, müssen wir sehr genau verfolgen, wie die biologischen und ökologischen Voraussetzungen bei den in unserer Zeit lebenden möglichst nahe verwandten Arten sind, und daraus die damaligen Verhältnisse zu rekonstruieren suchen. Freilich wird uns auch bei großer Genauigkeit des Verfolgens aller einschlägigen Gesichtspunkte noch mancher Irrtum unterlaufen. Vollständig gleichartige Verhältnisse und Vorbedingungen finden wir wohl in keinem bestehenden Wald, da ja schon die ganz anders geartete Mischung der verschiedenen Gewächse damals andere Vorbedingungen für das Leben der Tierwelt schuf, als sie heute bestehen.

VI. Korallen *(Hydraulis, Cariophyllia)*

Vor vielen Jahren sah ich in Berlin einen Einschluß im Bernstein, den ich mir nur als Alge deuten konnte, aber niemand wollte daran glauben, daß auch submarine Einschlüsse möglich seien. Und ich kam längere Zeit nicht dorthin, so daß ich versäumte, ein Bild zu machen.

Im Juli 1944 erschien in der „Umschau" ein kurzer Artikel, in dem Herr Kirchner, ein erfahrener Beamter der Bernsteinwerke in Palmnicken, nachwies, daß Einschlüsse von Hydrokorallen und echten Korallen im Bernstein vorkommen. Die Arbeit brachte zweifellos richtige Bilder von *Hydraulis* und *Cariophyllia.* Ich kann, da der Artikel wenige Einzelheiten enthält und eine weitere Erkundigung zur Zeit unmöglich ist, nur die wichtigsten Nachrichten über diese Funde aus demselben abschreiben und mir vorbehalten, später weitere Mitteilungen zu machen. Herr Kirchner schreibt über die in wesentlich größerer Menge als echte Korallen gefundenen Hydrokorallen:

„Einen weiten Raum im ständigen Vorkommen der Korallen-einschlüsse nehmen die Hydrokorallen ein. Es handelt sich bei ihnen stets um ausgestorbene Formen . . . Die Hydrokorallen sind freisitzende, korallenähnliche Polypenstöcke und bilden aus den massigen verkalkten Außenskeletten (Protidermen) der schlauchförmigen Polypen dichte massive Riffe. Sie sind in ihren heute wie damals lebenden Arten ausschließlich Meeresbewohner, wachsen unregelmäßig baum-, blatt- oder krustenförmig und haben ein dichtes Netzwerk nach außen offener Räume (Polypare), in denen die Nähr- und Tastpolypen leben, diese in unregelmäßigen zellenartigen Röhrchen, jene in kreisrunde Poren mündenden Kelchen. Typisch ist die im Bild wiedergegebene Art. Vom Riff abgebrochene, buschige Spitze eines Stockes von 10 mm Höhe und 14 mm Durchmesser, Gesamthöhe 50 mm. Die kalkig-poröse Riffsubstanz liegt offen im Rande des Bernsteinstückes in der Art wie auch den lebenden Hydrokorallen eigenen massiven Riffe. Die unregelmäßigen blattförmigen Jugendbauten, von denen ein nach unten gebogener Stock wieder am Altbau festgewachsen ist, zeigen auf ihrer ganzen Peripherie die engmaschige Porenbildung von Nähr- und Tastpolypen. — Diese Art kommt ständig vor. Sie wurde als *Hydraulis favosa* n. sp. registriert.

Während die meisten aus beträchtlicher Meerestiefe stammenden fossilen Korallen wahre Wunder exakter Bauweise sind, da das Wasser dort wenig bewegt ist, scheinen die Hydrokorallen an ungünstigeren Orten gestanden zu haben. An den bewaldeten

Küsten herrschte Unbeständigkeit der Wetterlage und Wasserbewegungen. Das ist in erster Linie aus den Vorkommen zahlreicher Seesande in der erhaltenen Riffsubstanz zu schließen. Bestätigt werden diese Beobachtungen aus dem Aufbau des Stockes selbst. Sein massiver Teil ist unter Verhältnissen entstanden, die eine Ausweitung der Bauten nicht begünstigen, dagegen sind die zarten, schnellwüchsigen Jugendbauten ohne Zweifel in ruhigen Zeiten gewachsen. Die gleichen wechselvollen Lebensbedingungen machen es erklärlich, daß in den sonst dichtmassiven Hydrokorallenriffen Hartteile und anders gestaltete Polypen nur selten erhalten geblieben sind."

„Einen ganz anderen Typ zeigt das nächste Bild, das eine *Cariophyllia* darstellt. Diese tritt in bronzefarbenen säulen-, blatt- und krustenförmig gewachsenen Stöcken auf mit meist runden, glattrandigen Poren (Polyparen) ohne Längsscheidewände (Septen), aber mit Querwänden. Bei den säulenförmigen Arten tritt häufig eine ringförmige Gratbildung auf. Die Einschließung dieser mit *Hydraulis aenea* bezeichneten Stöcke ist mit einer solchen Vollendung vor sich gegangen, daß in einigen Stücken sowohl die Polypen wie ihre Fortpflanzungsstadien studiert werden können. Das Glanzstück ist eine der heutigen roten Edelkoralle nahestehende Art. Sie wurde mit achteckig vorgestreckten, nicht gefiederten, sondern glattrandigen Polypenarmen eingeschlossen *(Isis victrix* n. sp.*)*, schon in biologischer Hinsicht eine außerordentliche Seltenheit. Von weiteren echten Korallen ist eine *Cariophyllia* zu nennen. Sie zeigt den durch irgendeinen Zufall aus ihrer Becherform losgetrennten Sektor. Typisch sind die weißen, kalkigen Scheidewände, von denen einige aus dem Kelchinneren seitwärts gedrückt sind, und die zierlich gewundenen Säulchen (Columellen)."

VII. Würmer *(Vermes)*

Unsere Kenntnis von Würmern reicht in der Erdgeschichte sehr weit zurück und schon im früheren Paläozoikum finden wir Spuren von ihnen, die zweifellos eine nahe Verwandtschaft mit heute lebenden Formen aufweisen. Unzählige Spuren zeugen von ihren Lebensgewohnheiten, vor allem Ausfüllungen von Gängen, die auf ihren Wanderungen entstanden, Kriechspuren, die darauf hinweisen, daß sie über die Oberfläche zogen, und Freßspuren; alle erinnern lebhaft an Beobachtungen, die wir im oder auf dem Schlamm am Ufer des Meeres oder an still liegenden Gewässern machen können. Die Lebensbedingungen haben sich nicht verändert und so ist es nur natürlich, daß auch manche Familien fast unverändert blieben, während gerade im Meere andere, die in neue Lebensräume gerieten, wesentliche Veränderungen und Entwicklungen durchmachten. Freilich fehlen uns körperliche Reste aus früherer Zeit.

Weit weniger kennen wir die Geschichte jener Ordnung, die einen großen Teil an dem Verdienst haben, daß der Boden für das Wachstum höherer Pflanzen bereitet wurde und auch heute noch bereitet wird. So gut im Boden des offenen Landes wie in Wäldern wird der Humus immer wieder durchwühlt und gelockert und durch die Verdauungsprodukte der Würmer für die Wurzeln der Pflanzen leicht verarbeitbar gemacht. Für dauernde Erhaltung der Tiere selbst oder ihrer Bohrgänge liegen die Verhältnisse äußerst ungünstig, da nicht wie in einer Lagune ihre Spuren von Staub

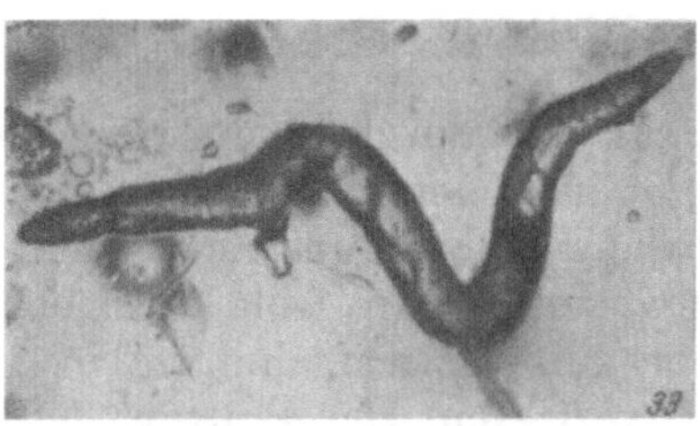

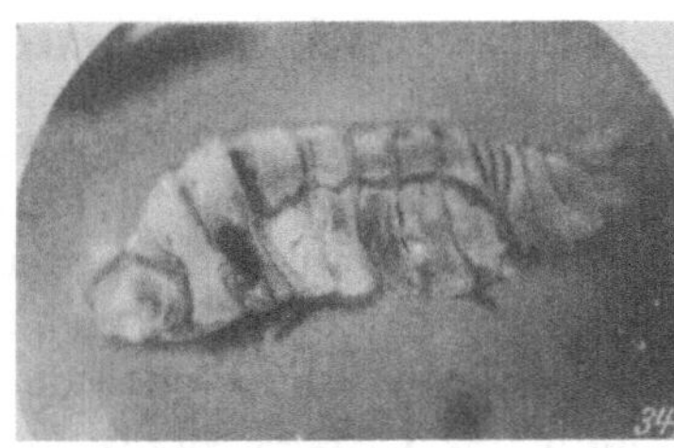

Abb. 33. Einer der im Bernstein recht seltenen Würmer (Enchytraeide).
Abb. 34. Eine Assel aus der Familie *Porcellionidae.*

überweht werden konnten oder ein Ausfüllen der Bohrgänge mit anorganischen Mengen möglich war. Gleiches Material drang aus der Umgebung in die Röhren, die hinter ihnen zurückblieben, ein und der Boden wurde ununterbrochen neu durchwühlt. Außerdem war das Material gänzlich ungeeignet, Reste zu bewahren; neben den Würmern waren ja Bodenbakterien überall tätig. So können wir von Familien dieser Würmer aus älteren Perioden bis in die Gegenwart weder körperliche Reste noch Spuren ihrer Tätigkeit finden. In dieser Richtung hat der Bernstein unsere Kenntnis wesentlich erweitert. Wir finden in ihm eingeschlossen kleine Würmer, die, wie es Regenwürmer bei gewissen Wetterverhältnissen regelmäßig tuen, aus der Erde herauskamen und über den Boden krochen. Es ist zweifellos, daß die bekannten Einschlüsse alle zu den *Annelidae Olichochaeta* gehören und so gut wie sicher zu der Familie der *Enchytraeidae,* die auch heute Bewohner des Fall-Laubes und seiner Zersetzungsprodukte im Mulm des Waldbodens sind (Abb. 33). Es sind durchgehends kleine Tiere, die heute in großer Menge den Boden der Wälder durchwühlen. Nicht anders war es in den Bernsteinwäldern; das Leben, das die Tierchen dort führten, unterschied sich in nichts von dem der heute lebenden, denen sie in der äußeren Erscheinung vollkommen gleichen. Das größte Individuum, das ich fand, hat eine Länge von ca. 30 mm und ist dadurch besonders interessant, daß es, offenbar über den Boden kriechend, in schlängelnder Bewegung von einem Tropfen herabfallenden Harzes getroffen wurde und nun an dessen Unterseite als Abdruck erhalten ist. Ein anderes Stück enthält zwei gleichartige Tiere, ein drittes ist dadurch interessant, daß, dicht an den nur wenige Millimeter langen Wurm angeschlossen, eine Diptere in klarem Bernstein eingeschlossen liegt. Zweifellos hatte sich die Mücke an die glänzende Fläche gesetzt und wurde von dem leicht flüssigen Harz umschlossen. Erst als der Tropfen herunterfiel, wurde auch der Wurm eingeschlossen (Abb. 17).

VIII. Kruster *(Crustaceae)*

Unsere Kenntnis der Kruster, die sich durch ihr hartes Außenskelett besonders zur Erhaltung in den verschiedensten Ablagerungen eignen, geht sehr weit in das Paläozoikum zurück und wir können ihre Entwicklung genau verfolgen. In Ablagerungen des Meeres ebenso wie in denen von Süßwässern sind sie in allen Perioden der Erdgeschichte reich vertreten. Der Beitrag, den wir durch das Studium der Reste im Bernstein darüber erhalten, ist natürlich sehr ärmlich, da das wichtigste Lebensgebiet der Ordnung für die meisten Unterordnungen jede Beziehung zum Wald ausschließt. Nur ganz wenige zu ihnen gehörige Familien durften aus Einschlüssen erwartet werden.

Die Asseln *(Isopoda)* sind nur zum Teil Landbewohner. Im Bernstein finden sich ausschließlich Vertreter der *Oniscoidea* in nicht geringer Zahl von Arten und Individuen. Schon im Carbon hatten die Isopoda einen hohen Grad der Entwicklung und eine bisher nicht wieder vorkommende Größe der Individuen erreicht. Im Bernstein waren die Vertreter der noch lebenden Familie der *Trichoniscidae* zweifellos Bewohner des Mulms oder hausten im Fallaub und alten modernden Stöcken, während die Arten der *Porcellionidae* an feuchten Stellen oder unter Rinde und Steinen lebten (Abb. 34). Beide Familien haben heute noch eine weite Verbreitung und haben sich so wenig verändert, daß die im Bernstein vorkommenden Arten sich mühelos zwischen lebende einordnen lassen. Die Arten sind jedoch durchgehends verschieden von den heute lebenden. Ein unerwarteter, aber deshalb besonders interessanter Fund gelang Herrn L u c h s in Zoppot in der Sammlung des Herrn Klaassen in Zoppot, nämlich der eines Gammariden. In einem klaren Stück Bernstein waren zwei Tiere derselben Art enthalten, von denen das nahe der Oberfläche liegende weniger gut erhalten schien. Man beschloß daher, dieses zu opfern, und hatte damit einen vollen Erfolg; denn das nunmehr ganz frei liegende Tierchen ist, da durchsichtig, bis in die kleinsten Einzelheiten zu studieren. Das Tier ist stark zusammengekrümmt und hatte gestreckt eine Länge von ca. 5 mm. Es kam offenbar noch lebend in das Harz. Aus der Zeichnung des Finders, die ich in Abb. 35 wiedergebe, sieht man alle Einzelheiten des Baues und kann feststellen, daß es lebenden Gammariden außerordentlich nahesteht. Luchs erklärte mir selbst, daß es dem in Süßwasser lebenden *Gammarus pulex* (Wasserfloh) sehr nahestehe, daß es aber auch ganz nahe Beziehungen zu dem in Salzwasser lebenden *Talitrus saltator* zeige. Er nannte ihn *„Palaeogammarus balticus"*. Für eine nähere Verwandtschaft zu *Gammarus pulex* spricht der Umstand, daß neben dem Tierchen Reste eines Mooses lagen. *Gammarus pulex* liebt es, gelegentlich das Wasser zu verlassen und im feuchten Pflanzenwuchs des Ufers zu kriechen. So scheint es wahrscheinlicher, daß der gefundene Gammaride aus stehenden Gewässern im Wald stammt. *Gammarus pulex* ist etwas größer als das gefundene Tierchen, doch ist nicht zu entscheiden, ob letzteres vollkommen ausgewachsen war, als es verunglückte. In den Arbeiten des alten Bernstein-Forschers Zaddach findet sich eine Beschreibung eines *Gammarus*, den er *„Palaeogammarus sabiensis"* nennt. Entdeckt wurde das Tierchen von Pfarrer Duisburg, und Zaddach veröffentlichte die Beschreibung im Jahre 1864 im 5. Band der Schriften der Physikalisch-ökonomischen Gesellschaft in Königsberg. Leider ist das Stück verschollen und daher ein direkter Vergleich mit dem von Luchs bearbeiteten unmöglich. Nach der Beschreibung scheint es demselben sehr nahegestanden zu haben. Da die Arbeit von Luchs 1927 in den Schriften der Naturforschenden Gesellschaft in Danzig erschien, sind in 80 Jahren nur zwei Funde von Gammariden gemacht worden. Es war wohl nie daran zu zweifeln, daß Gammariden im frühen Tertiär vorkamen, den erstmaligen Beweis ihres damaligen

Abb. 35. *Palaeogammarus balticus*, ein im Bernstein erhaltener Wasserfloh. Vergrößert.

Vorkommens haben wir durch diese Funde erhalten, die allerdings durch die vollkommene Ähnlichkeit mit lebenden Arten deutlich zeigt, daß eine lange vorhergehende Entwicklung damals bereits ihren Abschluß gefunden hatte. Diese Feststellung ist sehr wichtig; ebenso wichtig ist auch der neue Hinweis, den wir durch diesen Fund erhalten, daß der Bernsteinwald reichlich stehende Gewässer beherbergte, was allerdings durch die Vertreter mancher Insekten-Familien weitere Bestätigung findet.

IX. Tausendfüßler *(Myriapoda)*

Kein Tierstamm, den wir nicht nur in einzelnen Fällen, wie Würmer und Kruster, sondern regelmäßig im Bernstein vertreten finden, ist so an bestimmt umgrenzte Lebensbedingungen angepaßt, wie die einzelnen Familien der Myriapoden. Dadurch gibt ihr Vorkommen besonders klare Hinweise auf klimatische Verhältnisse und geographische Zusammenhänge in der Zeit der Entstehung und Verbreitung der einzelnen Familien und Ordnungen. Als Myriapoden sind zwei Stämme zusammengefaßt, die nicht voneinander abstammen, sondern sich sehr früh selbständig entwickelt haben, in der äußeren Erscheinung aber einander ähnlich sind: *Progoneata* und *Chilopoda*. Erstere sind fast durchgehends Pflanzenfresser, letztere in allen Familien gewaltige Räuber und Jäger.

Abb. 36. Eine gut erhaltene *Scolopendrella*. Etwa 10fach vergrößert.

Mein Ziel, als ich ihnen mein Interesse zuwandte, war, zunächst festzustellen, welche der lebenden Ordnungen schon im Bernsteinwald gelebt haben. Von Chilopoden haben alle Ordnungen bereits Vertreter, während von den Progoneaten eine Ordnung nicht gefunden wurde, die *Pauropoda*. Das Fehlen dieser Ordnung ist nicht überraschend, da die *Pauropoda* sehr kleine zarte Tiere sind, die sehr verborgen leben.

Da kaum Tierstämme und ihre Ordnungen so wenig bekannt sind wie die Myriapoden, gebe ich kurze Beschreibungen derselben.

Stamm *Progoneata*

Ordnung *Symphyla*. Durchgehends kleine Tiere mit 12 Beinpaaren. Das Hautskelett ist ohne Kalkeinlage. Am Hinterende tragen sie zwei Griffel mit Spinndrüsen, die Antennen bestehen aus vielen gleichen Gliedern. In allen Ländern Europas vertreten, leben sie in Wäldern im Humus und unter Steinen. Sie verlassen diese Schlupfwinkel sehr selten (Abb. 36).

Eine Symphyle zu finden, hatte ich nicht zu hoffen gewagt. Desto größer war meine Freude darüber, eine *Scolopendrella* feststellen zu können. Das Exemplar ist ein junges Tier, trotz seines zarten Baues vorzüglich erhalten, sodaß man alle charakteristischen Züge genauest beobachten kann. Ein zweites Individuum fand ich in einem größeren Tropfen, der eine ganze Reihe verschiedener Tiere enthält. Dasselbe ist dadurch, daß ich es nicht herausschliff, um die Gemeinsamkeit der Einschließung nicht zu zerstören, weniger günstig zu beobachten. Da heute noch die Ordnung durch ganz Europa verbreitet ist und außerdem das gut erhaltene Exemplar lebenden Arten nahe steht, ist ein Schluß über klimatische Fragen nicht zu ziehen.

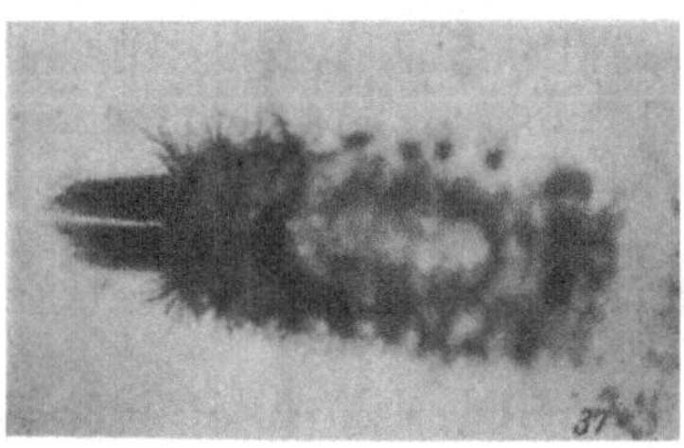

Abb. 37. Ein *Polyxenus* aus dem Bernstein.
Abb. 38. Der merkwürdige, heute noch in Südafrika lebende Polyxenide *Schindalmonotus*.

Klasse *Diplopoda*

Diese in mehrere Ordnungen zerlegte Unterklasse ist sehr formenreich, kleinste Tiere von wenigen Millimetern Länge und Riesen von 280 mm Länge und 19 mm Umfang gehören ihr an. Das vordere Segment ist stets fußlos, die drei folgenden tragen nur ein Beinpaar, während die weiteren je 2 Beinpaare haben. Die Zahl der Beinpaare schwankt von *Polyxenus* mit 12 bis zu 180 bei Juliden. Die Antennen sind achtgliedrig und tragen Sinneszäpfchen.

Unterklasse *Pselaphognatha*

Familie *Polyxenidae.* Kleine Tiere ohne Kalkeinlagerungen im Chitinpanzer. Am Kopf und den Körperringen Haarbüschel, die am Körperende zwei Schwänze bilden (Abb. 37).

Die *Polyxenidae* sind die am stärksten im Bernstein vertretene Ordnung der Progoneata, die in mehreren Gattungen vorkommt. Ich kenne davon *Polyxenus lagurus L.,* ein Tierchen von 4 mm Länge, den ihm nahestehenden *ovalis* und *Schindalmonotus hystrix*

Attems. Da *P. lagurus L.* ein Rindenbewohner ist und in Europa an Nadelbäumen in Spalten lebt, ist das Finden einer verwandten Art naheliegend. Eine zweite zu den *Polyxenidae* gehörige Art fand ich in 6 Exemplaren neben einigen Insekten in einem klaren Stück Bernstein. Es waren männliche und weibliche Individuen darunter, die offenbar einander aufsuchten. Dr. Graf Attems übernahm es, Vergleiche mit lebenden Arten anzustellen und fand, daß die Art vollständig mit *Schindalmonotus hystrix* Attems (Abb. 38), der heute ausschließlich in Südafrika heimisch ist, identisch ist. Erfreulich ist, daß die Einschlüsse im Bernstein schöner erhalten sind als afrikanische Funde. Sehr interessant sind die beiden Funde von Polyxeniden, wenn wir ihre jetzt bevorzugten Lebensräume betrachten und in Beziehung zu dem alten Wohngebiet bringen. *Polyxenus lagurus L.* wurde zur Zeit der Vereisung sicher aus der Heimat verdrängt und hielt sich vermutlich im Osten, von wo er, als Koniferen wieder nach Europa einwanderten, mit diesen zurückkehrte.

Schindalmonotus Attems muß wohl ein weit nach Süden ausgedehntes Gebiet bewohnt haben; denn es ist unwahrscheinlich, daß er erst, als für ihn das Leben im Norden unmöglich wurde, abgewandert ist. Er müßte dann nicht nur Südeuropa, das Mittelmeer, die Sahara und den Urwald Afrikas durchwandert haben, was schon damals untunlich war, weil der Wechsel des Pflanzenlebens in der seither vergangenen Zeit ihm nicht die Möglichkeit dazu bot. Es wär interessant zu wissen, auf welchen Bäumen er heute lebt, da daraus Schlüsse über seine damaligen Wirtsbäume möglich würden.

Unterklasse *Chilognatha*

Die heute auf die neotropische und indoaustralische Region beschränkte Ordnung *Limocomorpha* sowie die Ordnung *Oniscomorpha* fehlen im Bernstein.

Ordnung *Polydesmoidea.* Die Körperwandung ist durch Kalkeinlagen versteift. Haare vereinzelt, Wehrdrüsen vorhanden. An den Antennen befindet sich ein fingerförmiges Organ, das wahrscheinlich lichtempfindlich ist, während Augen fehlen. Der Körper, der 19 bis 22 Ringe hat, trägt an den großen Tergiten Reihen von Tuberkeln und hoch angesetzte Seitenflügel. Im Bernstein finden sich mehrere hierher gehörige Arten.

Ordnung *Nematophora.* Regelmäßig sind Spinndrüsen vorhanden, Wehrdrüsen zuweilen. Von der Ordnung lagen mir zwei Vertreter vor, die der Gattung *Atractosoma* Fanzago angehören. Diese stehen Arten, die heute die Alpenländer, Kroatien, Südfrankreich und Italien bewohnen, nahe. Für die Erhaltung war die harte, mit Kalk durchsetzte Körperwandung günstig. Auffallend sind an vielen Arten die breiten Seitenflügel an den Tergiten. Ein *Atractosoma* liegt in einem Bernstein mit einer Zikade und einer Diptere zusammen.

Ordnung *Juliformia.* Die über die ganze Welt verbreitete Ordnung ist in der Gestalt des runden Körpers ohne Anhänge bei allen Familien gleichförmig. Die Anzahl der Beine schwankt zwischen 60 und 180 und ist auch bei derselben Art variabel. Augen meist vorhanden, Spinndrüsen fehlen, Wehrdrüsen sind vorhanden. Skulptur besteht nur in sehr spärlichen Streifen. Im Bernstein nicht häufig, fehlen sie in meiner Sammlung, weshalb ich ein Bild nach Berendt gebe.

Ordnung *Colobognatha.* Während bei allen anderen *Chilognatha* die Larven das Ei mit vier Beinpaaren verlassen, erscheinen sie mit nur drei Beinpaaren. Mehrere Familien haben langgestreckte Körper und an den Rückenschilden breite Anhänge, andere haben an der oberen Hälfte halbrunde, glatte Rückenschilde. Der Kopf ist stets kegelförmig, sehr klein und springt nur wenig über den Halsschild vor. Antennen einfach, achtgliedrig und am letzten Glied mit Sinneszäpfchen versehen. Sie leben tief im Boden eingegraben in schwarzem Humus.

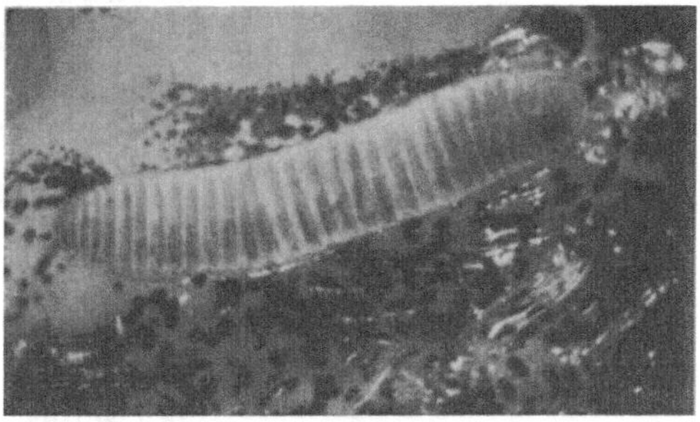

Abb. 39. Ein Vertreter der Gattung *Polyzonium* aus dem Bernstein. 8fach vergrößert.

Interessant ist die heutige Verbreitung verschiedener Arten der kleinen Ordnung, da sie in weit getrennten Ländern leben. In Afrika finden wir sie in Kapland, Sierra Leone, Tunis, in Asien auf Sumatra, in Europa eine Art nur in Mittelgriechenland, ebenfalls in Europa bis an das Mittelmeer wohnt ein *Polyzonium* Brandt, das dem im Bernstein gefundenen so nahe steht, daß ein Ausscheiden als Art für das letztere nicht möglich ist (Abb. 39).

Stamm *Chilopoda*

Für alle Chilopoden ist ein räuberisches Leben charakteristisch. Das vorderste Beinpaar ist durchgehends zu mächtigen Kieferfüßen ausgestaltet, die mit Giftdrüsen versehen, ihre wichtigste Waffe bilden. Die nachfolgenden Segmente tragen je ein Beinpaar, deren Zahl bis zu 177 steigt. Der Kopf ist vom Rumpf scharf abgesetzt und trägt aus einfachen Gliedern bestehende Antennen. Augen, die aus zusammengedrängten Napfaugen bestehen, sind häufig vorhanden. Daneben finden sich andere mit Nerven zusammenhängende Sinnesorgane. Das letzte Beinpaar ist als Tastorgan, bei einigen als Greiforgan ausgestaltet, das ein Sekret ausscheidet, welches die Beute einhüllt.

Ordnung *Geophilomorpha.* Langgestreckte Tiere mit gleichgeformten Segmenten, die oft eine hohe Anzahl von kurzen Beinpaaren tragen (Abb. 40). Manche Arten, die sich nicht sehr rasch bewegen können, ziehen sich bei Gefahr eng zusammen, andere flüchten. Die Zahl der Beinpaare ist stets ungerade. Die heutige diskontinuierliche Verbreitung weist auf ein hohes Alter hin. Die Familie der *Himantariidae* z. B. lebt in Südeuropa und Eryträa, Madagaskar und Vorderindien. Im Bernstein sind Vertreter nicht sehr selten und ich fand Exemplare mit bis zu 41 Beinpaaren.

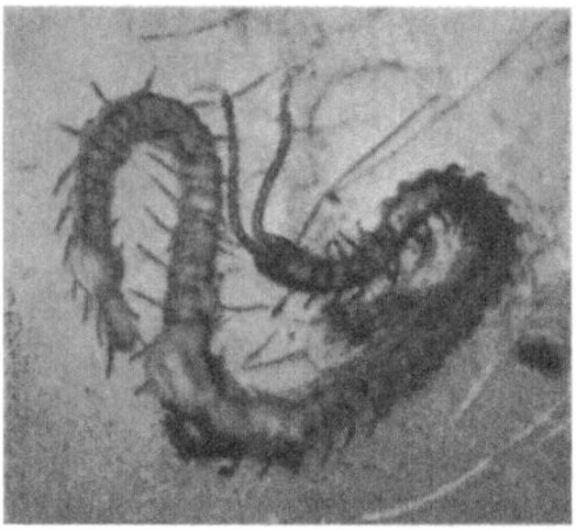

Abb. 40. Ein Geophilide. 8fach vergrößert.

Ordnung *Scolopendromorpha.* Die Ordnung enthält zum Teil sehr große Arten, die nicht nur Insekten, sondern auch Eidechsen usw. angreifen und durch das starke Gift ihrer Kieferzangen schnell kampfunfähig machen. Ihr Lebensraum sind die Tropen und in wenigen Arten die Subtropen. In Mitteleuropa dringen sie vom Balkan her bis in die Gegend um den Neusiedlersee vor, weiter nach Norden gehen sie nicht. Im Bernstein fand ich ein verletztes Tier. Leider ist es stark eingehüllt und der Hinterleib fehlt. Die Länge des Torsos beträgt ca. 50 mm. Das vollständige Tier maß mindestens 70 mm. Es bleibt somit weit hinter den heutigen Riesen der Familie, die eine Länge von 265 mm erreichen, zurück, ist jedoch der größte Myriapode, den ich aus dem Bernstein kenne.

Ordnung *Lithobiomorpha.* Die Jungen verlassen im Gegensatz zu den vorhergehenden Ordnungen mit 7 Beinpaaren das Ei. Sie bauen während wiederholter Häutungen weitere Segmente bis zu 19 auf, von denen 15 Beinpaare tragen. Die Segmente sind abwechselnd groß und klein. Aus dem letzten Beinpaar scheiden viele eine klebrige Flüssigkeit aus, die die Beute bewegungsunfähig macht. *Lithobius*-Arten sind die häufigsten Myriapoden im Bernstein und Tiere bis zu 25 mm Länge sind nicht selten. Ganz frisch aus dem Ei geschlüpfte Tiere von knapp 2 mm Länge fand ich mehrfach. Die Ordnung ist gegenwärtig vorwiegend holarktisch verbreitet und dringt nur mit verhältnismäßig wenigen Arten in die Tropen ein.

Ordnung *Scutigeromorpha.* Sie sind die lebhaftesten und beweglichsten unter allen Myriapoden. Die die Laufbeine tragenden Tergite sind stark reduziert, die Zahl der Beinpaare ist 15. Die sehr langen Beine dienen nicht nur zur Fortbewegung, sondern auch zum Fang der Beute. An Sinnesorganen sind die in dichten Gruppen stehenden Ocellen und lange, mit vielgliedrigen Geiseln versehene Antennen vorhanden (Abb. 41). Da ich keinen Scutigeromorphen selbst gefunden habe, gebe ich ein Bild, das schon Berendt veröffentlichte und das einen prachtvoll erhaltenen, kleinen Vertreter der Familie darstellt.

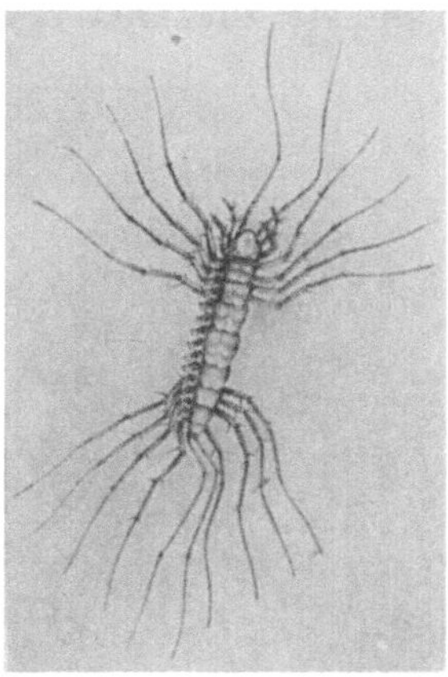

Abb. 41. *Cermatia illigeri.*

Bei den lebenden Familien der Myriapoden ist von außerordentlichem Interesse die häufige Erscheinung, daß eine Art in sehr weit voneinander liegenden Ländern vorkommt. Da sie weder fliegen können, noch fähig sind, Gebiete zu durchwandern, die ihrer gewohnten Lebensweise nicht entsprechen, geben sie Beweise ab für Zusammenhänge, die einst bestanden haben müssen und dadurch andererseits den Beweis ihres ungeheuren Alters. Wenn nicht direkte Zusammenhänge da waren, müssen in der Zwischenzeit abwechselnd die zwischenliegenden Gebiete die nötigen Lebensbedingungen geboten haben. Im folgenden seien einige Beispiele nach Dr. Graf Attems angeführt:

Von *Progoneata* leben die *Harpagophoridae* in Südafrika, an der Südspitze Vorderindiens, auf Borneo, den Philippinen und im Norden Australiens. Die Limacomorphen in Chile, auf Ceylon, Burma und einigen Sunda-Inseln. Von den *Chilopoden* lebt *Anobius silvestris* in Patagonien, im Süden des Kaplandes, in Südwest-Australien und Neuseeland. Die *Himantariidae* leben in Europa, Eritrea, Madagaskar, in eng umgrenzten Gebieten Vorder- und Hinterindiens. Die Zusammenstellung läßt sich noch wesentlich erweitern.

Großes Interesse verdienen die Beziehungen lebender Familien zu den im Bernstein vorkommenden. Der große *Scolopender* hat seine lebenden Verwandten in den Tropen und subtropischen

Gebieten der Erde, die nördlichste Grenze des Vorkommens liegt im Mittelmeerraum.

Atractosoma bewohnt heute Südfrankreich, den Süden der Alpen, Italien und Kroatien. Der rezente kleine, unter Baumrinde lebende *Polyxenus lagurus L.* ist kaum von einer im Bernstein vorkommenden Art zu unterscheiden. Er scheint nach der Eiszeit mit den Koniferen wieder in seinen alten Lebensraum zurückgekommen zu sein. Ganz anders steht es mit seinem Verwandten *Schindalmonotus hystrix* Attems. Dieser lebte damals im Bernsteinwald und heute ist er nur aus Südafrika bekannt. Wenn man die nächste Verbindungslinie zwischen diesen beiden Räumen zieht, geht sie zunächst über das Meer, das Norddeutschland bedeckt, über die Alpen, das Mittelmeer, die Sahara, die Tropenwälder Afrikas und die Steppen Südafrikas. Zu irgend einer Zeit muß für die Form in diesen Gebieten die Möglichkeit zu leben bestanden haben, wenn auch nicht unbedingt in der Zeit nach dem Bestand des Bernsteinwaldes. Das Vorkommen in so fern voneinander liegenden Räumen weist unzweifelhaft auf ein sehr hohes Alter hin; wir haben aber auch direkte Beweise dafür in einer nicht geringen Anzahl von Funden aus dem Palaeozoikum, die ganz zweifellos zu den Myriapoden gehören, wenn sie auch, meist mit Stacheln bewehrt, ganz anderen Familien angehören.

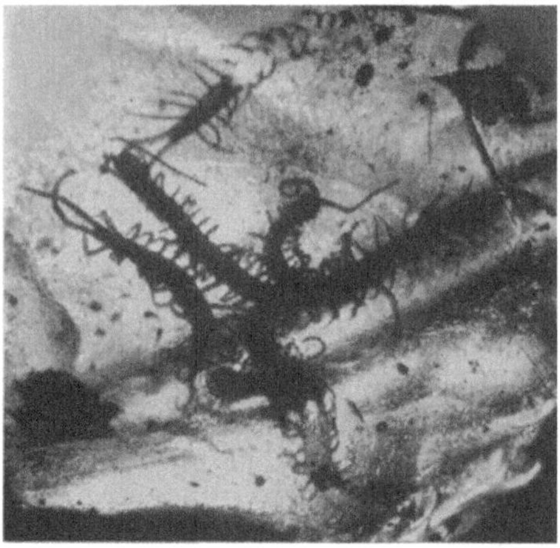

Abb. 42. Zwei Geophiliden und drei Lithobiiden in einem Bernsteinstück.

Ein sehr interessantes Stück Bernstein zeigt uns nicht weniger als fünf Individuen in engstem Raum zusammen und übereinander eingeschlossen (Abb. 42). Das merkwürdigste daran ist, daß zwei davon *Progoneatae,* also Pflanzenfresser, drei *Lithobiidae,* also Räuber sind. Erklären ließe sich dieses Zusammentreffen am ehesten dadurch, daß die räuberischen *Lithobius* die anderen überfallen haben. Es kann natürlich auch ein Zufall sein, wir haben ja auch in einem anderen Stück mehrere verschiedenartige Myriapoden zusammen. Es scheint danach, daß sie häufiger waren als heute in unseren Ländern.

X. Spinnentiere *(Arachnoidea)*

Von den neun Ordnungen, in die die Spinnentiere zerfallen, sind nur fünf im Bernstein vertreten, was selbstverständlich nicht daran liegt, daß die übrigen Ordnungen nicht in jener Zeit lebten, sondern Lebensräume und Lebensweise machten die Berührung mit dem Harz so gut wie unmöglich.

Die im Bernstein vorkommenden Ordnungen sind:

Araneae (echte Spinnen), finden sich schon im Devon und wesentlich häufiger im Carbon. Aus dem Bernstein sind über 200 Arten bekannt.

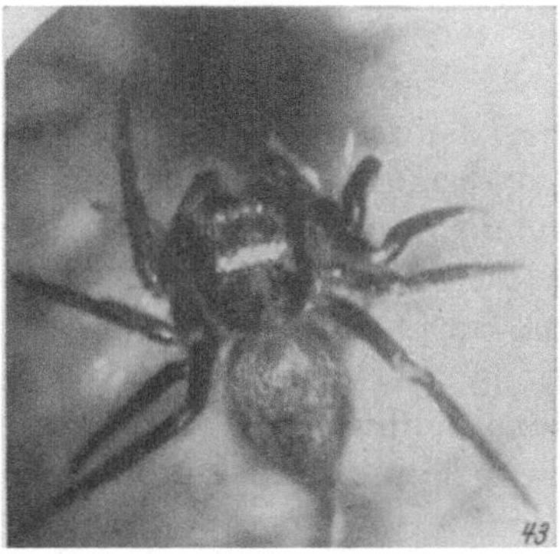

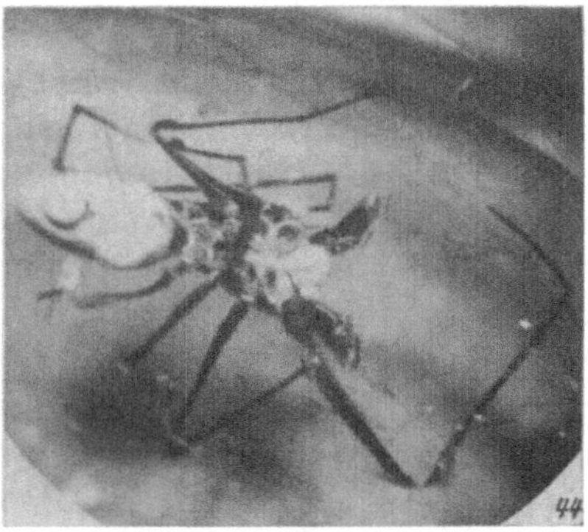

Abb. 43. Eine Bernstein-Sparasside. Etwa 10fach vergrößert.
Abb. 44. *Archaea*, von der Bauchseite gesehen.

Scorpiones. Pseudoscorpionidea (Bücherskorpione), erscheinen erst im Tertiär, wo vor allem der Bernstein eine verhältnismäßig große Artenzahl (21) aufweist, von denen mehrere nur durch ein Exemplar vertreten sind.

Opiliones (Weberknecht), sind schon aus dem Devon bekannt;

Acarina (Milben), sind im Old red Sandstone des Devon in England nachgewiesen und erscheinen dann wieder im Tertiär, besonders im Bernstein, sehr häufig und vielfach lebenden Formen nahestehend.

Im Bernstein fehlen von den Spinnentieren: *Solifugae, Palpigradi, Pedipalpi* und *Ricinulei.*

Aranea (echte Spinnen), haben durchgehends einen durch einen kräftigen Schild geschützten Vorderkörper, der mit dem Kopf fest verbunden ist. An diesem Prosoma sind die acht aus sieben Gliedern bestehenden, mit 2 bis 3 Klauen bewehrten Beine eingelenkt. Am Hinterleib befinden sich Spinndrüsen in verschiedener

Zahl. Der Kopf trägt 2 bis 8, je nach der Familie verschieden gebaute Augen, die mannigfaltig angeordnet sind. Die häufigste Zahl der Augen ist acht. Über den vollkommen zum Aussaugen der Beute ausgestalteten Freßwerkzeugen liegen die aus 6 Segmenten aufgebauten Pedipalpen, die als Taster dienen und bei vielen Familien bei der Begattung eine wesentliche Rolle spielen, da das Männchen sie benutzt, um den Samen dem Weibchen einzuführen.

Fast alle im Bernstein gefundenen und über 200 beschriebenen Arten stehen lebenden nahe und die meisten können in lebende Gattungen eingeordnet werden, doch fand Reimoser mehrere so weit abweichende, daß die Errichtung mehrerer neuer Gattungen bei einer vollständigen Bearbeitung der Bernstein-Spinnen sich ergeben wird. Mir wurden folgende 15 Familien bekannt: *Mygalidae (= Aviculariidae), Agelenidae, Zodariidae, Pisauridae, Lycosidae, Theridiidae, Linyphiidae, Archaeidae, Mimetidae, Ctenidae, Gnaphosidae, Sparassidae, Thomisidae, Clubionidae, Salticidae.* Ich bin überzeugt, daß neben diesen noch andere Familien, die lebenden eng verwandt sind, im Bernstein vorkommen; denn wenigstens für die meisten waren die Lebensbedingungen nicht weniger günstig als für die genannten Familien.

Wohl die primitivste Spinne, die sich im Bernstein feststellen läßt, ist eine Mygalide. Die Patella und Tibia eines mächtigen, stark behaarten Beines liegt in klarem Bernstein (Abb. 50). Die Größe dieses Teiles läßt auf eine Körperlänge des Tieres von etwa 40 mm oder eine Gesamtlänge von etwa 100 mm im sitzenden Zustand schließen. Sie stand also den heutigen Vogelspinnen an Größe nicht nach. Die Mygaliden haben 4 Spinndrüsen, bauen aber nur Röhren, die sie mit einem Deckel verschließen, und kleiden diese Wohnröhren mit Gespinsten aus. Als Jäger streifen sie frei umher.

Primitiver als die Mygaliden sind die Liphistomorphen *(= Mesothelae)*, zu denen die Spinnen des Carbon gehören, die aber noch heute durch eine geringe Zahl von Arten (9 Arten in Burma, China und Malaya) vertreten sind. Ihr Hinterleib ist noch in Segmente geteilt und die sehr einfachen Spinndrüsen liegen am Hinterleib nach unten gerichtet. Im Bernstein wurden noch keine Verwandten dieser Subordnung gefunden, aber die Gattung *Archaea* C. L. Koch *(Archaeidae)* hat noch Züge, die an diese ursprüngliche Form anklingen (Abb. 44). Charakteristisch ist die deutliche Faltung des Hinterleibes, die an Segmente erinnert, und die Lage der Spinndrüsen auf der Unterseite des Hinterleibes. Diese beiden Züge zeigen, daß *Archaea* sicher kein Netz baute und die Fähigkeit des Spinnens wohl nur verwendete, um für ihre Eier ein Nest zu fertigen. Wenn eine Spinne ein Netz baut oder nur regelmäßig einen Faden spinnt, um sich daran herabzulassen, müssen durch die Wirkung des Gewichtes des Tieres die Spinndrüsen an das Ende des Hinterleibes rücken und die Haut glatt gespannt werden. Trägt *Archaea* somit primitive Züge, ist sie andererseits hoch spezialisiert. Ihre Beine sind auffallend hoch und deuten auf einen vorzüglichen Läufer, der hoch getragene Kopf zeigt gerade nach vorne gerichtete Augen und Kiefer, deren Länge, wenn sie ganz geöffnet sind, kaum von der Länge des Körpers übertroffen werden. Wie bei allen Spinnen, ist der vordere Teil des Kiefers scherenartig einzuklappen gegen den mit langen spitzen Nadeln besetzten Hauptast. Diese Dornenreihe und die mächtige Spitze des Kiefers bohrten sich beim Einklappen der Schere tief in den Körper der Beute ein, machten das Entrinnen unmöglich und ließen den Leibesinhalt knapp vor dem aufsaugenden Mund austreten. Das Bild eines Einschlusses in Bernstein zeigt eine *Archaea,* die eine Ameise geschickt am weichen Hinterleib ergriffen hat, und läßt das unentrinnbare Festhalten der Beute erkennen (Abb. 51). Hat *Archaea* die ursprünglichste Jagdart der Spinnen, das freie Herumstreifen und rasche Verfolgen, das Ergreifen der Beute noch entwickelt, um auch flüchtiges Wild zu fangen, finden wir bei anderen Familien andere, aber nicht minder vollkommene Anpassungen des Körpers und der Sinne an bestimmte Jagdarten.

Noch in der Steinkohlenperiode stand die Entwicklung der Spinnen auf sehr primitiver Höhe.

Als im Mesozoikum die ungeheure Entwicklung der Blütenpflanzen einsetzte, folgte unmittelbar die reiche Differenzierung der Insekten und deren rasche Entfaltung und Anpassung an die neuen verschiedenartigen Lebensmöglichkeiten. Im frühen Mesozoikum waren die meisten Insekten träge und wenig beweglich und die Flugfähigkeit war nur bei wenigen Familien hoch ausgebildet. Nun entwickelten sich alle schon in ihren Anfängen vorhandenen Ordnungen, vor allem die Schmetterlinge und Käfer, zu rascher Blüte. Gerade das Flugvermögen steigerte sich in hohem Grad und die reiche Entwicklung von Blütenpflanzen gab die Möglichkeit zum Aufspalten in neue Familien. Als sicher können wir annehmen, daß in unmittelbarem Anschluß daran das Geschlecht der Spinnen begann, sich auf bestimmte Jagdarten nach der beweglicher gewordenen Beute einzurichten. Dem Bild der Spinne aus dem Carbon sieht man die geringe Beweglichkeit an; keine Spinnenart des Tertiär macht den gleichen Eindruck der Schwerfälligkeit. In diesen primitiven Formen lag aber eine Plastizität ohnegleichen. Kaum eine Jagdart ist denkbar, auf die sich nicht eine oder mehrere Familien eingerichtet haben. Nur

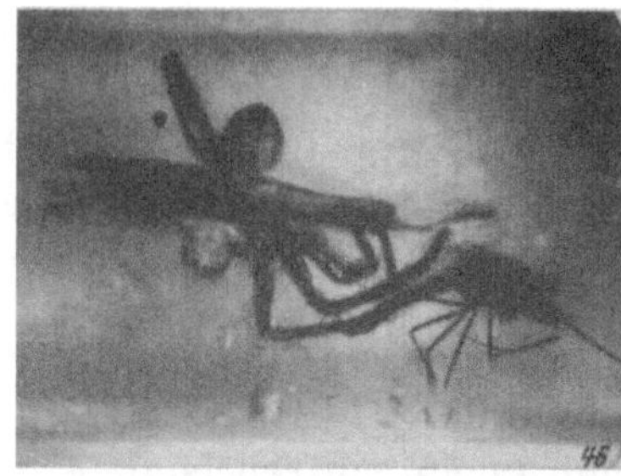
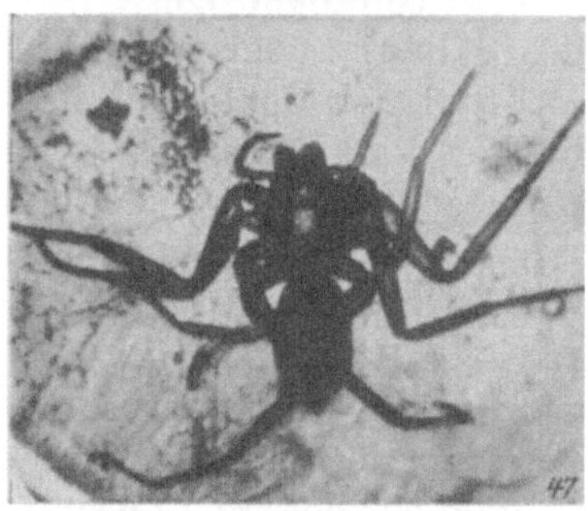
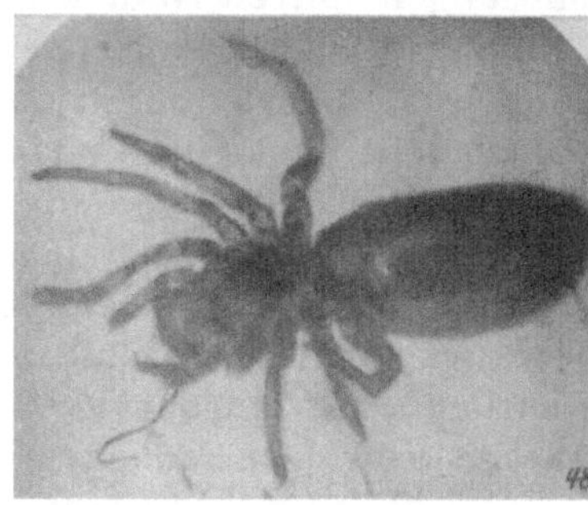
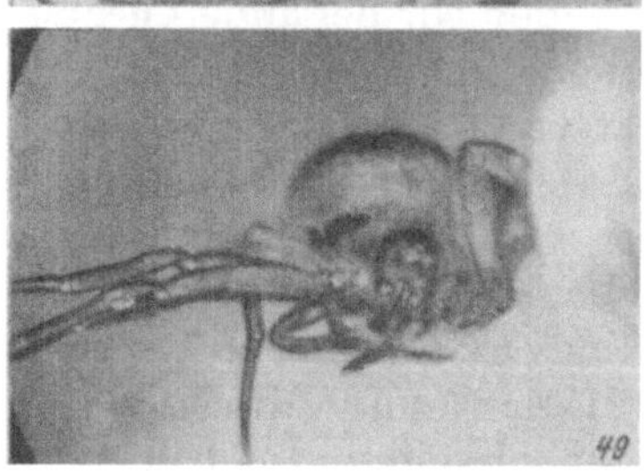
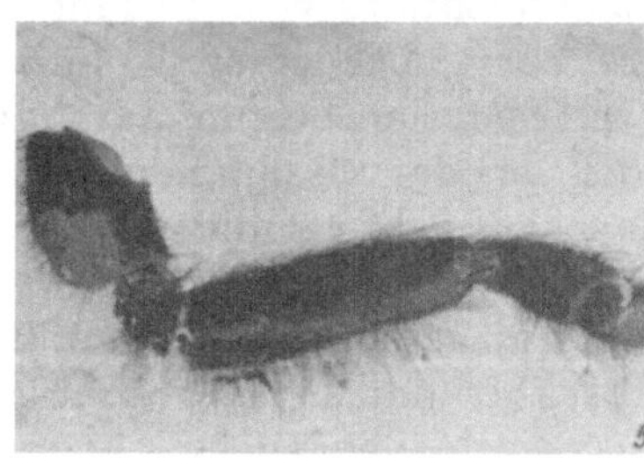

Abb. 45. Eine männliche Spinne.
Abb. 46. Spinne mit Beute.
Abb. 47. Eine Argiopide. Etwa 14fach vergrößert.
Abb. 48. *Gorgopis*-Art (Salticidae). Etwa 12fach vergrößert.
Abb. 49. Eine weibliche Spinne, von vorn gesehen.
Abb. 50. Bein einer Riesenspinne (Mygale?). Vergrößerung 3·5 : 1.

wenige Flieger, wie die *Odonata,* die schon im Carbon hervorragende Flugkünstler waren, oder durch besonders starke Flügeldecken geschützte, wie viele Käfer oder Blattiden u. a., haben nichts von Spinnen zu fürchten. Listiges Beschleichen, rascher Angriff, Auflauern, wo Insekten Nahrung suchen, und zuletzt als höchste Kunst der Bau mannigfaltiger Netze an Stellen, wo ein häufiges Durchziehen stattfand, mußte erlernt werden und dem

Erfassen der Beute dienen. Jede dieser Jagdarten erforderte eine andere Ausbildung des gesamten Körpers und in besonders hohem Grad der Sinnesorgane. Darum finden wir nicht nur sehr wechselnde Zahl und Stellung der Augen, sondern auch die sehr verschiedene Ausbildung der Gehör- und Gefühlsorgane. Im frühen Tertiär waren die Anpassung der Insekten an die neuen Lebensmöglichkeiten und die lebhafte Entwicklung beendet und standen auf derselben Höhe wie heute. Die Spinnen waren nicht zurückgeblieben, sondern hatten ihre vielfältige Spaltung und Anpassung ebenfalls durchgemacht und waren nicht weniger treffliche Jäger wie jetzt.

Zwischen den Blättern von Blumen verborgen lauerten kleine *Sparassidae* auf anfliegende Insekten. Kaum hat eines sich nieder-

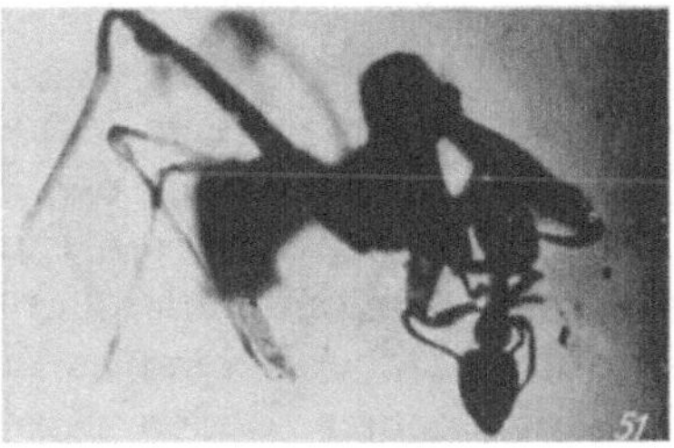

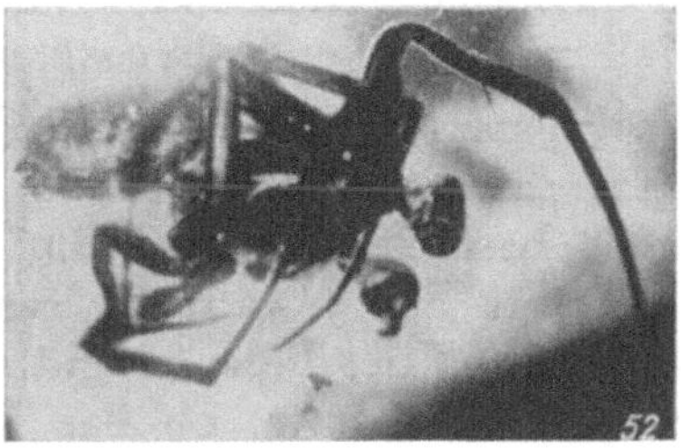

Abb. 51. *Archaea paradoxa* K. B. mit erbeuteter Ameise.
Abb. 52. Männliche Clubionide.

gelassen, fährt der Feind aus seiner Deckung und ergreift es mit unfehlbarer Sicherheit. Es ist ein seltener Zufall, daß gerade ein *Sparassus* mit der ergriffenen Fliege im Harz verunglückte; denn sein eigentliches Jagdgebiet lag ja außerhalb des Waldes auf offenen Flächen, wo Blumen blühten, die zu ihrer Bestäubung den Besuch von Insekten brauchen. Sparassiden sind daher auch verhältnismäßig schwächer als andere Spinnenfamilien vertreten (Abb. 43).

Die am häufigsten im Bernstein vorkommende Spinnenfamilie sind die *Clubionidae,* vor allem kleinere Formen. Sie bauen ihr Heim und ihre Kinderstube in einem sackartigen Gespinst in Erdhöhlen oder unter der Borke von Bäumen, füttern es mit feinem Gespinst aus und versehen es mit einem Deckel. Ihre Jagd findet auch bei freiem Herumstreifen vor allem nachts statt und führte sie leicht auf ein noch nicht vollständig hartes Harz. Ungefähr 10% aller im Bernstein gefundenen Spinnen sind *Clubionidae.* Viele von ihnen stehen lebenden Arten nahe, ohne direkt zu diesen gerechnet werden zu können (Abb. 52).

Lycosidae, Wolfsspinnen, verfügen nicht nur über ein scharfes Gesicht, sondern auch über vorzügliches Tastvermögen. Sie beschleichen mit großer Vorsicht ihre Beute und überrumpeln sie dann in raschem Anlauf. Auch Wolfsspinnen laufen besonders in der Jugend Gefahr, in Harz zu geraten. Sie waren sicher, wie auch heute, Luftfahrer nach dem Verlassen des Eies. Tausende schlüpfen in einer Gegend aus und die ganz jungen Spinnen erklettern Gräser, Zweige und andere hochragende Punkte, lassen einen Faden aus den Spinndrüsen austreten, sobald etwas Wind weht, der das leichte Spinnlein aufhebt und weit über Land trägt. Schließlich bleibt es irgendwo hängen oder sinkt bei Flaute zu Boden und sucht nun in neuer Heimat seinen Lebensraum zu gewinnen. Natürlich konnte sehr leicht solch ein Flieger kleben bleiben, wenn er an einen Stamm geriet. Man findet darum auch auffallend viele junge Lycosiden im Bernstein.

Springspinnen, *Salticidae,* haben vier in einer Reihe stehende Augen, die ihnen offenbar zur genauen Einschätzung der Entfernung besonders dienlich sind; denn den Schluß ihrer Pürsch bildet stets ein gewaltiger Sprung, mit dem sie unfehlbar die Mücke oder Fliege, der er gilt, ergreifen. Dabei kommt es ihnen gar nicht darauf an, ob das Tier auf ebenem Boden oder an einer senkrechten Wand sitzt. Ehe sie losspringen, befestigen sie sich mit einem Faden an einem Stein oder dem Stamm eines Baumes, ergreifen ihre Beute im Sprung und baumeln dann mit dieser frei in der Luft. Dann seilen sie sich wieder zu ihrem Ruheplatz auf und verzehren behaglich, was sie fingen. Eine Salticide, die ihren Faden nachschleppt, fand ich im Bernstein (Abb. 48).

Thomisidae verankern sich mit ihrem kurzen, kräftigen Hinterbeinpaare, wenn sie nach einer Beute greifen.

Theridiidae verlassen, ebenso wie Lycosiden, ihren Geburtsort als Flieger, in der neuen Heimat leben sie aber nicht als herumstreifende Jäger, sondern bauen sich ein Heim aus, wenigstens bei vielen Arten, scheinbar recht unordentlich durcheinander gezogenen Fäden in einer Astgabel oder zwischen Steinen, das meist in einen Trichter endet. Hier lauert die Spinne, bis ein Zucken der Fäden ihr verrät, daß ein Tier sich gefangen hat. Nun schleicht sie sich an und wirft mit dem letzten Beinpaar ein lockeres Bündel von Fäden über den Gefangenen, in das er sich vollkommen verstrickt und, eine wehrlose Beute, ausgesaugt wird. Auch für diese Art von Jagd liegt im Bernstein ein Beweis in Form eines Wurfnetzes vor (Abb. 53).

Mit den *Theridiidae* haben wir die frei jagenden Spinnen verlassen und die großen Künstler der Netzbauer erreicht, von deren kunstvollen Werken sich wohl nur Bruchstücke, diese aber durchaus nicht selten, finden. Ein klares Stück Bernstein meiner Sammlung enthält drei Spinnen, darunter eine ***Meta***, deren Verwandte auch heute treffliche Nestbauer sind, die wohl die vielen Fäden, die das Stück durchziehen, gesponnen hat. An den Fäden hängen noch Klümpchen von Pflanzenresten und jene engen Gespinste, mit denen die Radspinnen ins Netz geratene Insekten fesseln. Ähnliche Reste von Netzen begegnen uns nicht selten und lassen annehmen, daß an passenden Stellen, vermutlich am Wald-

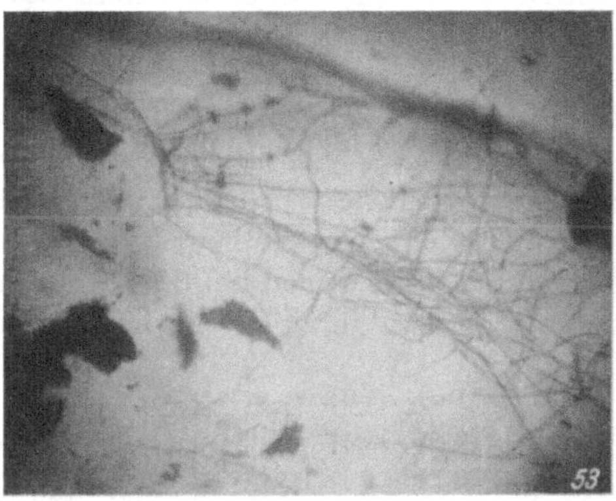

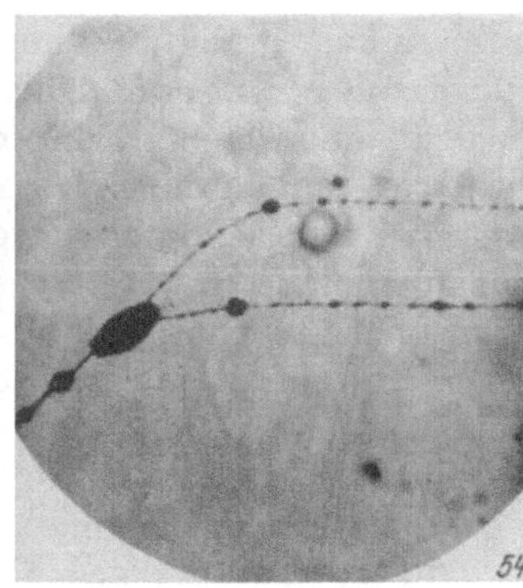

Abb. 53. Wurfnetz einer *Theridiide*.
Abb. 54. Teil des Spinnfadens eines Radnetzes mit Klebetröpfchen *(Argiopidae)*. Stark vergrößert.

rand, die Spinnen ihr Jagdgebiet hatten. Die ganz großen Künstler im Netzbau, bei denen man auch individuelle Fortschritte in ihrer Kunst beobachtet hat, haben noch ein furchtbares Mittel, ihre Beute bewegungsunfähig zu machen. Die höchste Zahl der Spinnwarzen einer Spinne ist sechs, doch hat jede bis zu hundert Spulen, aus denen die zum Faden erstarrende Flüssigkeit austritt. Die Spulen stehen vollständig unter dem Willen des Tieres. Da es an den Füßen Kämme (Kalamistrum) trägt, mit denen es regulieren kann, wie viele Einzelfäden zusammenkommen sollen, und auch die Zähigkeit des austretenden Saftes zu regeln vermag, beherrscht es sein Baumaterial vollkommen. Der Bau eines Radnetzes beginnt mit drei oder vier Fäden, die mit großem Geschick an oft weit über einem Meter von einander entfernten Punkten befestigt werden. Zwischen diese kommt eine Spirale, die wieder in bestimmten Absätzen regelmäßig durch Zwischenfäden verbunden und durch diese in gehöriger Entfernung gehalten wird.

Auf eine weitere Spirale werden nochmals feine Fangfäden gelegt, die mit Klebstofftröpfchen aus den Spinnwarzen versehen werden, welche stets zähflüssig bleiben. Größe und Entfernung der einzelnen Teile des Netzes unterliegen Unterschieden je nach Art des Erbauers, aber auch bei derselben Art nach Wahl des Ortes oder der Überlegung des Individuums. Kommt ein Insekt an das Netz, das stets an Stellen, wo ein lebhafter Durchzug herrscht, gespannt ist, könnte es sich oft noch von den zarten Fäden befreien, aber sobald es mit den Tröpfchen in Berührung kommt, verkleben diese die Flügel umso dichter, je mehr das Tier sich wehrt. Wenige Sekunden, nachdem die Spinne, die in der Mitte des Netzes oder in einem Versteck, jedoch mit dem Netz durch einen Faden verbunden, lauert, die Erschütterung spürt, ist sie zur Stelle und jedes Insekt ist verloren, wenn sie es nun zu umspinnen beginnt und dann aussaugt. Da ich bereits mehrere Präparate mit Fäden, die in regelmäßiger Reihe solche Tröpfchen tragen, kenne, dürften Zweifel, die geäußert wurden, ob diese Kunstfertigkeit im Tertiär schon erreicht war, unbegründet sein. Körperliche Gestaltung und Kunstfertigkeit waren bei den Spinnen schon im Bernsteinwald auf voller, den jetzigen Verhältnissen gleicher Höhe (Abb. 54).

Kürzlich ist eine ausgezeichnete Arbeit von Petrunkewitsch über die Spinnen des Baltischen Bernsteins erschienen. Aus dieser nach modernen Gesichtspunkten erfolgten Zusammenstellung ist ersichtlich, daß die Spinnenfauna des Baltischen Bernsteins die nächsten verwandtschaftlichen Beziehungen mit der heutigen Spinnenfauna der südlichen tropischen und subtropischen Zonen der östlichen Hemisphäre, also vor allem mit derjenigen Südafrikas, Madagaskars, des tropischen Asiens und Australiens aufweist. Auffallend ist das Fehlen der Mygalomorphae im Bernstein, einer Familiengruppe, die heute vorwiegend im Mediterrangebiete verbreitet ist, wie überhaupt die Spinnenfauna des Bernsteins nur sehr wenige Beziehungen zur rezenten europäischen beziehungsweise mediterranen Fauna erkennen läßt.

Insgesamt führt Petrunkewitsch 28 Familien mit 64 Gattungen und 91 Arten auf, von denen nur 5 Familien, aber 50 Gattungen und sämtliche Arten keine heute lebenden Vertreter mehr haben. Im einzelnen enthält nach Petrunkewitsch die Spinnenfauna des Baltischen Bernsteins folgende Formen:

Familie *Urocteidae:* Die Gattung *Paruroctea* Petr. (1 Art). Rezent nur eine Gattung im Mediterrangebiet, in Japan und Afrika.

Familie *Pholcidae: Micropholcus* Petr. (1 Art).

Familie *Archaeidae: Archaea* K. B. (7 Arten). Heute in Südafrika, Madagaskar und Australien.

Familie *Hersiliidae: Hersilia* Koch (1 Art). Rezent in Afrika, Madagaskar und im tropischen Asien.

Familie *Mimetidae: Ero* Koch (2 Arten). Auch heute noch lebend.

Familie *Erigonidae (Micryphantidae): Eogonatium* Petr. (2 Arten).

Familie *Amaurobiidae:* Die Gattungen *Amaurobius* Koch (3 Arten) und *Auximus* Sim. (1 Art), letztere rezent auf den Azoren, in St. Helena und in Südamerika.

Familie *Arthrodictynidae: Arthrodictyna* Petr. (1 Art). Nur im Bernstein.

Familie *Psechridae: Eomatachia* Petr. (1 Art). Die Familie lebt heute in Afrika, im tropischen Asien, in Neuseeland, Neuguinea, Australien und Zentralamerika.

Familie *Agelenidae:* Die Gattungen *Agelaena* Walk. (1 Art) und *Myro* Cambr. (2 Arten), letztere rezent in Südafrika und auf den Kerguelen-Inseln vertreten.

Familie *Pisauridae: Esuritor* Petr. (1 Art), verwandt mit der rezenten Gattung *Voraptus* von den Seychellen und aus dem tropischen Afrika.

Familie *Insecutoridae: Insecutor* Petr. (3 Arten). Nur im Bernstein.

Familie *Zodariidae: Anniculus* Petr. (1 Art), verwandt mit der rezenten südafrikanischen Gattung *Patiscus.*

Familie *Spatiatoridae:* Die Gattungen *Spatiator* Petr. (1 Art) und *Adorator* Petr. (2 Arten). Nur im Bernstein.

Familie *Theridiidae:* Die Gattungen *Theridion* Walk. (2 Arten), *Flegia* K. B. (2 Arten), *Eodipoena* Petr. (2 Arten), *Nactodipoena* Petr. (1 Art), *Steatoda* Sund. (1 Art), *Municeps* Petr. (1 Art) und *Eomysmena* Petr. (2 Arten).

Familie *Adjutoridae:* Die Gattungen *Adjutor* Petr., *Admissor* Petr. und *Adjunctor* Petr. mit je einer Art. Nur im Bernstein.

Familie *Linyphiidae:* Die Gattungen *Eopopina* Petr., *Malleator* Petr., *Eustodela* Petr., *Meditrina* Petr., *Obnisus* Petr., *Liticen* Petr., *Mystagogus* Petr. und *Impulsor* Petr. mit je einer Art.

Familie *Argiopidae:* Von dieser großen Familie sind im Bernstein nur die *Araneinae, Metinae* und *Theridiosomatinae* mit folgenden Gattungen vertreten: *Eustaloides* Petr. (2 Arten), *Acrometa* Petr. (1 Art), *Theridiometa* Petr. (3 Arten), *Memoratrix* Petr. (1 Art) und *Elucus* Petr. (1 Art).

Familie *Zoropsidae: Adamator* Petr. (1 Art). Die Familie ist heute vorwiegend in Zentralamerika, aber auch im südlichen Nordamerika, in Ostafrika, Madagaskar und im Mediterrangebiet verbreitet.

Familie *Inceptoridae: Inceptor* Petr. (1 Art). Nur im Bernstein.

Familie *Eusparassidae:* Die Gattungen *Collacteus* Petr. (1 Art), *Caduceator* Petr. (1 Art), *Adulatrix* Petr. (4 Arten) und *Eostasina* Petr. (1 Art). *Collacteus* ist mit rezenten Formen aus Australien, *Eostasina* mit solchen aus den Tropengebieten Asiens, Afrikas und Amerikas verwandt.

Familie *Thomisidae:* Die Gattungen *Syphax* K. B. (2 Arten), *Misumena* Latr. (4 Arten), *Facundia* Petr. (1 Art), *Filiola* Petr. (1 Art) und *Medela* Petr. (1 Art). *Facundia* und *Filiola* sind mit der rezenten australischen Gattung *Bomis* verwandt.

Familie *Drassodidae (Gnaphosidae):* Nur die Gattung *Captrix* Petr. (1 Art).

Familie *Clubionidae:* Die Gattungen *Massula* Petr., *Ablator* Petr., *Abliguritor* Petr. und *Desultor* Petr. mit je einer Art.

Familie *Salticidae (Attidae):* Die Gattungen *Parevophys* Petr. (1 Art), *Gorgopis* Menge (2 Arten), *Eolinus* Petr. (2 Arten), *Paralinus* Petr. (1 Art) und *Cenattus* Petr. (1 Art). *Parevophys* ist mit der heute in Europa, Afrika, Amerika und Japan lebenden Gattung *Evophys* nahe verwandt.

Eolinus und *Paralinus* weisen enge verwandtschaftliche Beziehungen mit der rezenten Gattung *Linus* aus den Tropen Afrikas und Asiens auf.

Familie *Segestriidae: Segestria* Latr. (1 Art). Rezent in der Alten und Neuen Welt.

Familie *Dysderidae:* Die auch heute noch lebende Gattung *Dysdera* Latr. (1 Art).

Familie *Oonopidae:* Die Gattung *Orchestina* Sim. (1 Art), im Bernstein sehr häufig, heute auch in Europa lebend vertreten.

Scorpiones. Menge beschreibt den *Tityus eogenus* Menge; ein zweiter unzweifelhaft von einem Skorpion stammender Rest war zur Bearbeitung ungeeignet. *Tityus* hat bereits, wie auch die weit älteren Funde aus dem Carbon, zwei Krallen an den Füßen, während die ältesten Reste, die aus dem Silur stammen, nur eine Kralle trugen. Die Skorpione der Bernsteinzeit standen bereits auf der Höhe rezenter Formen. Sehr interessant ist, daß alle Funde fossiler Skorpione von der nördlichen Halbkugel stammen, aus dem Silur und Carbon aus Schottland, Gotland, England, Böhmen und Nordamerika, woran sich die Funde aus dem Bernstein anschließen. Daß zwischen den Skorpionen des Bernsteins viel engere Beziehungen zu rezenten herrschen als zu den aus dem Silur stammenden, ist leicht verständlich, da die Zeitspanne Silur-Tertiär eine vielfache Dauer hat wie die vom Alttertiär bis heute und die Skorpione bereits im Carbon ihre heutige Entwicklungshöhe erreicht hatten. Die Umgestaltung der Fauna und Flora zeigt ja auch sonst eine ungeheure Entwicklung.

Pseudoscorpionidea. (Afterskorpione.) Cephalothorax ist bei diesen in manchen äußeren Zügen, besonders den kräftigen, mit Scheren bewehrten Palpen an Skorpione erinnernden Tieren ohne Einschnürung mit dem Abdomen verwachsen und trägt vier mit zwei Klauen versehene Beinpaare. Das Abdomen ist deutlich, wie bei den ältesten Spinnen, in 10—11 Segmente geteilt. Spinndrüsen fehlen hier am Abdomen, liegen jedoch in den Cheliceren. Das Kopfbruststück trägt die zwei scherenartigen Palpen, an denen sich als wahrscheinlich wichtigste Sinnesorgane viel Tasthaare (Trichobothrien) befinden. Einer oder beide Scherenfinger sind mit Giftzähnen und Giftdrüsen versehen, die beim Beutefang in Tätigkeit treten. Die Zahl der Augen beträgt zwei bis vier, es gibt aber auch viele augenlose Arten.

Eine Art, *Chelifer cancroides* L., hat sich zum Mitbewohner menschlicher Wohnungen herausgebildet und haust mit Vorliebe in alten Büchern. Das erste Auftreten der *Pseudoscorpionidae* fällt ins Tertiär, wo sie im Bernstein nach Beiers Feststellung mit 21 Arten vertreten sind. Ihr Ursprung muß aber sehr weit früher angenommen werden, da die im Bernstein gefundenen Arten den lebenden schon sehr nahe stehen und sich in lebende Familien einordnen lassen, die vielfach hoch spezialisiert sind. Einige Arten des Bernsteins können in rezente Gattungen eingeordnet werden. Nur bei den verhältnismäßig jungen *Cheliferinea*, die im Tertiär noch in Entwicklung gewesen zu sein scheinen, mußten neue Gattungen aufgestellt werden. Die Familien der *Dithidae, Chthoniidae, Neobisiidae, Olpiidae, Garypidae, Pseudogarypidae, Cheiridiidae, Chernetidae* und *Cheliferidae*, also alle heutigen größeren Familien, sind im Bernstein bereits vorhanden. Die Gattung *Pseudogarypus*, die nur mit zwei seltenen Arten im südlichen Nordamerika heute vorkommt, finden wir mit drei Arten, von denen eine höher spezialisiert ist als die lebenden, und mehreren Individuen im Bernstein; sie scheint demnach dort stark verbreitet gewesen zu sein. Man darf danach schließen, daß damals die Zahl der Arten dieser Gattung wesentlich höher als heute war. Formen, die heute an Bäumen unter der Rinde leben, bilden die größere Menge der Funde. Daß die Lebensweise der rezenten Formen sehr ähnlich der der tertiären war, zeigt ein Eierpaket, das genau wie bei lebenden Verwandten, mit in einer Scheibe angeordneten Eiern an der Unterseite des Abdomens eines Weibchens von *Pycnocelifer kleemanni* (Koch und Berendt) liegt. Bei einem *Cheiridium hartmanni* Menge fand sich an einer Chelicere ein Spinnfaden als endgültiger Beweis, daß auch die Kunst des Spinnens, auf die man nach dem Vorhandensein der Spinndrüsen an den Cheliceren schließen mußte, geübt wurde (Abb. 55). Danach kann man annehmen, daß auch schon die Häutungsnester wie jetzt hergestellt wurden. Daß die Lebensäußerungen der Bernsteinpseudoskorpione weitgehend denen der lebenden gleich waren, beweist, daß dreimal beobachtet werden konnte, daß Cheliferiden und Chernetiden an den Beinen fliegender Braconiden hingen und deren Flug mitmachten. Der eine ist *Oligochernes bachofeni* Beier, der zweite ein *Pycnochelifer kleemanni* Koch und Berendt, der dritte *Oligochelifer berendtii* Menge. Der Flug wurde den Passagieren und ihrem Träger zum Verhängnis, uns ein neues Beispiel, wie ungeheure Zeiträume auch die Entwicklung der Spin-

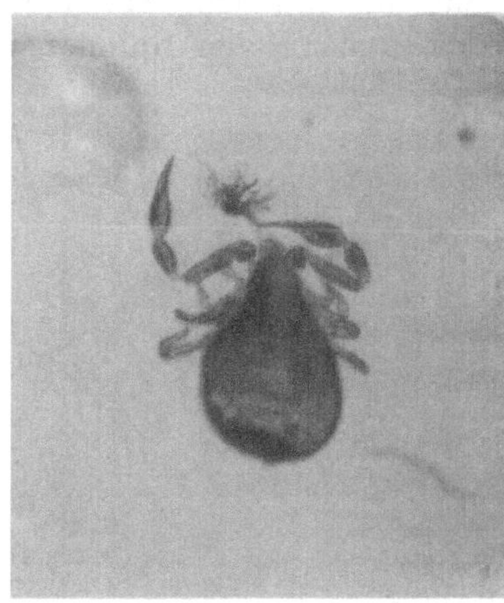

Abb. 55. *Cheiridium hartmanni* Menge, ein kleiner Pseudoskorpion. Stark vergrößert.

nentiere gedauert haben muß, wenn bestimmte Gewohnheiten schon ein Alter von vielen Millionen Jahren haben, wie die verschiedenen Spinntechniken und diese Art der Ortsveränderung (Abb. 56).

Opiliones (Afterspinnen). Wir sahen bei den echten Spinnen eine außerordentlich weitgehende Aufspaltung in Arten und Familien von verschiedenster Form und Ausgestaltung der Sinneswerkzeuge; um alle Möglichkeiten der Insektenjagd ausnutzen zu können, haben die Opilioniden wohl auch eine Spaltung in viele Arten durchgemacht, aber alle diese Arten sind nahezu auf gleich tiefer Stufe stehengeblieben. Das Kopfbruststück ist ohne Einschnürung mit dem Abdomen fest verwachsen. Das Abdomen ist wie bei primitiven Spinnen in Segmente geteilt. Zwei, zuweilen vier Augen, ein Paar kurze Kieferfühler und den Beinen in ihrer Gestalt nicht unähnliche, aber viel kürzere Maxillarpalpen trägt der fest mit dem Thorax verwachsene Kopf. Am Cephalothorax sind vier Paare meist sehr langer Beine mit sieben Gliedern, von denen meist das zweite, bei anderen das vierte wesentlich längere als die anderen weniger zum Gehen, sondern vor allem zum Tasten verwendet wird. Ihre Nahrung besteht aus tierischen und pflanzlichen Abfallstoffen. Fühlhaare sind wenig vorhanden, das wesentlichste Mittel, ihre Beute zu erkennen, sind die vorfühlenden Beine. *Opiliones* erscheinen erstmalig im Carbon, dann erst wieder im Bernstein, sie haben also troz ihrer ärmlichen Ausstattung Jahrmillionen überdauert und sind heute über die ganze Welt in vielen hundert Arten verbreitet.

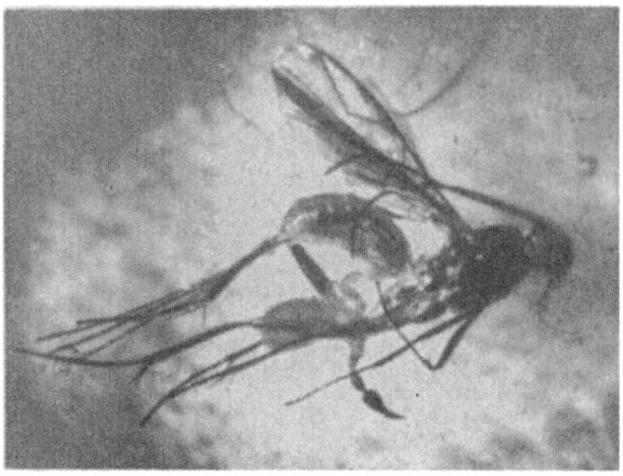
Abb. 56. *Oligochernes bachofeni* Beier, an einer Schlupfwespe angeklammert, als Beispiel der Phoresie.

Eine Art der Opilioniden des Bernsteins steht der lebenden Gattung *Caddo* Banks *(Phalangiidae)* so nahe, daß man sie in diese einreihen muß. *Caddo* lebt heute durchgehends in Nordamerika. Die Beziehungen der *Opiliones* zu rezenten bewegen sich zwischen Formen aus Sibirien, Spanien und Nordamerika. Manche Arten stehen *Phalangium* und *Liobunum* C. L. Koch sehr nahe.

Acari. Durchgehends kleine Tiere, bei denen Kopf, Thorax und Abdomen zu einer Einheit verwachsen sind. Die vier Beinpaare sind je nach der Lebensweise, die bei vielen parasitisch ist, verschieden gestaltet (Abb. 57). Nicht minder viele verschiedene Bildungen finden sich bei den Mundteilen, die, je nach der Lebensweise, zum Saugen, Beißen, Stechen ausgestaltet sind. Bei Milben, die als Parasiten an Tieren leben, haben Mund und Füße sich ganz besonders eng an die Eigenart des Wirtes angepaßt. Die Folge ist das außerordentlich treue Festhalten an der Art des Wirtes. Eine Art, die sich in unzähligen Generationen darauf eingerichtet hat, sich an den Haaren einer Säugetierart zu verankern und sich in ihre Haut einzubohren, kann vielleicht, wenn sich die Lebensverhältnisse des Wirtes langsam ändern und dadurch auch an ihm körperliche Veränderungen eintreten, langsam mitfolgen; ein Hinüberwechseln auf einen anders gearteten Wirt mit nur etwas anders beschaffener Haut ist unmöglich. Die Krallen der Füße greifen nicht und die Mundteile passen nicht.

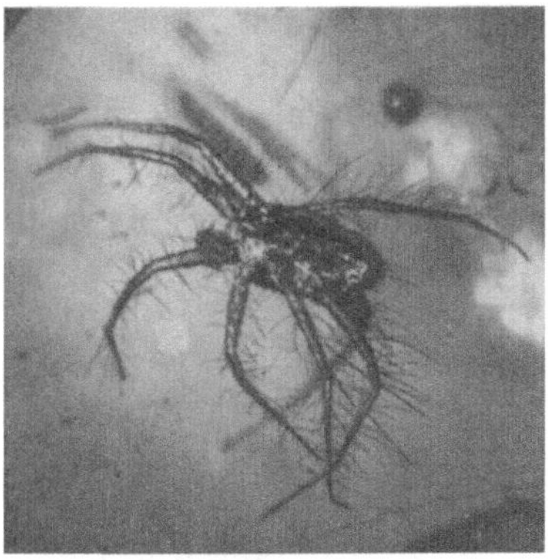

Abb. 57. Eine langbeinige Milbe. Stark vergrößert.

Wir finden im Bernstein eine große Menge, oft nur durch feinste Merkmale unterschiedene Familien und Arten. In vielen Schlauben kommen einzelne Individuen vor, aber ich fand auch Gesellschaften bis zu 30 Stück, die gemeinsam lebten und zusammen untergingen (Abb. 59). Neben einer der seltenen Vogelfedern liegt eine Milbe eingeschlossen und die Vermutung liegt nahe, daß eine Art sich an Vögeln, wie auch heute, als Parasit aufhielt, also auch damals schon diesen Lebensraum erobert hatte. — Sellnick hat die große Familie der *Oribatidae* an mehreren hundert Einschlüssen gründlich studiert und bearbeitet. Er beschreibt nicht weniger als 72 Arten in dieser einen Familie, die Gesamtzahl muß schon damals sehr hoch gewesen sein (Abb. 58).

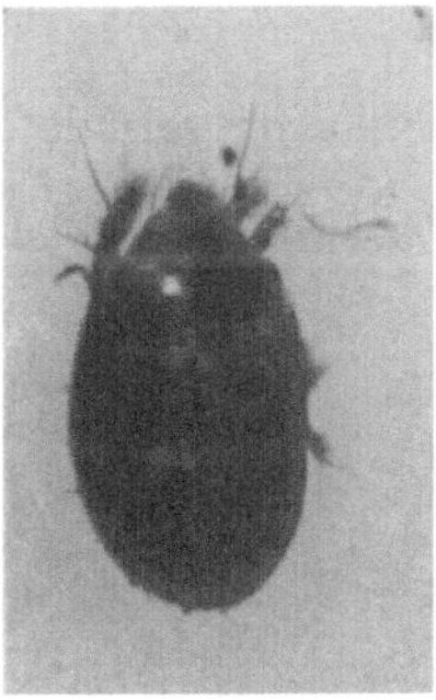

Abb. 58. Eine Käfermilbe *(Oribatidae)*. Stark vergrößert.

Sellnick hat in seiner gründlichen Arbeit „Milben im Bernstein" (Bernsteinforschungen 1931) insgesamt 90 Arten beschrieben. Sie gehören durchgehends lebenden Familien an *(Laelaptidae,*

Tetranychidae, Bdellidae, Trombidiidae, Erythraeidae, Oribatidae u. a.), die alle Waldbewohner sind; die meisten leben auf Nadelhölzern. Trotz der nahen Verwandtschaft ist keine Art identisch mit einer lebenden, sondern all die Arten sind verschwunden und neue entstanden. Die häufigste Art im Bernstein ist *Ceratoppia bipilis* Hermann (*Oribatus politus* C. L. Koch), die Sellnick in 43 Exemplaren fand. Ihre Verwandten sind in heutigen Wäldern ebenfalls sehr häufig. *Oribates perornatus* Sellnick mit 31 Exemplaren steht an zweiter Stelle. Interessant ist das Vorkommen von

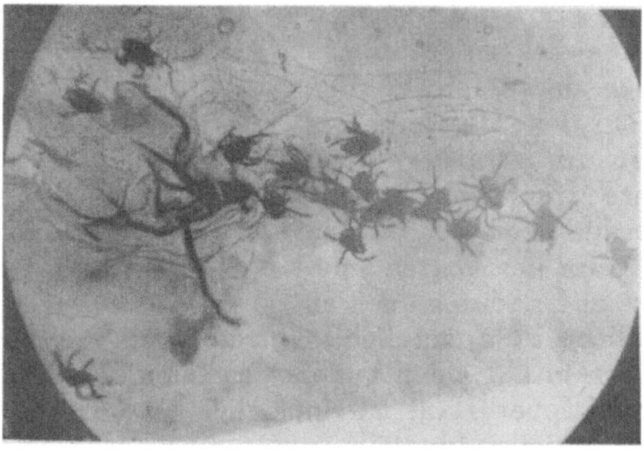

Abb. 59. Im Bernstein eingeschlossene Milbenkolonie.

Milbenlarven als Schmarotzer auf Trichopteren, woraus geschlossen wird, daß es sich dabei um Hydrachnellen handelt, die allerdings heute nur sehr selten auf Trichopteren gefunden werden.

XI. Insekten

Als man vor fast 200 Jahren erkannte, welche Bedeutung den in den Ablagerungen früherer Erdperioden eingeschlossenen Resten der Tierwelt zukommt, und sich durch die Forschungen des vorigen Jahrhunderts klar wurde, daß diese Reste Beweise für die Entwicklung aus primitiven Formen zu vollkommeneren bieten, wandte sich das Interesse auch lebhaft den Einschlüssen im Bernstein zu. Für den Werdegang und das Aussterben von Sauriern und vielen Säugetierfamilien fand man reichliche Beweise aus den verschiedensten Erdperioden und baute darauf die Geschichte vieler Ordnungen auf.

Im Bernstein bestand der weitaus größte Teil der Funde aus Insekten, Spinnen und anderen Arthropoden. Die Erhaltung übertraf alles Bekannte weit an Vollkommenheit und ließ feinste Einzelheiten deutlich erkennen. Gleichzeitig wurde man sich klar, daß die ältesten Ablagerungen, in denen Bernstein vorkommt, einer Zeit angehören, seit der der Stamm der Säugetiere eine ungeheure Entwicklung durchgemacht hat. Das veranlaßte zu der Hoffnung, daß das Studium der damaligen Insekten ebenfalls grundlegende Schlüsse über den Werdegang ihrer Entwicklung ergeben würde. Diese Hoffnung wurde enttäuscht. Je tiefer man in die Kenntnis der Arten eindrang, desto klarer wurde, daß alle lebenden Ordnungen und ein großer Teil der Familien, soweit eine Einschließung im Bernstein möglich war, im früheren Tertiär schon vertreten waren, daß damalige primitive Formen meist gleichwertigen, heute lebenden an die Seite gestellt werden können. Als die Entwicklung der Säugetiere in lebhaften Fluß kam, hatten die Insekten zum größten Teil ebenso wie alle anderen Arthropoden schon die volle Höhe der Entfaltung erreicht, auf der sie heute stehen. Nur haben neue Arten den Platz seither ausgestorbener eingenommen, bei einzelnen sind wichtige Fortschritte festzustellen und wenige, wie die Blattiden, haben den Höhepunkt überschritten. Nur wenige Arten haben sich seit der Bernsteinzeit vollkommen unverändert erhalten, leben jedoch in von der damaligen Heimat sehr weit entfernten Gebieten.

Dabei drängte sich sehr bald die Erkenntnis auf, daß die heutigen Verwandten vieler im Bernstein vorkommenden Arten und Gattungen sehr weit von dem damaligen Lebensraum entfernt, in tropischen und subtropischen Gebieten ihre Heimat haben. Viele Familien haben heute nahe Verwandte in Insulindien, manche in Indien, Südamerika und Australien. Am schwächsten scheinen die Beziehungen zu Afrika. Der größte Teil der Insekten verfügt über eine sehr bedeutende Beweglichkeit und so kam es bei Wechsel der klimatischen Verhältnisse zu Abwanderungen und neuerdings zu Rückwanderungen. Wo jedoch, wie etwa in Südamerika, gewisse Anpassungen von Arten vollkommen gleich denen der Verwandten im Bernstein sind (Phasmiden, Mantiden), dürfen wir wohl den Schluß ziehen, daß jede Möglichkeit zur Rückwanderung in die Länder, in denen der Bernstein entstand, vor allem durch klimatische Veränderungen abgeschnitten war. Viel klarer liegen die Verhältnisse bei den Myriapoden, denen die Möglichkeit zu weiten Wanderungen durch ihre sehr eng begrenzten Bedürfnisse nach bestimmten Lebensräumen und die Unfähigkeit, auch nur geringe unbewohnbare Landstriche zu überwinden, abgeschnitten war. So geben sie viel reichlicher als die Insekten überraschende Hinweise auf uralte Verbindungen heute durch Meere und Wüsten getrennter Länder. Freilich brauchen nicht immer diese Verbindungen gleichzeitig über das ganze zwischenliegende Gebiet gespannt gewesen sein, sondern es können durch Wechsel des Klimas und der Erdoberfläche schrittweise Verbindungen entstanden und abgebrochen sein.

Die Beobachtungen über den schon im früheren Tertiär erreichten Hochstand in der Entwicklung der Insekten haben durch anderweitige spätere Funde aus gleicher Zeit oder wenig jüngeren und älteren Ablagerungen, wie in Radoboy, Öningen, Rott, Florissant und zuletzt durch das eozäne Vorkommen in der Grube Cäcilie bei Halle immer neue Bestätigung erfahren. Unsere Insekten-, Spinnen- und Myriapoden-Fauna steht der tertiären sehr nahe und hat seither keine wesentliche Veränderung erlebt. Ihre gewaltigste Entwicklung hatte sie in der Kreideperiode durchgemacht. Als die Pflanzenwelt die Entwicklung der Blütenpflanzen (Angiospermen) erreichte, folgten unmittelbar die Arthropoden und spalteten sich aus primitiveren Formen und wesentlich geringerer Artenzahl der schon bestehenden Ordnungen in viele erst nun mögliche Arten auf. Am lebhaftesten ist diese Aufspaltung bei den Insekten, während die Spinnen sich außerordentlich an die verschiedensten Formen der Jagd anpaßten. Die schwerfälligen Myriapoden gewannen am wenigsten aus den neuen Verhältnissen. Abgeschlossen war allerdings mit diesem Schritt die Entwicklung nicht, aber seither sind nur neue Arten, in geringem Ausmaße auch neue Gattungen, durch Einwanderung in neue Lebensräume und Anpassung an dort bestehende Verhältnisse entstanden. Bei dem Versuch, sich ein möglichst vollständiges Bild von der Zusammensetzung der Insekten-Fauna des Bernsteins zu machen, muß uns eine tunlichst genaue Kenntnis der Lebensgewohnheiten lebender verwandter Arten dienen. Seltenheit der Auffindung im Bernstein beweist nicht die Seltenheit im Wald oder dessen Umgebung. Libellen mochten zu Hunderten über den nahen Gewässern schweben, der Glanz des Harzes lockte diese unermüdlichen Flieger nicht, und nur ganz besondere Zufälle konnten einen Einschluß zuwege bringen. Dagegen finden sich manche Arten, besonders an Bäumen oder unter der Rinde lebende, in großer Zahl im Harz.

Sind schon alle anderen tertiären Fundstellen weit ärmer an Arten als der Bernstein, so sind die Belege über Insektenvorkommen aus früherer Zeit noch viel geringer. Die ebenfalls prachtvoll erhaltenen Funde aus einer Lagune des Lias, die bei Eichstädt aufgeschlossen ist, bringen uns Libellen, Heuschrecken und manche Dipteren, die schon starke Beziehungen zu lebenden Formen verraten. Je weiter wir zurückgehen, desto fremdere und primitivere

Gestalten finden wir. Allerdings können wir schon bei Arten aus weit zurückliegenden Funden überraschend hoch spezialisierte Anpassungen feststellen. Handlirschs großes Verdienst ist es, alles, was in früheren Perioden an Insekten gefunden worden ist, zusammengetragen und auch die bescheidensten Reste gründlich gesichtet zu haben. So konnte er eine Stammesgeschichte aufbauen, die, von den ältesten zweifellosen Insekten des Palaeozoikums ausgehend, das erste Auftreten der einzelnen Ordnungen, ihre Beziehungen zu der Urform und die Entwicklungswege, die sie durchmachte, klärt. Es besteht eine nicht geringe Anzahl von Theorien über die Abstammung der Urformen, die Handlirsch *Palaeodictyoptera* nennt, von älteren Ordnungen. Handlirsch gewann die Überzeugung, daß dieselbe bei den Trilobiten zu suchen sei. Die geschlechtsreifen Individuen vieler Trilobitenarten zeigen eine ausgesprochene Neigung zur Ausbildung verschiedenartigster Anhänge. Wenn wir seiner Anschauung, daß die Insekten sich aus Trilobiten entwickelten, folgen wollen, müssen wir allerdings annehmen, daß keine der hoch entwickelten Trilobitenarten sich zu Insekten entwickelt hat, sondern, daß die Abspaltung von primitiven Arten ausging. Wahrscheinlich siedelten sich solche in flachen Gewässern an und wurden im reifen Zustand zu Auswanderern auf das Land. Dabei mochten sich seitliche Anhänge vergrößert haben und allmählich aderreich und kräftig zu einfachsten Gleitflügen geeignet worden sein. Die Entwicklung zum Fliegen ist ja immer und bei den verschiedensten Tierordnungen über den Gleitflug gegangen. Bei den *Palaeodictyoptera* finden wir noch waagrecht abstehende Flügel, die sehr reich an stark verzweigten Adern sind. Auch die Dreiteilung in der Körperachse findet sich noch bei ihnen und lebenden primitiven Insekten und Larven. Bei einer Anzahl von Ordnungen leben die Larven noch heute ausschließlich im Wasser, und erst der Vollkerf wird zum Land- und Luft-Tier. Auch die gleiche Größe der beiden Flügelpaare bei den *Palaeodictyoptera* und manchen späteren Ordnungen ist aus dieser Abstammung erklärbar. Jedenfalls ist der Weg von Anhängen der Trilobiten zu dem primitivsten Gleitflügel, als welcher der mancher Ur-Insekten erscheint, wesentlich einfacher als die weitere Entwicklung bei den Insekten selbst. Wir finden da eine weitgehende Reduktion der Aderung, die verschiedene Gestaltung der Vorder- und Hinterflügel, einen bei verschiedenen Ordnungen grundverschiedenen Aufbau der treibenden Muskeln und die Verankerung der hinteren Flügel mit den vorderen, wodurch sich nur die Tragfläche vergrößert, während die Arbeit nur von den die Vorderflügel bewegenden Muskeln geleistet wird. Die ältesten Insekten faßte H a n d l i r s c h unter dem Namen *Palaeodictyoptera* zusammen und suchte in scharf durchdachtem Aufbau von diesen die einzelnen Ordnungen abzuleiten.

Den ungeheuren Aufschwung erfahren die Insekten von der Kreide an, da die damals einsetzende gewaltige Fortbildung der Blütenpflanzen die vielfältigsten Lebensmöglichkeiten ergab. Im Alttertiär war der Werdegang der Insekten bereits auf voller Höhe angelangt, Beziehungen bestimmter Familien und Arten zu eng begrenzten Gruppen von Blütenpflanzen hatten sich herausgebildet, die Bildung von Staaten war bei manchen Familien wahrscheinlich bereits auf einer annähernd so hohen Stufe angelangt wie heute. Die enge Verwandtschaft vieler lebender Familien, die eine sorgsame Brutpflege ausführen, mit damaligen läßt erkennen, daß ganz ähnliche Vorgänge sich damals abspielten. Neben den hochentwickelten Formen finden wir auch heute und ebenso im Bernstein solche, die in ihrer Lebensweise und Gestalt kaum irgend eine wesentliche Veränderung erfahren haben. Sie hatten schon im Paläozoikum eine gewisse Höhe der Entwicklung erreicht, die bei dem Leben der Larven im Wasser und dem Mangel an Nahrungsaufnahme bei den Imagines nur ein Ausweichen in Gebiete mit gleichen Vorbedingungen zur Fortsetzung eines derartigen gleichbleibenden Lebens zur Voraussetzung hatten *(Ephemerida).* Allen Insekten gemeinsam ist im Stadium der Imago, des geschlechtsreifen Tieres, das starre, außen liegende Skelett, die Teilung des Körpers in drei mehr oder weniger scharf getrennte Abschnitte, Kopf, Rumpf und Abdomen, eine Anzahl von sechs Beinen. Die Larven sind, von wenigen Ausnahmen abgesehen, grundverschieden von den geschlechtsreifen Tieren und führen in überwiegender Zahl auch ein gänzlich anderes Leben als diese. In diesem roh skizzierten Rahmen hat eine ungeheure Vielfältigkeit Raum gefunden. Die Imagines sind bei manchen Familien langlebig und nehmen reichlich Nahrung zu sich, bei anderen dauert das Leben nur Stunden, und alle Einrichtungen zur Nahrungsaufnahme sind verkümmert. Gerade die Larven dieser sind meist langlebig und gefräßig. In manchen Ordnungen gibt es Familien, die nur pflanzliche Nahrung aufnehmen, neben anderen, die ein räuberisches Leben führen. Dieser Gegensatz findet sich sogar bei Männchen und Weibchen derselben Art. Arten, die vollständig einsam oder als Pärchen leben, stehen solchen nahe, die hochentwickelte Staaten bilden. Unendlich vielförmig ist das Leben der Larven und die Fürsorge der Elterntiere für die Ernährung derselben. Manche Arten haben vom Ei bis zur Imago nur Wochen nötig und der Weg: Ei — Larve — Imago verläuft in gerader Linie ohne Unterbrechung, andere durchlaufen eine jahrelange Entwicklung, bei der sie sich oft häuten, Gestalt und Farbe wechseln und zwischen Larve und Imago eine lange Puppenruhe einschalten, in der die Umwandlung zu vollständig neuer Gestalt vorsichgeht.

Die Fürsorge für die Nachkommen geht oft nur so weit, daß die Eier dort abgelegt werden, wo die Larve beim Ausschlüpfen die erste Nahrung findet, und ist bei anderen so hoch ausgebildet, daß das Muttertier Vorräte für die Jungen aufstapelt. Am höchsten entwickelt ist sie bei jenen Hymenopteren, bei denen ein Teil der Larven in der Kolonie durch mangelhafte Fütterung nicht zur Geschlechtsreife ausgebildet wird und dann die Sorge um den Nachwuchs zu tragen hat (gewisse Hymenopteren, Termiten). Die Eigenart mancher Arten erlaubt ihnen nur von einer ganz eng umschriebenen Pflanzengruppe Nahrung zu nehmen, während nahe Verwandte sehr großzügig in der Auswahl sind.

Die Zahl der jetzt lebenden Arten übersteigt sicher eine Million. Natürlich kommt die Zahl der im Bernstein gefundenen Arten nicht annähernd an diese Zahl heran, beträgt aber Zehntausende. Manche Familien sind durch eine große Zahl von Individuen und Arten vertreten, während nahe verwandte nur ganz vereinzelt vorkommen und jene, deren Leben in anderen Lebensräumen wahrscheinlich ist, vollständig fehlen. Es gilt das vor allem für Arten, die abseits vom Wald auf Wiesen ihr Leben führen wie viele *Lepidoptera, Coleoptera* u. a. Neben der reichen Ausbeute an Imagines gibt der Bernstein, der seine Opfer so zart umschlossen hält, daß die feinsten Härchen zu sehen sind, auch die Möglichkeit, viele Larven kennen zu lernen. Manche Stellung der Tiere gibt uns Aufschluß über Lebensgewohnheiten, Todeskämpfe und Zusammenleben. Verwandtschaftliche Beziehungen zu Arten, die heute in weit entfernten Ländern leben, lassen Schlüsse über die klimatischen Verhältnisse jener fernen Zeit zu.

Wenn auch die Insekten-Fauna des Bernsteins nicht alle Hoffnungen erfüllte, die man bei ihrer Entdeckung auf sie setzte, bringt ihre genaue Beobachtung einen hervorragenden, ungeheuer wertvollen Beitrag zu unserer Kenntnis jener Zeit, die den Beginn des mächtigen Entwicklungstages der Säugetierwelt einleitet.

A. Ungeflügelte Insekten *(Apterygogenea)*

Als die primitivere Insekten-Unterklasse gelten die Ungeflügelten, die in mancher Beziehung den übrigen Ordnungen so grundlegend verschieden gegenüberstehen, daß manche Zoologen sie als selbständigen Stamm zwischen Myriapoden und Insekten gestellt haben. Manche Larven stehen in der Jugend tatsächlich denen der Symphylen, einer sehr primitiven Unterordnung der Myriapoden, so nahe, daß man auf nahe Verwandtschaft schließen muß. Eine größere Anzahl von Merkmalen bringt andere jedoch den Insekten entschieden näher, so daß sie heute allgemein als selbständige Unterklasse diesen angeordnet werden. Alle bekannten Ordnungen sind flügellos, doch finden sich bei einigen Reste von zurückgebildeten Muskeln und Tracheen, die auf Flügel ferner Ahnen zu deuten scheinen. Ein weiteres Rätsel, das die Erklärung ihrer Stammesgeschichte erschwert! In allen Perioden vor dem Tertiär fehlen sie merkwürdigerweise vollständig, so daß wir Formen, die den Übergang von den Ur-Insekten zu ihnen gebildet

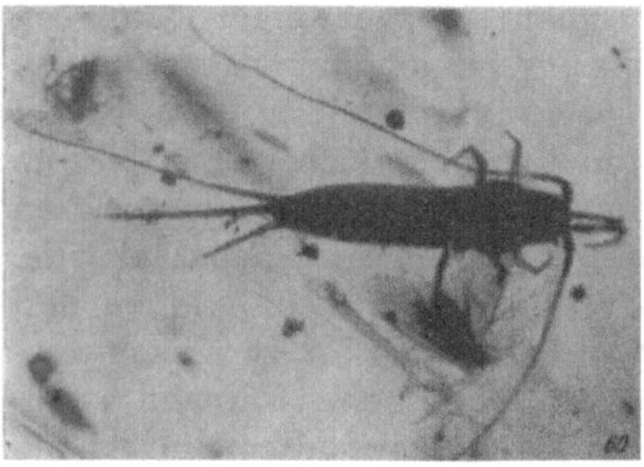

Abb. 60. *Machilide* oder Felsenspringer.
Abb. 61. *Lepismatide* oder Silberfischchen.

haben, nicht kennen. Als Vermutung sei ausgesprochen, daß die erste Abspaltung von den *Palaeodictyoptera* stattfand, als aus einander nahestehenden Ur-Insektenarten einerseits die ersten Myriapoden, andererseits die ersten Insekten hervorgingen. Von da an sind sie ihren eigenen Entwicklungsweg gegangen. Merkenswert bleibt dabei, daß die flügellosen Insekten auch schon im Larvenzustand Bewohner des Landes sind, während alle anderen, den *Palaeodictyoptera* nahestehenden und als primitiv geltenden Insektenordungen im Larvenstadium Wasserbewohner sind. Diese Beobachtung läßt die Deutung zu, daß vielleicht der Wechsel des Lebensraumes in einem sehr frühen Zeitpunkte dazu geführt hat, daß auch die Geschlechtsreife früher eintrat und schon in einem dem Larvenstadium entsprechenden Zeitpunkte die Fähigkeit erworben wurde, lebensfähige Eier zu erzeugen.

Systematisch zerfallen die Flügellosen in vier Ordnungen: *Thysanura, Entotrophi, Protura* und *Collembola,* von denen die erste und letztgenannte im Bernstein stark vertreten sind, während von *Entotrophi* nur eine Art, nämlich *Campodea darvinii* Silvestri

(Campodeidae), beschrieben ist. Allen vier Ordnungen gemeinsam ist die Flügellosigkeit, im übrigen stehen die beiden im Bernstein mehrfach vorkommenden Ordnungen einander sehr ferne. Von den Thysanuren sind im Bernstein, wo sie erstmalig auftreten, zwei Familien vertreten, die *Machilidae* (Abb. 60) und *Lepismatidae* (Abb. 61), von welchen die *Machilidae* häufiger vorkommen. O l f e r s und S i l v e s t r i haben in gründlichen Arbeiten nachgewiesen, daß früher eine Anzahl von Larven als selbständige Arten beschrieben waren und so die Zahl der Arten im Bernstein bei den *Machilidae* auf acht, bei den *Lepismatidae* auf zwei festgelegt.

Im Bernstein sind zwei Gattungen der *Lepismatidae* (*Lampropholis* Menge, *Lepidothrix* Menge) mit je einer Art vertreten. Beide Gattungen sind ausgestorben. *Lepidothrix* weist besonders altertümliche Merkmale auf, worin ein Gegensatz zu der sonst der rezenten Fauna viel näher stehenden Fauna des Bernsteins aufscheint. Es scheinen demnach die *Lepismatiden* nicht so alt, wie gewöhnlich angenommen wird, sondern verhältnismäßig spät aus anderen Insekten (geflügelten) durch Reduktion und Neotenie hervorgegangen zu sein. Auffallenderweise ist hingegen die *Machilidenfauna* des Bernsteines der rezenten Fauna Südeuropas so nahe verwandt, daß die meisten Arten in rezente Gattungen eingereiht werden können.

Die sehr beweglichen Tiere haben freiliegende, sehr hoch spezialisierte Mundteile, lange borstenförmige Fühler und Facettenaugen. Der Mesothorax trägt drei gleichartige, zum Laufen geeignete Beinpaare, das Abdomen ist elfgliedrig und trägt rückwärts drei gegliederte Anhänge. Die Eier werden in Spalten der Baumrinde abgelegt. Die ausschlüpfenden Larven sind in Gestalt und Lebensweise den geschlechtsreifen Tieren sehr ähnlich und nähren sich wie diese meist von pflanzlichem Detritus. Sie häuten sich bis zur Erreichung der Geschlechtsreife mehrmals ohne wesentliche Veränderungen. Die Arten, die sich im Bernstein finden, stehen lebenden nahe und es ist kein Zweifel, daß auch ihre Lebensweise eine gleiche gewesen ist. Da sie sich vielfach an der Rinde der Bäume aufhalten, ist es naheliegend, daß sie nicht selten eingeschlossen wurden. Daß sie in früheren Ablagerungen nicht gefunden wurden, erklärt sich wohl aus der Weichheit der Tiere, für die erst der Bernstein ein günstiges Einschließungsmaterial bot. Vorhanden war die Ordnung zweifellos seit weit zurückliegender Zeit.

Die S p r i n g s c h w ä n z e (*Collembola,* Abb. 62) sind in weit größerer Artenzahl als die Thysanuren aus dem Bernstein bekannt geworden. Bisher sind etwa 50 Arten beschrieben. Die Anzahl der

Individuen ist eine sehr hohe und bildet einen bedeutenden Hundertsatz aller Insektenfunde. Die Springschwänze haben ein auf sechs Segmente reduziertes Abdomen, wobei zuweilen auch diese wenigen Segmente vollkommen verschmolzen sind. Das vierte oder fünfte Segment trägt eine Springgabel, die unter den Leib geschlagen und dann durch kräftige Muskeln losgeschnellt wird. Dadurch wird das Tier hoch geschleudert und wiederholt diese Bewegung unzählige Male. Die sechs Laufbeine spielen bei der Fortbewegung nur eine untergeordnete Rolle. Die Mundteile liegen in einem Atrium am Kopf vollkommen gedeckt. Es kommen sowohl Facettenaugen wie Stirnaugen und Gruppen von Einzelaugen vor. Die Fühler tragen Tasthaare und Riechzäpfchen. Die Verschiedenheit der Arten und ihre speziellen Anpassungen sind nicht unerheblich. Ihre Verbreitung geht so weit wie die keiner anderen Insektenordnung. Sie finden sich heute ebenso in den Tropen wie in allen gemäßigten Klimaten und auf dem Eis der Gletscher wie auf dem der kalten Zonen im Norden und im Süden. Am häufigsten kommen sie im Fallaub und Untergrund der Wälder vor, wo sie von pflanzlichen Abfällen leben.

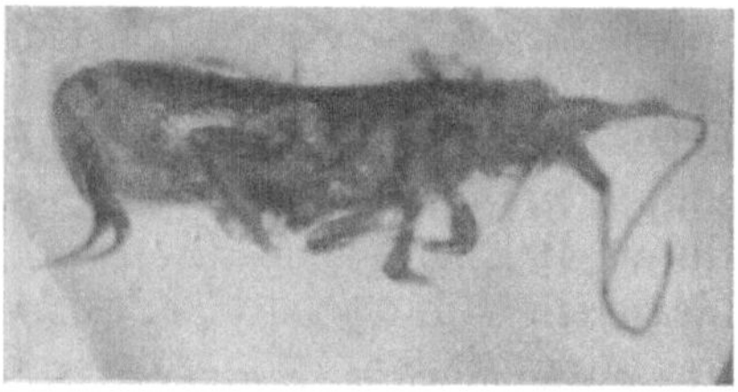

Abb. 62. *Collembole.* Die Springgabel am Hinterende ist deutlich zu sehen.

Das Gattungsbild der Collembolen des Bernsteins unterscheidet sich nicht von dem rezenten. Wir haben es mit einer typischen Rinden- und Moosfauna zu tun, wie wir sie heute noch in ähnlicher Zusammensetzung kennen, und die direkt mit der von Dampf und Skwarra aus den Mooren von Estland und dem Zehlaubruch beschriebenen zu vergleichen ist. Sie ist eng verwandt mit der Collembolenfauna, die heute in den Kiefernwäldern Norddeutschlands lebt. Die entgegengesetzten Angaben von Olfers (1907), der merkwürdige, bizarre Formen gefunden zu haben gaubte, sind durch Handschin als Irrtum erwiesen worden.

Im Bernsteinwald lebten die rezenten Gattungen *Isotoma, Tomocerus, Entomobrya, Lepidocyrtus, Orchesella, Sminthurus, Bourletiella.* Am häufigsten findet sich *Entomobrya.*

Im Bernstein finden wir ungefähr 50 Arten, die lebenden nahestehen, und eine große Zahl von Individuen. Wenn man nicht schon aus anderen Gründen davon überzeugt wäre, daß sie in früheren Perioden längst vorkamen, würde diese Aufspaltung in eine erhebliche Artenzahl einen Beweis dafür abgeben. Ihrer Erhaltung stand dasselbe Hindernis entgegen wie bei den Thysanuren.

Sowohl die Arten der Thysanuren wie die der Collembolen, die wir aus dem Bernstein kennen, stehen lebenden Arten sehr nahe und hatten zweifellos auch die gleichen Lebensgewohnheiten. Die Funde im Bernstein bringen uns keinerlei Aufklärung über die Beziehungen der verschiedenen Ordnungen zu einander und über ihre Abstammung, die zweifellos auf sehr verschiedenen Ahnen beruht.

B. Geflügelte Insekten *(Pterygogenea)*

Den ungeflügelten Insekten, die nur eine verhältnismäßig geringe Zahl von Ordnungen und Familien aufweisen, steht die ungeheuer

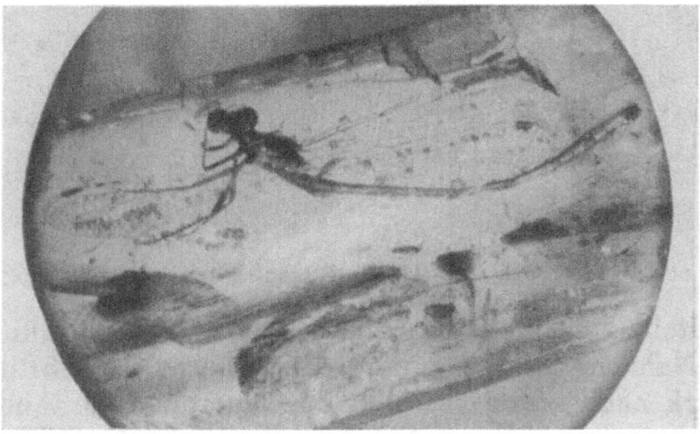

Abb. 63. Eine der wunderbar erhaltenen, im Bernstein sehr seltenen Libellen (*Agrionidae*).

weitläufig aufgespaltene Unterklasse der geflügelten Insekten gegenüber, die einen großen Reichtum an Formen beherbergt. Das einzige, wirklich alles umfassende Merkmal ist der Besitz von Flügeln. In den verschiedenen Ordnungen ist es bei einzelnen Arten und häufiger bei Weibchen als Männchen zur Reduktion der Flügel gekommen, aber dieselbe ist stets sekundär erworben und nicht mit der Flügellosigkeit der *Apterygogenea* gleichzustellen. Zwischen den beiden Unterklassen liegt eine Spaltung, die ohne jede Zwischenform besteht und wohl von Anfang der Entwicklung an bestand.

Da vielleicht nicht Jedem, dem dieses Buch in die Hände kommt, die Unterschiede der Ordnungen und deren Entwicklung gegenwärtig ist, gebe ich kurze Abrisse der am stärksten sprechenden Merkmale und kurze Bemerkungen über die Vorgeschichte jeder Ordnung.

1. Eintagsfliegen *(Ephemerida)*

Das geschlechtsreife Tier, das wir im Bernstein finden, steht den lebenden Arten in seinem ganzen Bau so nahe, daß man die zehn bisher gefundenen Arten in lebende Gattungen einordnen kann; deshalb umfaßt eine knappe Beschreibung der wesentlichen Züge lebender Arten ohne Abänderung auch die im Bernstein gefundenen. Dieselben sind nicht häufig, aber stets sehr gut erhalten, da die Einschlüsse nie Ausscheidungen absonderten.

Das fertige Insekt hat einen mit geringer Beweglichkeit am Thorax sitzenden Kopf, der sehr gering ausgebildete Fühler, dagegen sehr gut entwickelte Facettenaugen und Stirnaugen trägt.

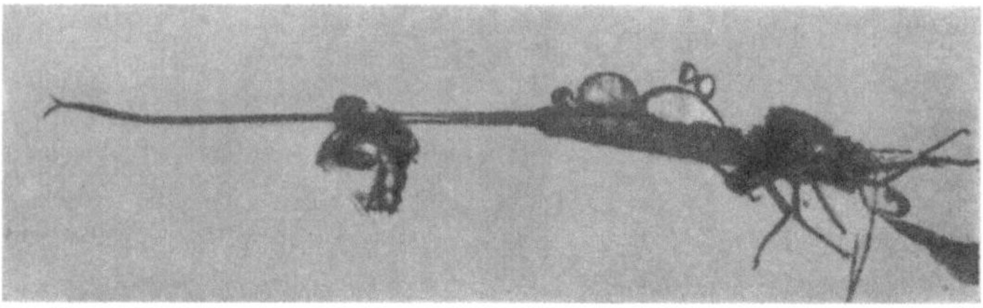

Abb. 64. Leere Haut der Subimago einer Ephemeride oder Eintagsfliege.

Die Mundteile sind äußerst reduziert, da das geschlechtsreife Tier keinerlei Nahrung zu sich nimmt. Der Thorax ist kräftig, im Mittelteil stark nach vorne gewölbt, das neungliedrige Abdomen des Weibchens trägt zwei lange Anhänge (Abb. 65, Männchen Abb. 66). Die Larven leben im Wasser und sind mächtige Räuber, die bei vielen Arten ein Jahr, bei manchen noch länger, zu ihrer Entwicklung benötigen, während der sie sich mehrere Male häuten. Die Flügel entwickeln sich in Scheiden von einer Häutung zur anderen weiter. Zum Ausschlüpfen reif, klettert die Larve an einem Halm aus dem Wasser und aus der Haut schlüpft zunächst die Subimago (Abb. 64). Erst nach einer zweiten, sehr rasch folgenden Häutung, nach der sich die Flügel rasch entfalten und hart werden, ist das Tier fortpflanzungsfähig und erhebt sich zum Hochzeitsflug, dem einzigen Flug seines Lebens. Eigen ist allen Arten der Eintagsfliegen, daß die volle Entwicklung der Individuen eines Landstriches zu gleicher Zeit eintritt, so daß zugleich Hunderttausende, ja Millionen in ihrem merkwürdig wogenden Flug, manche Arten bei Tag, die meisten in der Dämmerung oder bei Nacht, aufsteigen und Partner suchen. Die Begattung findet im Flug statt und nach ihr sinkt das Männchen verendet zu Boden. Das Weibchen zieht über das Gewässer und läßt einzeln oder in größeren Paketen seine Eier fallen. Manche Arten bringen auch lebende Lärvchen zur Welt. Nach dem Ablegen der Brut stirbt auch das Weibchen. Das Leben der Imago dauert selten mehr als einen Tag, meist nur Stunden. Der größte Teil der untereinander sehr nahe verwandten Arten lebt in der nördlichen Erdhälfte, verhältnismäßig nur wenige in Afrika, Indien und Australien.

Eine ununterbrochene Entwicklungsreihe führt von den *Palaeodictyoptera* zu den tertiären und lebenden Familien der *Ephemerida.* Im Ober-Carbon erscheinen als älteste bekannte Ahnen die *Proephemeroidea,* die mit ihren vollständig gleich großen Vorder- und Hinterflügeln und der großen Gleichförmigkeit der Segmente des Hinterleibes und den drei Anhängen direkt an die *Palaeodictyoptera* anschließen. In Perm wurden Larven gefunden, die noch mäßig seitlich abstehende Flügelscheiden zeigen, die lebhaft an die ursprünglich vollständig nach den Seiten ragenden Flügelscheiden der *Palaeodictyoptera* und ferneren Ahnen gemahnen. Die Flügel, deren rückwärtiges Paar bei den tertiären und lebenden Arten stark verkleinert, jedoch in der Äderung den vorderen sehr ähnlich ist, sind noch gleich groß. Erst im Lias und Jura findet eine wesentliche Verkleinerung des rückwärtigen Paares und gleichzeitig bei mehreren Arten eine wesentliche Vereinfachung des Adersystems statt, womit eine eindeutige, sehr wesentliche Annäherung an die Arten des Bernsteins erreicht ist. Andere Arten bleiben noch auf dem im Carbon erreichten Punkte stehen, sterben aber in der Folge aus.

Eintagsfliegen sind in verschiedenen tertiären Vorkommen gefunden worden, weitaus die größte Artenzahl, es sind zehn, im Bernstein, wo sie allerdings auch nicht häufig sind. Alle Arten lassen sich in lebende Gattungen einordnen. Wir können als sicher annehmen, daß auch damals Hunderttausende über den Gewässern schwärmten, aber die Gefahr, an das Harz zu kommen, war äußerst gering; denn sie rasteten weder an Bäumen sitzend, noch suchten sie dort Nahrung. Auch ihre Kurzlebigkeit verringerte diese Gefahr. Nur ein ungünstiger Windstoß mag manche an das Harz geworfen haben. Die Erhaltung der Tiere im Bernstein ist immer eine vorzügliche, da sie keinerlei Ausscheidungen abgaben. Wir besitzen männliche und weibliche Tiere, die im Flug verunglückten, aber auch, was von besonderem Interesse ist, eine Larvenhaut, die samt ihren langen Anhängen vorzüglich erhalten ist, wie wir sie nach dem Auskriechen der Subimago im Schilf an Teichen finden können. Außerdem ist eine Subimago, die an einem Stengel hing, erhalten. So haben wir einen dem der lebenden Arten gleichen Lebenskreis vor uns. Derselbe zeigt uns ein vollkommenes Bild des Ablaufes der Entwicklung, wie es uns nur von wenigen Tieren erhalten ist. Die beiden letzten Stücke zeigen außerdem, daß der Wald bis unmittelbar an das Ufer von Gewässern herantrat und seine Äste über dieselben streckte. Ohne die unmittelbare Nähe harzender Bäume konnten diese Einschlüsse nicht entstehen.

2. Uferbolde *(Perlaria)*

Während alle Funde von Eintagsfliegen *(Ephemeriden)* und Wasserjungfern im Bernstein uns zeigen, daß die Tiere im Fluge an das Harz gerieten, finden wir die Uferbolde stets in Ruhestellung und schon diese Beobachtung zeigt uns, daß die Vollkerfe träge, wie sie auch heute pflegen, an Zweigen der am Ufer der Gewässer stehenden Büsche saßen und dabei vom Tode überrascht wurden (Abb. 67).

Die im Bernstein vorhandenen Familien umfassen auch die heute lebenden 650 Arten; es hat somit keinerlei Weiterentwicklung der Ordnung stattgefunden. Ihre verhältnismäßige Seltenheit im Bernstein beruht wahrscheinlich mehr auf ihrer trägen Lebensweise als auf wirklich seltenem Vorkommen. Ein Tier, das ruhig und gedeckt im Gezweig saß, kam nicht leicht in die Gefahr, von Harz getroffen zu werden. Neben einigen prächtig erhaltenen Vollkerfen fand ich auch eine Larve, die ich glaube, den Perliden zuschreiben zu sollen. Wenn das richtig, ist es doppelt interessant, da die Larven durchgehends in fließendem Wasser leben. Die Geschichte der Uferbolde läßt sich weit zurück verfolgen. Aus dem Mesozoikum haben wir keine Spur von ihnen, im Paläozoikum, aus dem Perm Rußlands, sind zwei Funde beschrieben, die nach dem Bau und Geäder der Flügel als Ahnen angenommen werden müssen. Sie standen offenbar schon damals den tertiären und lebenden Arten sehr nahe. Ihre Entwicklung aus den Paläodictyopteren liegt somit zweifellos sehr weit zurück; sie ist aber auch früh erstarrt. Das voll entwickelte Tier hat einen wenig beweglichen Kopf, einen aus drei einander sehr ähnlichen, gegeneinander beweglichen Segmenten zusammengesetzten Thorax; der Hinterleib zerfällt in zehn Segmente. Die Facettenaugen sind einfach, ziemlich groß, Stirnaugen zuweilen reduziert. Die langen Fühler stehen zwischen Augen und Mund. Die Kauwerkzeuge sind reduziert, da das geschlechtsreife Tier keine Nahrung aufnimmt. Die beiden Paare der gut ausgebildeten Flügel sind fast gleich groß und in der Äderung einander sehr ähnlich. In der Ruhe werden die hinteren Flügel gefaltet unter den einander überdeckenden vorderen getragen. Die Eier werden ins Wasser abgelegt, wo die Larven ausschlüpfen und sich ohne Puppenruhe zu fertigen Insekten entwickeln, wobei die Flügelscheiden sich allmählich ausbilden.

Von den heute lebenden Arten fällt weitaus der größte Teil, etwa 500, auf die nördliche Erdhälfte, die übrigen verteilen sich über die tropischen und subtropischen Gebiete, wobei die geringste Zahl an Arten auf Afrika kommt. Für Schlüsse über klimatische Verhältnisse in der Zeit der Bernsteinwälder geben die Perlarien enthaltenden Inklusen keinerlei Anhaltspunkte. Ähnlich wie bei den Eintagsfliegen war ihre Entwicklung sehr früh abgeschlossen

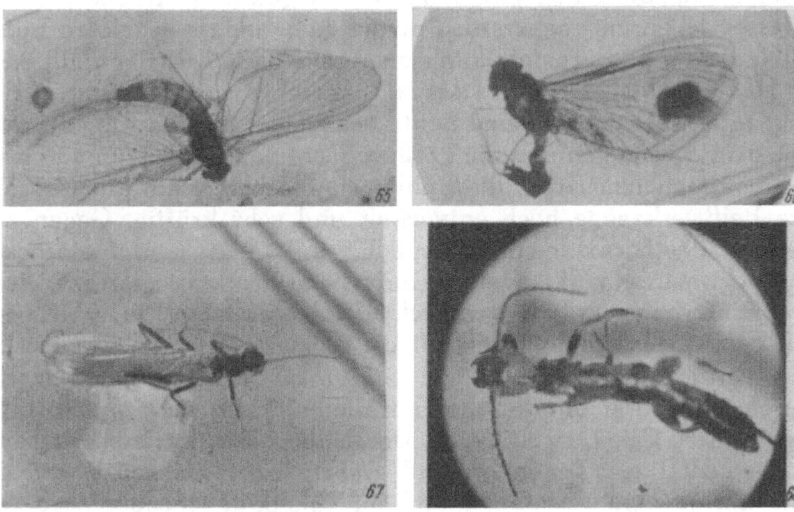

Abb. 65, 66. Eintagsfliegen oder Ephemeriden.
Abb. 67. Mit zusammengefalteten Flügeln ruhende Plecoptere (Uferbold).
Abb. 68. Flügellose weibliche Embiide. Man erkennt gut die verdickten Vordertarsen, in denen sich das Spinnorgan befindet.

und wie diese zeigen sie, daß in jenen Wäldern reichlich Gewässer vorhanden waren; der einzige Unterschied ist, daß die Eintagsfliegen als Larven auch in stehenden, die Uferfliegen hingegen nur in fließenden Gewässern ihre Larven-Entwicklung durchmachen.

Obwohl der weitaus größte Teil der in tertiären Ablagerungen gefundenen Arten von Uferbolden aus dem Bernstein stammt, sind sie auch hier nicht häufig. Wahrscheinlich ist jedoch die Ursache mehr in ihrer Lebensweise als in geringem Vorkommen zu suchen. Die bekanntgewordenen verteilen sich auf die Familie der *Perlidae* mit einer, auf die der *Nemuridae* mit elf Arten.

3. Wasserjungfern (*Odonata*, Abb. 63)

Wohl die auffallendsten Gestalten unter den Insekten, die wir im Bernstein finden, sind die Wasserjungfern, zugleich aber gehören sie auch zu den seltensten. Es wäre jedoch wahrscheinlich ein falscher Schluß, danach anzunehmen, daß sie damals wirklich selten gewesen sind. Sie sind wohl das klarste Beispiel, daß Seltenheit der Erhaltung als Fossil nicht als gleichbedeutend mit Seltenheit des Vorkommens in der Periode, aus der die Reste stammen, gelten darf. Der Lebensraum der Wasserjungfern ist die Luft über Gewässern und Sümpfen und, soweit wir ihre Ordnung zurückverfolgen können, waren sie immer die besten Flieger und zugleich Räuber in ihrem Gebiet. Der Wald war und blieb ihnen immer Fremde. Auch ihre Larven sind gewaltige Räuber, die im Wasser leben und jagen, also nur in ganz anders gearteten Fundstellen als dem Bernstein kann man auf Funde derselben hoffen.

Das geschlechtsreife Tier ist langlebig und vor allem ein Augentier, das scharf seine Beute beobachtet und im Flug ergreift. Die drei Stirnaugen und die großen Facettenaugen sitzen an einem sehr beweglichen Kopf, die Fühler sind daneben auffallend klein, die Beißwerkzeuge hoch entwickelt und sehr kräftig. Gegen den kleinen Prothorax leicht beweglich, sind Meso- und Metathorax fest verwachsen und tragen die auffallend hoch angesetzten Mittel- und Hinterbeine und die weit rückwärts angesetzten Flügel. Die beiden Flügelpaare sind gleich groß, die rückwärtigen häufig breiter als das vordere Paar. Die Flügel sind reich geädert und glasartig durchsichtig. Der elfgliedrige Hinterleib ist sehr schlank und trägt am letzten Glied zwei Cerci. Die beiden wichtigsten Unterordnungen sind die *Zygoptera* und *Anisoptera,* zwischen denen die nur mit je einer in Japan und im Himalaja lebenden Art vertretene Unterordnung *Anisozygoptera* steht. Die Larven der *Zygoptera* zeichnen sich durch eine Fangmaske aus, die die Jagd zu erleichtern bestimmt ist. Die Larven sind langlebig und leben im Wasser als unermüdliche Räuber. Die tertiären Arten lassen sich durchgehends in die beiden Unterordnungen der *Zygoptera* und *Anisoptera* eingliedern. Von ersteren sind aus verschiedenen Vorkommen sämtlicher Tertiär-Formationen, darunter Rott am Siebengebirge und Öningen 18 Arten, von letzterer 43 Arten beschrieben, wozu noch etwa vier unbestimmte Arten kommen. Die meisten der Vorkommen, aus denen sie stammen, dürften in Sümpfen entstandene Braunkohlen oder Uferbildungen von Seen und Tümpeln sein. H a n d l i r s c h erwähnt nur eine Wasserjungfer aus dem Bernstein. Ich habe auch keine weitere Beschreibung finden können. Die prachtvoll erhaltene, die ich abbilde, gehört der Familie *Agrionidae* an. Sie steht lebenden Arten dieser Familie sehr nahe. Wie ich schon im Beginn sagte, beweist diese Seltenheit der Wasserjungfern im Bernstein durchaus nicht, daß sie wirklich selten waren.

Im Gegenteil möchte ich die Überzeugung aussprechen, daß sie in einer reichlichen Anzahl von Individuen und Arten vorhanden waren: denn die große Zahl von Arten aus anderen Ablagerungen, in denen die Tiere wahrscheinlich sterbend oder tot eingebettet wurden, gibt uns das volle Recht, anzunehmen, daß sie über den Gewässern im Bernsteinwald ebenfalls in vielen Arten und Gattungen jagten. Einen auffallenden Reichtum an Arten bringt das Mesozoikum. Zunächst finden wir die *Anisozygoptera*, die wir heute nur aus einem Relikt kennen, hier sehr reichlich vertreten. Handlirsch erwähnt 30 Arten aus Lias und Jura, die sich auf 6 Gattungen verteilen. Die *Anisozygoptera* haben vor allem in der Bildung der Flügel deutliche Merkmale, die sich später auf die *Zygoptera* und *Anisoptera* verteilen, dürfen daher als die Voreltern dieser beiden Unterordnungen angesehen werden, neben denen sie sich dann noch im Mesozoikum stark, dann aber rasch abnehmend bis in unsere Zeit mit einigen Arten hielten. Offenbar waren sie schon im Tertiär sehr selten geworden; denn wir kennen aus dieser Periode keinen Rest von ihnen. Neben ihnen erscheinen im Lias bereits *Anisoptera*, doch scheinen sie noch wesentlich seltener gewesen zu sein. Zwei Gattungen und etwa 15 Arten sind aus dem Malm Bayerns und Englands bekannt geworden, die bereits in lebende Familien eingeordnet werden können. Geringer ist unsere Kenntnis der *Zygoptera*. Aus Malm und Jura Bayerns und Dogger Englands sind bisher ungefähr vier Gattungen mit acht Arten bekannt geworden.

Aus dem Paläozoikum kennen wir nur wenige, aber außerordentlich interessante, den Wasserjungfern unbedingt zuzurechnende und als Ahnenformen besonders fesselnde Tiere, die Handlirsch unter dem Namen *Protodonata* zusammenfaßt. Eine, die er *Protagrionidae* nennt, weist in ihrer Gestalt bereits auf die lebende Familie der *Agrionidae* aus der Ordnung der *Zygoptera* hin. Bisher wurde eine Art bekannt, die aus dem Obercarbon von Commentry stammt. Zwei weitere Familien mit zusammen neun Arten fanden sich im Perm Deutschlands, dem Obercarbon Amerikas und die wichtigsten im Obercarbon von Commentry. Unter diesen übertrifft *Meganeuron* alle späteren Arten weit an Größe; denn ihre Spannweite beträgt 70 cm. Die *Protodonata* bilden eine ausgesprochene Übergangsform von den *Paläodictyoptera* zu den *Odonata*. Im Carbon zuerst auftretend, kommen sie bis zum Lias vor und verschwinden dann, während die Odonaten zu dieser Zeit erstmalig erscheinen.

In den Odonaten ist uns eine Entwicklungsreihe erhalten, die ohne Unterbrechung von den Ur-Insekten zu den lebenden Formen führt. Die Protodonaten haben in ihrem Bau noch ausgeprägte Züge von den *Paläodictyoptera,* Vorder- und Hinterflügel sind noch ganz gleich gebildet, haben gleich große Flächen, die später so typischen Nodi und das Flügelmal fehlen ihnen, die Cerci sind noch vollkommener ausgebildet als bei späteren Ordnungen. Die Stellung der Flügel, die frei vom Körper abstehend getragen werden, ist noch vollkommen die gleiche wie bei den Ur-Insekten, wie auch die Gliederung des Hinterleibs in 11 Abschnitte. Die Änderungen, die seither eingetreten sind, können nicht als tiefgehend betrachtet werden. Die wesentlichen Punkte sind ununterbrochen gleich geblieben, ob in den schweren Lüften des Carbon bei reichster Jagdbeute gewaltige Größen erreicht wurden oder ob diese wieder bescheideneren Ausmaßen wichen. Immer bleibt die Größe und Haltung der Flügel die gleiche. Die Ausrüstung zur Jagd, die überragende Bedeutung der Augen, der Aufbau der Mundteile ist kaum anders bei den *Protodonata* wie bei lebenden fernen Nachkommen. Nur Vervollkommnungen, wie die stärkere Versteifung der Flügel, das Verkleinern der Cerci, die Fangmaske der Zygopteren-Larve sind eingetreten, seit aus irgend einem Zweig der Ur-Insekten die ersten Libellen hervorgingen.

4. Embien *(Embia)*

Eine sehr gleichförmige Ordnung, die nur eine Familie umfaßt, deren Artenzahl noch nicht hundert erreicht. Weitaus der größte Teil derselben lebt in den Tropen und in den wärmeren Teilen der gemäßigten Zonen, die kälteren meiden sie vollständig.

Nur die Männchen sind geflügelt, die Weibchen durchgehends ungeflügelt. Der langgestreckte Körper ruht auf gleich gestalteten Beinen, von denen das letzte Paar stärker als die übrigen ist. Das vorderste hat bei beiden Geschlechtern im Endgliede der Tarsen eine Spinndrüse, vor welcher die Klauen liegen. Der Kopf trägt kräftige Mundteile, die, nach vorne gerichtet, prognath sind, und gut ausgebildete Facettenaugen, vor denen die vielgliedrigen, oft perlenschnurartigen, an Termiten erinnernden Fühler liegen. Die Nahrung der Larven und Weibchen bilden pflanzliche Reste, während die Männchen ausgesprochene Räuber sind. Die Äderung der Flügel der Männchen ist wesentlich weiter als bei den Odonaten und Eintagsfliegen reduziert, vordere und hintere Flügel sind fast gleich groß und gleich in der Äderung. Durchgehends bauen sie sich unter der Rinde von Bäumen oder unter Steinen schlauchartige Gespinste, in denen sie leben. Die Entwicklung der Larven geht ohne Ruhepause vor sich. Dieselben stehen den fertigen Insekten in der Gestalt sehr nahe und häuten sich wiederholt. Die

Flügelscheiden der männlichen Tiere entwickeln sich erst kurz vor der Geschlechtsreife. Die große Gleichheit der aus dem Tertiär bekannten Arten mit den lebenden läßt keinen Zweifel zu, daß sie genau dieselbe Lebensweise hatten, weshalb die obige Beschreibung vollkommen auf sie paßt.

Aus dem Miozän von Kolorado ist eine Art beschrieben, eine zweite als *Oligotoma antiqua* Pictet aus dem Bernstein, wo sie selten vorkommt. Beide stehen lebenden Arten sehr nahe und können als Beweis für das damals herrschende subtropische Klima gelten. Abb. 68 gibt ein weibliches Tier wieder. Aus dem Mesozoikum sind keinerlei Reste von Embien bekannt geworden, dagegen besitzen wir aus dem mittleren Obercarbon Nordamerikas, also aus dem Paläozoikum, einen von Handlirsch beschriebenen Fund, den er als *Hadentomum americanum* beschreibt, dessen fast gleich große Flügelpaare in ihrer Äderung sehr an Embien erinnern. Wir dürfen dieses Tier wohl als eine Ahnenform derselben ansehen, die bereits stark von den *Palaeodictyopteren* abweicht, was wieder zeigt, daß die Abzweigung von den Ur-Insekten schon damals weit zurück lag.

5. Überordnung Geradflügler *(Orthoptera)*

Ordnungen: Heuschrecken *(Saltatoria)*, Stabheuschrecken *(Phasmida)*, Ohrwürmer *(Dermaptera)*

Wenn man einen Blick in die Abteilung der Orthopteren einer Bernsteinsammlung wirft, ist man immer erstaunt über den Eindruck von Leben, der von diesen Fossilien ausgeht. Besonders die Heuschrecken scheinen alle mitten in lebhaftester Bewegung zu sein. Da ist eine in vollem Sprung, die Beine weit nach hinten gestreckt; eine andere ist zum Absprung bereit; eine dritte ist im Flug verunglückt und ein voll entwickeltes Tier hat seine prächtige grüne Farbe erhalten. Die Larven der Stabheuschrecken sind in ihren eigenartigen Wanderbewegungen gehemmt, scheinen aber im nächsten Augenblick wieder vorwärtsstreben zu wollen, während die geschlechtsreifen Tiere träge an einem Ast gehangen haben, als sie eingeschlossen wurden. Die Grillen und Ohrwürmer *(Dermaptera)* scheinen ebenfalls lebhaft bewegt. Dabei ist die Erhaltung aller dieser Tiere besonders schön.

Heuschrecken *(Saltatoria)*. Da die im Bernstein eingeschlossenen Tiere der Ordnung angehören, die heute noch lebt, gebe ich eine kurze Beschreibung, die für beide gelten darf, während frühere Ahnen wesentliche Abweichungen zeigen. Bei den meist großen, mindestens mittelgroßen Tieren ist der Kopf stets senkrecht und sitzt mit breiter Basis dem Prothorax auf. Er trägt zwei gut entwickelte Komplexaugen und oft drei Ocellen, hoch hinaufgerückte vielgliedrige Fühler und sehr kräftige, nach unten gerichtete Mundteile mit dreigliedrigen Tastern. Der Körper ist seitlich zusammengedrückt, der Prothorax ist wesentlich größer als die beiden anderen, stark verwachsenen Thoraxsegmente. Die Vorderflügel sind meist pergamentartig und decken in der Ruhe das zweite Paar. Die beiden vorderen Beinpaare sind gleichartige, mit zwei Klauen versehene Laufbeine. Das dritte Paar ist zu sehr

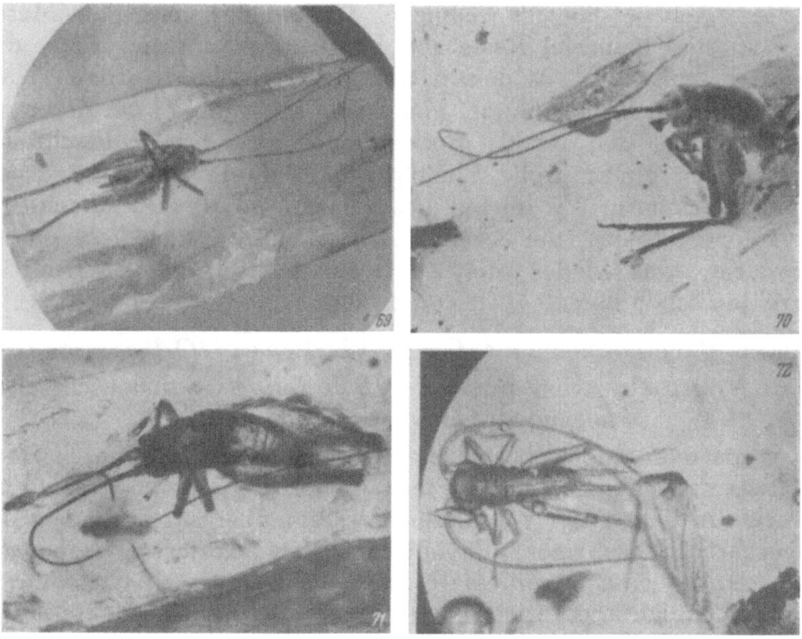

Abb. 69, 72. Zwei Grylliden-Larven.
Abb. 70, 71. *Prorhaphidophora zeuneri* Chop. *(Rhaphidophoridae)*.

kräftigen Sprungbeinen ausgestaltet. Der weiche, große Hinterleib besteht aus zehn Segmenten und trägt meist am Ende Cerci. Das Weibchen der Laubheuschrecken *(Tettigoniidae)* hat eine sehr vollkommene Legescheide, aus der die Eier einzeln abgelegt werden. Die aus denselben ausschlüpfenden Larven ähneln den geschlechtsreifen Tieren sehr, haben die gleiche Lebensweise und entwickeln bei mehrfachen Häutungen die Flügel. Von den tertiären Tettigoniiden sind nur vier aus dem Bernstein beschrieben, doch zweifle ich nicht, daß die vorkommende Zahl wesentlich höher liegt. Alle beschriebenen Arten stehen den lebenden sehr nahe. Das Gehörorgan liegt bei ihnen an den Schienen des vordersten

Beinpaares, ein Stridulationsorgan ist an den Vorderflügeln bei manchen Arten bereits ausgebildet. Im Mesozoikum haben noch nicht alle die steile Stellung des Kopfes vollständig erreicht. Die schönsten Funde stammen aus dem Lias von Eichstädt. Im Palaeozoikum finden wir keine Heuschrecken mehr, die sich in die tertiären und jüngeren Unterordnungen einreihen lassen. Handlirsch errichtete für diese die Ordnung der *Protorthoptera*, die eine erhebliche Anzahl von Familien umfaßt. Charakteristisch für alle ist der noch nach vorne gerichtete Kopf und für viele ein auffallend verlängerter Prothorax. Aus dem Bernstein sind eine Anzahl Heuschrecken beschrieben, von denen die meisten zu den *Gryllacrididae* gehören. Fertige Imagines fand ich bis zu 30 mm Länge, doch gab es wesentlich größere. Einzelne Beine, die das Tier, das sich zu befreien vermochte, zurücklassen mußte, lassen auf eine Länge des einstigen Trägers von mindestens 50 mm schließen. Die höher entwickelten Familien scheinen erst im späteren Tertiär sich entwickelt zu haben; denn die Zahl der Feldheuschrecken (*Acrididae*) steigt von 7 im Alttertiär auf 24 im jüngeren Tertiär. Die *Saltatoria* sind leider bisher nur wenig studiert und beschrieben, so daß wir keine genügend genauen Beziehungen zu den lebenden Formen feststellen können. Nur Chopard hat drei Arten bearbeitet. Es sind von der Familie Gryllacrididae die *Rhaphidophorinae: Prorhaphidophora antiqua* Chopard, *Prorhaphidophora zeuneri* Chopard (Abb. 70, 71), *Prorhaphidophora tachycinoides* Chopard.

Abb. 73. Larve einer Laubheuschrecke *(Tettigoniidae)*.

Zeuner bearbeitete die Familie der *Tympanophorinae* und beschrieb:

Eomortoniellus handlirschi Zeuner, *Lipotactes Martynovi* Zeuner, deren rezente Verwandte heute auf den Sundainseln in Malaya leben. Es wäre äußerst unwahrscheinlich, daß im Bernsteinwald keine Tettigoniinen gelebt haben sollten, denn diese meist räuberische Familie lebt ja durchaus auf Bäumen und war bestimmt schon damals häufig, da ja aus dem Jura die ältesten Reste bekannt sind. Angenommen kann allerdings werden, daß noch nicht alle Gattungen sich entwickelt hatten wie die ganz spezialisierten *Pseudophyllinae* und andere. Der erste Beweis des Vorkommens von Phaneropterinen im Bernstein ist eine Larve in meiner Sammlung, Abb. 73.

F a m i l i e *Acrididae* (F e l d h e u s c h r e c k e n). Da die *Acrididae* ausschließlich in offenem Wiesenland und Steppen ihren Lebensraum haben, waren sie im Bernsteinwald höchstens als verschlagene Gäste zu erwarten. Bisher ist keine im Bernstein gefundene bekannt geworden. Leicht erkennbar sind sie, da der Legeapparat des Weibchens und die Fühler durchgehends kurz sind. Das Stridulationsorgan besteht aus einer Schrillader am Vorderflügel, die mit dem Schenkel des Hinterbeines angestrichen wird. Ihr Gehörorgan liegt seitwärts am Hinterleib.

F a m i l i e *Gryllidae* (G r i l l e n) (Abb. 69, 72). In der Wahl des Lebensraumes — sie leben vielfach in selbstgegrabenen Löchern — und in Gestalt sind sie von den übrigen *Saltatoria* stark unterschieden. Der meist sehr dicke Kopf sitzt sehr beweglich am Prothorax, hat gut entwickelte Augen und lange Fühler. Die Oberflügel sind häufig sehr verkürzt, das letzte Beinpaar ist zu Sprungbeinen ausgebildet. Die ältesten sind im Lias und Jura gefunden worden, von denen einige bereits weit mehr als die dort vorkommenden Heuschrecken den tertiären und lebenden Formen nahestehen. Aus dem Bernstein sind folgende Arten beschrieben:

Trichogryllus macrocercus Germar und Berendt, verwandt mit *Pteroplistes* aus Malacca und Sundainseln,

Heterotrypus septentrionalis Chopard, Verwandte heute in Afrika, Indo-Australien,

Madasumma europensis Chopard, rezente Verwandte Alte Welt, Tropen.

Stenogryllodes brevipalpis Chopard, ausgestorben.

F a m i l i e *Gryllotalpidae* (M a u l w u r f s g r i l l e n) fehlen im Bernstein, leben unterirdisch.

S t a b h e u s c h r e c k e n *(Phasmida)*. Zweifellos aus gleicher Abstammung wie die Heuschrecken hervorgegangen, haben sie sich durch ein vollständig anders geartetes Leben in wesentlich anderer Richtung spezialisiert. Die mittelgroßen bis großen Tiere haben einen sehr beweglichen Kopf mit langen, vielgliedrigen Fühlern, gut ausgebildeten Facettenaugen und ziemlich stark nach vorne gerichteten Mundteilen. Der Mesothorax ist wesentlich verlängert, die Beine ausgesprochene Schreitbeine oder Kletterbeine. Die Eier werden einzeln abgelegt. Die daraus ausschlüpfenden Larven gleichen den erwachsenen Tieren, entwickeln die Flügel während des weiteren Wachsens und leben in gleicher Weise wie die Imagines. Bei den lebenden Formen sind die Oberflügel meistens kürzer als das andere Paar, nur einige südamerikanische Arten und solche aus Borneo haben die Oberflügel so lang, daß sie die unteren verdecken oder überragen. Sehr oft sind die Flügel vollständig verschwunden.

Die Arten des Bernsteins zeigen dieselben Eigentümlichkeiten und können zu den südamerikanischen Gattungsgruppen einge-

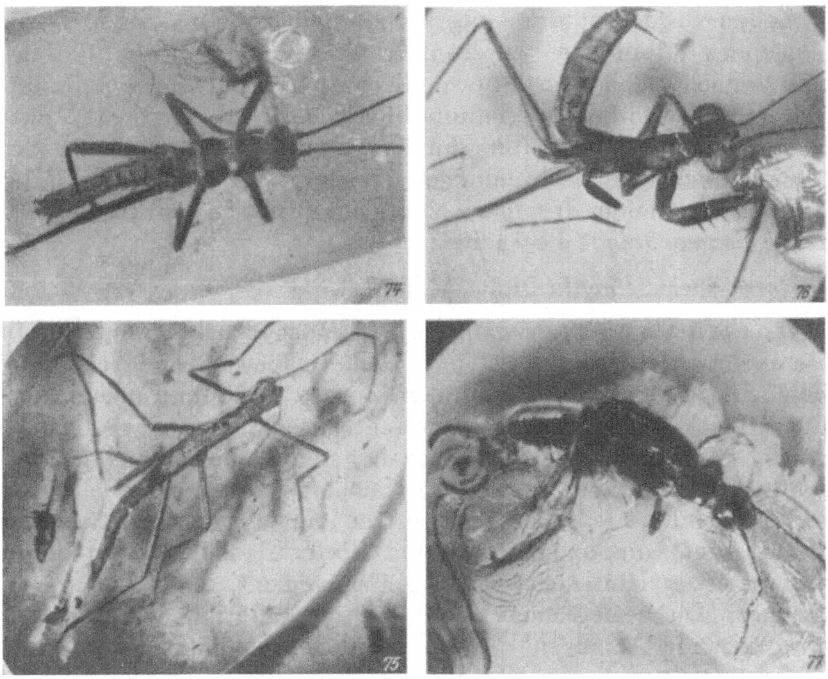

Abb. 74, 75. Larven von Stabheuschrecken oder Phasmiden.
Abb. 76. Larve einer Gottesanbeterin oder Mantide.
Abb. 77. Ein Ohrwurm *(Forficula baltica* Burr?), der erst nach langem Kampf zugrunde ging.

ordnet werden. Möglicherweise handelt es sich bei den Tieren, deren Deckflügel mäßig gekürzt sind, um Angehörige der Gruppe *Prisopi* der *Areolatae-Phasmini,* die innerhalb dieser der rezenten Gattung *Damasippus* Stål näherstehen dürften als der sehr spezialisierten Gattung *Agathemera. Damasippus* lebt heute in Südamerika.

Die Larven (Abb. 74) gehören der *Pseudoperla lineata* Pictet an, die häufig gewesen zu sein scheint. Im Bernstein sind sie durchaus nicht selten, sondern Larven in verschiedenen Größen kommen so gut wie geschlechtsreife Tiere vor. Das größte Individuum, das ich sah, maß ca. 30 mm.

Ein außerordentlich interessantes Tier, das nach Handlirsch unbedingt zu den Phasmiden zu rechnen ist, für das er die Familie *Chresmodidae* errichtet hat, ist in mehreren Exemplaren im Malm und Oberjura Bayerns und Englands gefunden worden. Das Tier ist in der Art der Wasserläufer auf der Oberfläche des Wassers jagend umhergelaufen. Seine ungewöhnlich langen Beine tragen einen kleinen, schlanken Körper, so daß man bei ungenauer Beobachtung jedenfalls auf einen Wasserläufer schließen würde. Nähere Untersuchung hat aber die nahen Beziehungen zu Phasmiden bewiesen. Es ist sehr merkwürdig, daß nur eine so hoch spezialisierte Form, die ganz anders lebte wie alle ihre späteren Verwandten, erhalten blieb, während aus dem Mesozoikum keine den späteren Familien irgendwie nahestehende Art gefunden wurde. Beschreibungen einzelner Gattungen der *Phasmidae* fehlen leider fast ganz. Nur von Pictet wurde eine Art der *Anisomorphinae* bearbeitet:

Pseudoperla lineata Pictet (Abb. 74).

Ohrwürmer *(Dermaptera).* Flachgedrückte mittelgroße Tiere von großer Beweglichkeit. Der frei bewegliche Kopf trägt vielgliedrige Fühler, die nahe dem prognathen Mund stehen, und gut entwickelte Augen. Der bewegliche Prothorax ist flachgedrückt, die beiden anderen Thorax-Segmente sind miteinander fest verbunden und tragen drei Paare gleichartiger Laufbeine. Die Vorderflügel sind bedeutend verkürzt und dienen nur als Bedeckung für die sehr kompliziert gefalteten Hinterflügel. Die zehn ersten Segmente des Hinterleibes sind gut entwickelt, das elfte ist verkümmert. Die beweglichen Cerci sind zangenförmig. Im Bernstein vorkommende Arten sind so nahe mit der lebenden Familie der *Forficulidae* verwandt, daß sie in diese eingeordnet werden können. Von einem mächtigen, über 20 mm langen Tier konnte ich keine Bestimmung erreichen und vermute, daß es tropischen Arten nahesteht. Aus älteren Perioden sind Dermaptera nicht gefunden und beschrieben. Sie erscheinen im Tertiär erstmalig.

Bisher sind neun *Forficulidae* aus dem Bernstein beschrieben, darunter:

Forficula baltica Burr. (Wahrscheinlich Abb. 77.) *Forficula Klebsi* Burr., verwandt mit einer rezenten Art aus Abessinien. *Forficula pristina* Burr. *Forficula praecursor.* Verwandt mit rezenten Arten aus Afrika und Indien.

Familie *Labiduridae: Ocellia* Olfers (ausgestorben).

Labidura (?) *pygidicrana* (?).

6. Thysanoptera (*Physopoda*, Blasenfüßer)

Mit über 1000 Arten über alle Regionen verbreitet, aber anscheinend in der paläarktischen und nearktischen Region vorherrschend. Leben an Pflanzen, auf Blüten, unter Laub, Moos und Rinde, im Grase usw.

In der Bernsteinfauna ist die primitive Familie der Äolothripiden relativ häufig. Es treten hier verhältnismäßig zahlreich Formen mit neungliedrigen Fühlern auf, woraus ersichtlich ist, daß die Fühlergliederzahl der Thysanopteren seit dem Tertiär in allmählicher Abnahme begriffen ist. Formen mit siebengliedrigen Fühlern, wie sie heute häufig sind, wurden im Bernstein noch nicht gefunden. Die Bernstein-Thysanopteren zeigen eine Verwandtschaft mit der rezenten nearktischen Fauna.

Unterordnung Terebrantia

Familie:

Aeolothripidae: Im Bernstein sechs Arten der Gattungen *Promelanthrips, Melanthrips, Archankothrips, Opadothrips, Aeolothrips.*

Hemithripidae: Im Bernstein nicht vertreten.

Heterothripidae: Im Bernstein eine Art der Gattung *Protothrips.*

Thripidae: Im Bernstein 24 Arten der Gattungen *Telothrips, Archaeothrips, Lipsanothrips, Praedendrothrips, Anaphothrips, Oxythrips, Taeniothrips.*

Merothripidae: Im Bernstein zwei Arten der Gattungen *Praemerothrips* und *Merothrips.*

Unterordnung Tubulifera

Pygothripidae: Im Bernstein nicht vertreten.

Phloeothripidae: Im Bernstein sieben Arten der Gattungen *Necrothrips, Haplothrips, Cephenothrips, Proleeuwenia, Treherniella* und *Symphyotrips.*

Hystricothripidae: Fehlen im Bernstein.

Chirothripoididae: Fehlen im Bernstein.

Urothripidae: Fehlen im Bernstein.

Insgesamt 40 Arten.

7. Schaben (*Blattariae*)

Die Ordnung der *Blattaeformia* ist im Bernstein stark vertreten (Abb. 79). Alle gefundenen Individuen gehören der Familie der *Blattidae* an und stehen lebenden Arten sehr nahe. Die Verwandtschaft mit lebenden Arten ist teilweise so nahe, daß man enge Beziehungen zu heute ausgesprochen tropischen und subtropischen Formen festgestellt hat. Die Anzahl der Arten aus dem Bernstein beträgt mehr als 50, während in allen anderen tertiären Vorkommen bisher nur etwa 20 Arten festgestellt wurden. Dabei kommen sehr

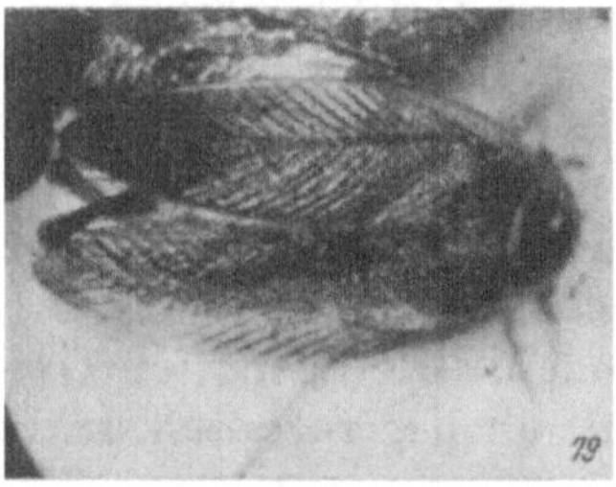

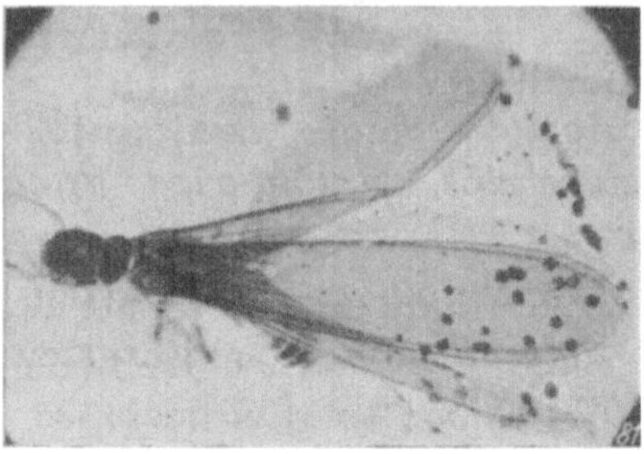

Abb. 78. Weiblicher Ohrwurm, wahrscheinlich aus der Verwandtschaft von *Kalokrania*.
Abb. 79. Eine Blattide der Unterfamilie *Phyllodromiinae*.
Abb. 80, 81. Geflügelte Termiten, die beim Hochzeitsflug in das Harz gerieten.
Abb. 82, 83. Zwei Psociden des Bernsteins.

stattliche Tiere mit 20 mm Länge vor. Durch ihre Lebensweise, im Fallaub des Waldes, in moderndem Holz und alten Strünken, aber auch außerhalb ihrer Wohnungen herumstreifend, kamen sie leicht in die Gefahr, von Harz getroffen zu werden. So ist nicht nur die Artenzahl, sondern auch die der Individuen eine erhebliche. Nicht nur erwachsene Tiere, sondern auch fast ebenso häufig treffen wir Larven, die ihnen ähnlich sind, aber erst die Flügelscheiden entwickeln. Den lebenden und tertiären Arten der *Blattidae* sind alle wesentlichen Züge der äußeren Erscheinung gemeinsam. Die Gestalt ist von oben gesehen eiförmig und breitgedrückt. Der Prothorax ist mächtig entwickelt, schildartig verbreitert und so weit nach vorne ausgestaltet, daß er den Kopf fast ganz oder vollständig überdeckt. Dadurch ist der Kopf so steil gestellt, daß der Mund, der kräftige Beißwerkzeuge enthält, nach rückwärts gerichtet ist. Vor den gut entwickelten Facettenaugen stehen die vielgliedrigen Fühler. Der Prothorax ist gut beweglich, während die beiden anderen Thoraxabschnitte fest miteinander verbunden sind. Von den Beinen ist das vorderste Paar etwas kürzer als die anderen, aber gleich-gestaltet und ebenso stark mit Dornen bewehrt. Bei vielen Arten sind beide Flügelpaare sehr verkürzt, bei den Weibchen mancher Arten ist die Flugfähigkeit gänzlich verloren. Die Eierablage erfolgt in Paketen, aus denen die Larven schon in ähnlicher Gestalt wie die erwachsenen Tiere auskriechen. Sie haben auch die gleiche Lebensweise wie diese. Die Blattiden leben durchgehends im Mulm alter Bäume, im Fallaub, unter Steinen oder in Häusern. Dadurch sind einige jetzt lebende Arten vielfach in Gebiete gekommen, die eigentlich nicht ihrem Lebensraum angehören; denn ihr eigentliches Gebiet sind die warmen Zonen. Gerade ihr häufiges Vorkommen im Bernstein und nahe Verwandtschaft mit heute in den Tropen lebenden Arten unterstützen den Schluß auf mindestens subtropisches Klima im Bernsteinwald. Nicht nur die Artenzahl, sondern auch die der Individuen, die wir im Bernstein finden, ist eine recht erhebliche.

Aus dem Mesozoikum sind Funde aus fast allen wesentlichen Perioden bekannt geworden. Man kennt sie aus Trias, Lias, Dogger, Malm und Kreide, die größte Anzahl aus dem oberen Lias. Die Bildung der Flügel steht bereits der der lebenden Formen nahe, trotzdem stellt Handlirsch sie in zwei eigene Familien, *Protoblattinidae* und *Mesoblattinidae*, von denen wir wohl die letzteren als direkte Vorfahren der tertiären und lebenden Familien ansehen dürfen. Im Palaeozoikum liegt ein Höhepunkt in der Entwicklung und Aufspaltung der Ordnung. Schon dort kommen *Mesoblattinidae* vor, die zu den mesozoischen und späteren Formen hinüberleiten. Durch den Bau der Flügel gehört jedoch noch eine Familie zu ihnen, deren Prothorax noch nicht die Entwicklung zeigt, die später bei allen Blattiden herrscht. Sie hat noch einen frei beweglichen Kopf, der nach vorne gerichtet ist. Bei den übrigen palaeozoischen Familien der *Blattaeformia*, die auch in der Äderung der Flügel wesentlich primitivere Züge zeigen, ist diese Stellung des Kopfes noch allgemein und der Prothorax noch nicht vergrößert. Bei den *Protoblattinidae* finden sich bei Weibchen noch kurze Legescheiden, was auf die nahe Beziehung der Urformen zu den *Orthoptera* hinweist. Die Funde im Perm sind wesentlich geringer als im Carbon, belaufen sich aber auf etwa 100 Arten. In den Wäldern der Steinkohlenzeit erreichten sie zweifellos den Höhepunkt ihrer Entwicklung. Die Artenzahl übertrifft die im Bernstein nahezu um das Zehnfache. Die Größe der Individuen scheint in späteren Perioden nicht mehr erreicht worden zu sein.

Man kann überzeugt sein, daß seit dem Carbon die Artenzahl wesentlich geringer wurde und daß die heute lebenden 2000 Arten nur einen Bruchteil der damals unter besonders günstigen Verhältnissen in den dunstigen Wäldern hausenden Arten ausmacht.

Die Fauna der *Blattidae* des Bernsteines ist von der heutigen nicht wesentlich verschieden und steht besonders der in subtropischen Zonen lebenden nahe. In keinem Fall war es nötig, neue Gattungen aufzustellen, alle Arten, die bekannt wurden, lassen sich in heute lebende Gattungen einordnen, wogegen keine Art unverändert erhalten ist.

Bisher wurden folgende Arten beschrieben:

Ectobiinae

Ectobius balticus Germar und Berendt. Verwandt mit dem rezenten *Ectobius lapponicus*. Lebensraum Europa.

Ectobius inclusus Schelford.

Phylodromiinae

Ischnoptera gedanensis Germar und Berendt.
Ischnoptera Klebsi Schelford.
Ischnoptera perplexa Schelford.
Phyllodromia lorenz-meyeri Schelford.
Phyllodromia germari Schelford.
Phyllodromia yolanda Schelford.
Phyllodromia antiqua Schelford.
Phyllodromia latissima Schelford.
Phyllodromia tenacula Schelford.
Phyllodromia Klebsi Schelford.
Phyllodromia praecursor Schelford.
Phyllodromia furcifera Schelford.
Phyllodromia baltica Schelford.
Phyllodromia pristina Schelford.
Phyllodromia woodwardi Schelford.
Pseudophyllodromia succinica Schelford.
Ceratinoptera didyma Germar und Berendt.
Ceratinoptera soror Schelford.
Ceratinoptera cruentata Schelford.

Ceratinoptera Klebsi Schelford.
Ceratinoptera miocenica Schelford.
Temnopteryx Klebsi Schelford.

Die Phyllodromiinen sind als Waldbewohner naturgemäß im Bernstein besonders häufig.

Nyctiborinae.

Nyctibora succinea Schelford.

Blattinae.

Periplaneta succinica Schelford.

Corydiinae

Polyphaga fossilis Schelford.
Holocompsa fossilis Schelford. Verwandt mit *Holocompsa minutissima* aus Surinam.

8. Fangheuschrecken oder Gottesanbeterinnen (*Mantidae*)

Die Gottesanbeterinnen sind aus derselben Urform wie die Blattiden hervorgegangen, haben aber schon sehr früh eigene Wege der Entwicklung eingeschlagen. Mit den Schaben haben sie auch jetzt noch gemein die breitgedrückte Gestalt des Körpers im Bereich des Thorax und Abdomens und die Ablage der Eier in Paketen, aus denen die Larven schon in ähnlicher Gestalt wie die Vollkerfe ausschlüpfen und wie diese als Jäger leben (Abb. 76).

Obwohl aus gleichem Stamm wie die Blattiden hervorgegangen, haben sich die Gottesanbeterinnen auch körperlich, ihrer räuberischen Lebensweise entsprechend, wesentlich anders entwickelt.

Der senkrecht gestellte Kopf ist sehr beweglich, die Mundteile in ihrem Aufbau denen der Schaben nahestehend, die Augen sehr groß und hoch entwickelt, die Fühler vielgliedrig und meist dünn. Der Prothorax ist halsartig stark verlängert und gegen den Mesothorax gut beweglich. Von den Flügelpaaren ist das vordere härter, das rückwärtige oft gleich groß mit demselben, bei manchen Arten bedeutend kürzer. Der Hinterleib trägt stets ein Paar Cerci. Die beiden rückwärtigen Beinpaare sind ausgesprochene Lauf- und Kletterbeine, das vorderste ist zu außerordentlich vollkommen ausgerüsteten Fangbeinen umgestaltet. Die Hüften sind stark verlängert und die sehr kräftigen Schenkel an der Innenseite mit Dornen bewehrt, die mit gleichen an der Schiene, die eingeklappt werden kann, einen furchtbaren Fangapparat bilden. Bei den verschiedenen Gattungen ist diese Bezahnung sehr verschieden und bildet mit der Äderung der Flügel die wesentlichsten Unterscheidungsmerkmale. Die Mantiden sind wenig gute Flieger und jagen langsam in Sträuchen und an Bäumen herumkletternd oder ruhig sitzend. Ein in die Nähe kommendes Insekt beobachten sie sehr scharf, bis es in passende Nähe kommt; dann werden die Fangarme vorgeworfen und die Beute mit den unentrinnbaren Waffen erfaßt, zum Mund geführt und verzehrt. Die Mantiden sind so gefräßig, daß es häufig vorkommt, daß das wesentlich größere Weibchen nach der Begattung das Männchen, wenn es sich nicht rasch in Sicherheit bringt, ergreift und auffrißt.

Die Larven ähneln in der Gestalt den Vollkerfen sehr und leben in gleicher Weise wie diese. Die Flügel entwickeln sich während ihres Wachstumes.

Im Bernstein finden sich Gottesanbeterinnen selten. Handlirsch erwähnt nur eine beschriebene Art.

Meine bescheidene Sammlung umfaßt drei Exemplare, die wenigstens zwei verschiedenen Arten angehören. Da es sich um Larven handelt, konnte auch Dr. Max Beier keine genaue Bestimmung der nächststehenden Verwandten geben, doch genügten die prächtig erhaltenen Fangarme zu der Feststellung, daß diese Larven mit baumbewohnenden Mantiden Südamerikas nahe verwandt sind. Es ergibt das eine sehr bemerkenswerte Parallele zu den Phasmiden, die ebenfalls am nächsten mit südamerikanischen Arten verwandt sind.

Aus anderen tertiären Ablagerungen sind keine Mantiden bekannt. Da die Gottesanbeterinnen ausgesprochen wärmeliebende Tiere sind, weisen sie wie die Schaben und Termiten auf ein mindestens subtropisches Klima im Bernsteinwald hin.

Aus dem Lias sind einige Flügel bekannt geworden, die nach Handlirsch denen von Mantiden sehr nahe stehen. Ebenso weisen mehrere Funde aus dem Perm Rußlands in gleicher Richtung. Es unterliegt keinem Zweifel, daß die Abzweigung der Mantiden von den anderen Blattoideen schon wenigstens zu jener Zeit vor sich ging, wahrscheinlich schon früher, aber es kann heute noch nicht ausgesprochen werden, daß wir in den geringen Resten auf echte Mantiden schließen dürfen, die wir auf eine ähnliche Stufe wie die tertiären oder lebenden Gottesanbeterinnen stellen können; denn wir wissen noch nicht, ob sie schon den Fangapparat zu gleicher Höhe entwickelt hatten. Zweifellos ist, daß die Spaltung, die Mantiden und Blattiden trennt, bereits sehr früh stattgefunden haben muß. Von den bekannten Arten des Palaeozoikums können, als den Ahnen nahestehend, nur jene Familien gelten, die noch einen kleinen Mesothorax und freistehenden beweglichen Kopf aufweisen.

9. Termiten *(Isoptera)* (Abb. 80, 81)

Zu den *Blattaeformia* gehört eine der interessantesten Insektenordnungen, die Staaten bilden, die Termiten. Sie sind heute in allen tropischen und auch in subtropischen Ländern zu Hause und spielen vielfach eine sehr wichtige Rolle als Holzzerstörer. Stets treten sie in bedeutender Zahl auf und bilden geschlossene Gemeinschaften, die sich um ein oder mehrere Weibchen, die die Mütter der ganzen Kolonie sind, und unermeßlich viele Eier legen, aufbauen und zu ungeheurer Zahl anwachsen können. Die Gründung einer Kolonie geht immer so vor sich, daß ein Paar, das sich nach dem Hochzeitsflug zusammengefunden hat, nach der Begattung die Flügel abwirft und mit dem Herstellen eines kleinen Baues beginnt. Dort legt das Weibchen die ersten Eier, aus denen sich bald sehr lebhafte Larven entwickeln, die den Elterntieren beim Bau helfen und nicht zur Geschlechtsreife gelangen. Erst später wird eine Anzahl der Larven zu Geschlechtstieren, während ein größerer Teil beider Geschlechter stets unreif bleibt, keine Flügel entwickelt und meist auch augenlos ist. Diese übernehmen sämtliche Arbeiten am Erweitern des Baues, den Transport der Eier an die entsprechenden Stellen, die Reinigung der Königin und die Pflege der jungen Larven. Ein anderer Teil dieser Geschlechtslosen übernimmt als sogenannte Soldaten die Bewachung der Königin und des Baues und ist dazu entweder mit mächtigen Kiefern oder mit Mundwerkzeugen, aus denen sie ätzende Flüssigkeit einem Gegner entgegenschleudern können, bewehrt. Die zur Geschlechtsreife gelangenden Larven entwickeln spät Flügel und verlassen gleichzeitig in großen Scharen den Elternbau. Nach der Landung am Ende dieses Hochzeitsfluges finden sich die Geschlechter paarweise zusammen, begatten sich und werfen dann die Flügel ab, um sofort an die Errichtung einer neuen Kolonie zu gehen. Die Geschlechtstiere haben an dem sehr beweglichen Kopf perlenschnurartige Fühler, gut entwickelte Facettenaugen und den Blattiden ähnliche Beißwerkzeuge. Die Beine sind Laufbeine, die Flügel groß und nahe ihrem proximalen Ende mit einer Kerbe versehen, an der sie nach dem Hochzeitsflug vor der Begattung abbrechen. Die Flügeladern sind bei den verschiedenen Familien mehr oder weniger stark reduziert. Die Stellung des Kopfes und des Prothorax weisen auf eine Abspaltung der Ordnung von den übrigen *Blattaeformia* in sehr früher Zeit hin. Die Termiten spielen nicht nur im Bernstein, sondern in vielen tertiären Ablagerungen eine sehr interessante Rolle. Sie erregen lebhaftes Interesse durch die Verteilung der verschiedenen Familien auf verschiedene Fundorte. So finden wir die primitivste Familie, die *Mastotermitidae,* die heute in Australien, dem Lande der Relikte, mit einer Anzahl von Arten lebt, im Miozän in Radoboy und einigen anderen Fundstellen, vor allem Öningen und Florissant, in Europa und Amerika weit verbreitet. Sie standen damals auf der Höhe ihrer Entwicklung. Schon im Oligozän scheint diese zu stocken; denn der einzige Fundort ist Schloßnitz. Im Bernstein, dessen Entstehung weiter zurück liegt, fehlen sie vollständig. Im Gegensatz findet sich hier als häufigste eine wesentlich höher entwickelte Familie, die *Calotermitidae,* in neun verschiedenen Arten. Dieselbe Familie finden wir auch im Miozän und Oligozän Europas und Amerikas von verschiedenen Fundstellen. Heute ist sie in vielen Arten über die Tropen aller Kontinente verbreitet und gehört zu den gefährlichsten Holzschädlingen. Auch die *Mesotermitidae (Termitidae)* sind schon im Bernstein durch drei Arten vertreten. Die primitivsten Formen scheinen schon damals in lebhaftem Rückzug. Mindestens haben sie im Bernsteinwald keine ihren Bedürfnissen entsprechenden Lebensmöglichkeiten gefunden.

In älteren als tertiären Vorkommen fehlen Termiten vollständig. Trotzdem dürfen wir überzeugt sein daß ihre Entwicklung auf einer sehr frühen Abspaltung von den übrigen *Blattaeformia* beruht. Sie haben sich ja in Lebensweise und körperlicher Entwicklung sehr weit von allen anderen Blattaeformen entfernt. Die Blattiden leben zwar ebenfalls durchgehends gesellig und haben vielfach ihren Aufenthalt und ihre Ernährung auf die Abfälle aus moderndem Holz gestellt, aber sie bilden nie Kolonien, wie die Termiten. Wir können uns den Übergang zu dieser Lebensform, für dessen Zeitpunkt uns alle Anhaltspunkte fehlen, nur so vorstellen, daß zunächst durch Übervölkerung eines Lebensraumes ein Teil der Tiere nicht zur Geschlechtsreife kam, aber im Verband mit den Vollkerfen hauste und so allmählich jene Kasten entstanden, die wir mit Arbeitern und Soldaten bezeichnen. Das Leben spielte sich wahrscheinlich weiter im Holz ab und es fand eine Anpassung Raum, die sie zu den geschickten Bearbeitern von Holz machte und befähigte, dort ihre Wohnräume für große Völker auszubauen. Wohl erst später entwickelten sich jene Familien, deren Arten lernten, die gewaltigen Erdbauten auszuführen.

Daß die Termiten des Bernsteins Waldbewohner waren, kann man aus verschiedenen Funden beweisen. Wir finden Gesellschaften, die, offenbar gerade zum Hochzeitsflug bereit, verunglückten. Ich besitze ein Stück, in dem eine Anzahl geflügelte Individuen zusammen mit einem mit verkrüppelten Flügeln, also flugunfähigen, liegt. Es ist offenbar der Augenblick des Verlassens des elterlichen Baues. Bei einem anderen Stück dürfen wir wohl annehmen, daß die eingeschlossenen Termiten zufällig in größerer Zahl an einer Stelle nach Beendigung des Hochzeitsfluges gelandet sind; denn nebeneinander finden wir eine Anzahl noch geflügelter Tiere und solche, welche die Flügel bereits verloren haben. Mehrere Paare abgeworfener Flügel sind daneben eingeschlossen. In einem weiteren Stück ist ein noch geflügeltes Paar, das offenbar sich gefunden hat, aber noch nicht bereit ist, einen Bau zu beginnen. Nicht selten sieht man Paare, die, schon flügellos, offenbar auf der Suche nach einer ihren Wünschen entsprechenden Stelle für einen Bau verunglückten.

Es fehlt also in der Reihe der Entwicklung, soweit sie sich im Freien abspielte, kein Erlebnis, das wir nicht im Bernstein beobachten können. Weniger günstig steht es um jene Glieder der Kolonien, die die Galerien der Baue und das Innere desselben nie verlassen, wie Soldaten und Arbeiter. Diese beiden Kasten konnten nur getroffen werden, wenn unmittelbar unter harzenden Bäumen des Bernsteinwaldes ein Erdbau im Entstehen gewesen wäre. Es ist sehr unwahrscheinlich, daß Termiten gerade in Bäumen ihre Galerien anlegen, in denen in den Spalten Harz aufsteigt. Die zweite Möglichkeit, daß Soldaten oder Arbeiter verunglückt wären, kann man aufstellen, indem man annimmt, daß Arten, die Erdbaue machen, unter Bernsteinbäumen gebaut hätten, da bei diesen Arbeiten die beiden Kasten zuweilen im Freien sein müssen. Auch diese Möglichkeit fehlt, da alle bisher beobachteten Arten Holztermiten sind und eine Tierart mit so alter Tradition sicher nicht dort baut, wo den Beschäftigten so unangenehme Dinge wie weiches Harz auf den Kopf fallen können. Zweifeln daran, daß es bei den vorkommenden Arten Soldaten und Arbeiter gab, wird trotzdem niemand, denn, wenn eine Gruppe so spezialisiert ist, wie die Imagines der Termiten, setzt das die Anwesenheit der übrigen Mitglieder des Baues voraus. Während wir aus dem Pliozän Teile eines Baues mit Gängen von Termiten kennen, erscheinen Familien, die Erdbauten machen, erst im Kopal *(plistozaen)*.

Im Bernstein fehlen alle höheren Termiten der Familie *Metatermitidae,* die jetzt etwa Dreiviertel aller Arten umfassen. Dies ist aus dem Klima der Bernsteinlandschaft zu erklären. Fast alle rezenten Metatermitiden gehören nämlich den Tropen an, wogegen die Bernsteinlandschaft nach ihrer Termiten-Fauna klimatisch den heutigen Mittelmeerländern und den südlichen Provinzen der Vereinigten Staaten entsprochen haben muß. Hierfür dienen als Beweis die im Bernstein gefundenen *Leucotermes*-Arten, die ausgesprochen der paläarktisch-nearktischen Fauna angehören.

Auffallend ist ferner, daß sich im Bernstein nur Imagines mit Flügel bzw. solche, die die Flügel abgeworfen haben, finden, Larven hingegen zu den Seltenheiten gehören, Arbeiter und Soldaten aber gar nicht gefunden wurden. Es ist dies kein Beweis dafür, daß die höheren Termiten mit Kastenbildung damals fehlten. Das Fehlen von Soldaten und Arbeitern ist vielmehr so zu erklären: Bernstein ist Harz von Koniferen. In Nadelhölzern leben aber Termiten nur sehr selten. Die Arbeiter und Soldaten verlassen ihren Bau in der Regel nur in gedeckten Gängen (Galerien). Da es sich bei den Bernsteintermiten durchwegs um Holztermiten handelt, müßten sie im Bernsteinbaum gelebt haben oder ihre Galerien von anderen Bäumen dorthin gelegt haben, um in das Harz zu gelangen. Letztere Annahme fällt für die *Termopsinae* und die Gattung *Calotermes* weg, da diese keine Galeriebauer sind und keine großen Wanderzüge unternehmen. Die *Leucotermes*-Arten, die im Bernstein besonders häufig sind, leben meist in totem Holz. Es bestand also für die Arbeiter und Soldaten, die es damals sicher schon gab, keine Möglichkeit, vom Harz eingeschlossen zu werden. Die geflügelten Formen konnten hingegen vom Winde leicht zum Harz vertragen worden sein.

Arten, welche Hügel-, Erd- oder Baumnester bewohnen und von diesen die umliegenden lebenden Bäume und Sträucher mit ihren Galerien überziehen, fehlen im Bernstein. Sie sind im afrikanischen Kopal reich vertreten (z. B. *Termes, Eutermes, Microcerotermes*).

Im Bernstein finden sich folgende Arten:

Familie *Calotermitidae:*

Termopsis (Xestotermopsis) bremii Heer (mit dieser wahrscheinlich identisch *T. gracilicornis* Pictet und *deciduus* Hagen),

Archotermopsis tornquisti Rosen,

Calotermes berendtii Pictet,

Calotermes affinis Hagen,

Electrotermes, in fünf Arten vertreten, sehr häufig.

Familie *Termitidae (Mesotermitidae):*

Leucotermes antiquus Germar (nahe verwandt mit dem südeuropäischen *L. lucifugus* Rossi),

Leucotermes borussicus Rosen (verwandt mit *L. virginicus* Banks aus Nordamerika),

Leucotermes robustus Rosen.

Mastotermes, die primitivste heute lebende australische Form, fehlt im Bernstein *(Mastotermitidae).*

10. H o l z l ä u s e *(Corrodentia)*. (Abb. 82, 83)

Da *Zoraptera, Mallophaga* und *Siphunculata* im Bernstein noch nicht gefunden sind und nur die ersteren nicht Parasiten sind, und daher möglicherweise gefunden werden können, haben wir nur noch die Holzläuse, *Corrodentia,* hier zu besprechen. Sie sind durchgehends kleine Tiere von selten mehr als 3 mm Länge. Erstmalig treten sie im Bernstein auf, aber es ist nicht daran zu zweifeln, daß ihre Stammesgeschichte weit in das Palaeozoikum zurückreicht, da sie in vielen Richtungen sich sehr weit von den übrigen *Blattaeformia* entfernt haben und ihre einzelnen Familien auch starke Verschiedenheiten, vor allem in der Äderung der Flügel, zeigen. Die kleinen, gedrungen gebauten Tiere haben einen nach Art der Blattiden meist steil gestellten Kopf, der große Facettenaugen, davor vielgliedrige fadenförmige Fühler und hoch entwickelte Beißwerkzeuge trägt, die wohl nur aus denen der *Blattaeformia* entwickelt sein können. Die innere Kaulade ist meißelartig verlängert und vorstellbar. Der Prothorax ist klein und oft von dem schildartig vergrößerten Mesothorax, der mit dem Metathorax verwachsen ist, überdeckt. Die Beine sind ausgesprochene Laufbeine, die Flügel sind dünn, haben eine Äderung, die wir bei keiner anderen Ordnung finden. Die rückwärtigen sind bedeutend kleiner als die vorderen. Bei vielen Arten sind die Flügel reduziert. Die Nahrung der Holzläuse bilden durchgehends Moose, Flechten und Pilze, die sie an der Rinde der Bäume, unter denen sie hausen, abweiden. Die Larven sind den Vollkerfen sehr ähnlich und entwickeln die Flügel ohne Flügelscheiden während ihres Wachstums. Ihr Lebensraum sind die Tropen und die wärmeren Teile der gemäßigten Zonen, sie gehören also zu den wärmeliebenden Insekten. Im Bernstein sind sie keine seltene Erscheinung, was sicher mit ihrem Aufenthalt an der Rinde der Bäume zusammenhängt. Die dort vorkommenden Arten stehen in naher Beziehung zu lebenden Familien und können zum größten Teil in dieselben eingeordnet werden. Viele derselben sind nahe mit heute in den Tropen lebenden verwandt. P i c t e t beschreibt eine Art, „*Amphistomum paradoxum*“, die Schuppen trägt, die vollkommen denen von Schmetterlingen gleichen und in der Flügelbildung der Nymphen ebenfalls Ähnlichkeiten mit der der Mikrolepidopteren zeigen. Verwandte dieser Gattung leben heute auf Ceylon, in Ostindien und Nordamerika. Die Erhaltung der im Bernstein vorkommenden Psociden ist stets eine vorzügliche.

Durch die hervorragend gründliche Bearbeitung E n d e r l e i n s haben wir von den *Corrodentia* des Bernsteins ein so erschöpfendes Bild dieser verborgen lebenden Tiere und der Beziehungen der im Bernstein gefundenen zu den lebenden wie von keiner anderen Ordnung.

Bisher sind 29 Arten von Corrodentiern beschrieben und eine Nachsuche in Sammlungen würde sicher noch eine reiche Ausbeute ergeben. Unter den bearbeiteten findet sich die Familie der *Empheriidae* mit drei Gattungen (*Empheria recticulata* Hag., *Trichempheria villosa* Hag., *Bebiosis pertinens* End.), die alle ausgestorben sind, wie auch *Electrentomum* End. aus der Familie *Amphientomidae* keinen Nachkommen hinterlassen hat. Die *Corrodentia* hatten ihre Entwicklung noch nicht zur Bernsteinzeit abgeschlossen, sie näherten sich aber schon lebhaft dem Zustand der jetzigen Zeit. Die phylogenetisch jüngeren Gruppen sind stärker vertreten als die älteren. Die Individuenzahl der Arten ist sehr verschieden, vielleicht lebten einige Gattungen in Kolonien, wie heute *Psocus longicornis* F. Dabei drängt sich die Vermutung auf, daß der am häufigsten vorkommende *Archipsocus puber* Hagen in der Rinde der Bernsteinkiefer lebte; denn man kennt von ihm Larven, Nymphen und geschlechtsreife Tiere. Interessant ist, daß diese bereits Schuppen tragen, was sich bei rezenten Arten in Hinterindien, Brasilien und Ostafrika wiederholt. Lebhaftes Interesse verdient die heutige Verbreitung der Familien, die Vertreter im Bernstein haben.

Von der Gattung *Psocus* leben Verwandte von *sparassipennis* in Australien, von *Copostigma affinis* im Orient und Südamerika.

Familie *Caeciliidae* hat Verwandte in Peru, Japan und in Java.

Familie *Mesopsocidae* hat Verwandte in Ceylon und Australien;

Familie *Amphientomidae* hat Verwandte in Ceylon; Familie *Liposcelidae* in Ägypten und Formosa.

Wahrscheinlich würden wir Ähnliches über andere Ordnungen ebenfalls wissen, wenn alle, die daran arbeiteten, so gründlich vorgingen wie Enderlein bei den *Corrodentia*.

Die phylogenetisch jüngeren Gruppen sind im Bernstein durch zahlreichere Exemplare vertreten als die phylogenetisch älteren Gruppen. Dies entspricht den heutigen Verhältnissen in den Tropen.

Die im Bernstein festgestellten Individuenzahlen der einzelnen Arten sagen nichts aus über die absolute Häufigkeit dieser Arten.

Interessant ist *Archipsocus puber* Hagen, von dem es im Bernstein normal geflügelte Tiere und solche mit zu kleinen Schuppen reduzierten Flügeln gibt. Dasselbe finden wir bei rezenten *Archipsocus*-Arten (*A. recens* End. aus Hinterindien, *A. brasilianus* End. aus Brasilien und *A. textor* End. aus Ostafrika). Diese fertigen große Gespinste an, in denen sie kolonienweise Schutz finden. Es ist daher anzunehmen, daß die Lebensweise der Bernstein-Art ähnlich war.

Trichadenotecnum trigonoscenea End. ist im Bernstein durchwegs gut erhalten, so daß sogar die Drüsenhaare auf der Oberseite des Körpers der Larve nachweisbar sind.

Gefunden wurden:

Familie *Psocidae:*
- *Psocus sparsipennis* End. (verwandt mit *P. conspurcatus* aus Australien),
- *Psocus electricus* End.,
- *Psocus picteti* End.,
- *Trichadenotecnum trigonoscenea* End.,
- *Copostigma affinis* Pict. (hat Beziehungen zu orientalischen und südamerikanischen Arten).

Familie *Caeciliidae:*
- *Epipsocus ciliatus* Pict. (verwandt mit einer Art aus Peru),
- *Kolbea ava* End. (verwandt mit einer japanischen Art),
- *Caecilius debilis* Pict. (nach *Archipsocus puber* die häufigste Art),
- *Caecilius scenepipedus* End.,
- *Caecilius proavus* Hag.,
- *Caecilius prometheus* End. (verwandt mit einer Art aus Java),
- *Caecilius klebsi* End.,
- *Caecilius succinicaptus* End.,
- *Ptenolasia pilosa* Hag.,
- *Palaeopsocus tener* Hag.,
- *Archipsocus puber* Hag. (die häufigste Art, Gattung zuerst aus dem Bernstein beschrieben, dann erst rezente Formen gefunden).

Familie *Mesopsocidae:*
- *Elipsocus abnormis* Hag. (verwandt mit einer Art aus Ceylon),
- *Philotarsus antiquus* Kolbe (mit australischen Arten verwandt),
- *Philotarsus bullicornis* End. (mit australischen Arten verwandt).

Familie *Amphientomidae:*
- *Amphientomum paradoxum* Pict. (verwandt mit einer Art aus Ceylon),
- *Amphientomum leptolepis* End.,
- *Amphientomum colpolepis* End.,
- *Electrentomum klebsianum* End. (Gattung bisher nur aus dem Bernstein bekannt).

Familie *Psyllipsocidae* und Familie *Lepidopsocidae* fehlen im Bernstein.

Familie *Empheriidae:*
- *Empheria reliculata* Hag.,
- *Trichempheria villosa* Hag.,
- *Bebiosis pertinens* End. (alle drei Gattungen nur aus dem Bernstein bekannt).

Familie *Liposcelidae:*
- *Palaeotroctes succinicus* Hag., *Sphaeropsocus Künowi* Hag. (sind verwandt mit Gattungen aus Ägypten und Formosa).
- *Liposcelis atavus End.*

11. Käfer *(Coleoptera)*

Die artenreichste Insektenordnung ist die der Käfer und zugleich jene, die in allen Klimaten, im hohen Norden so gut wie in

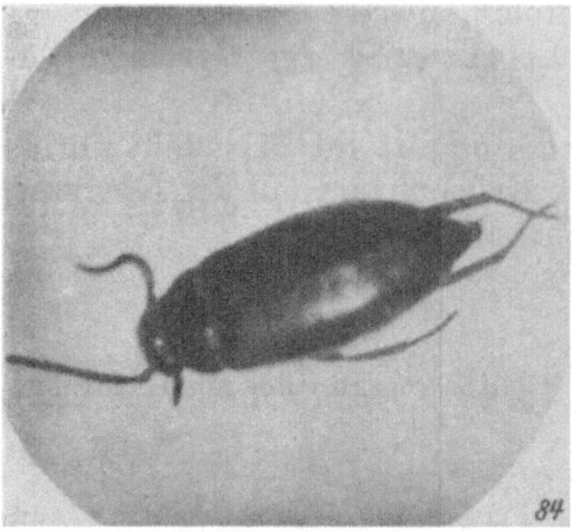

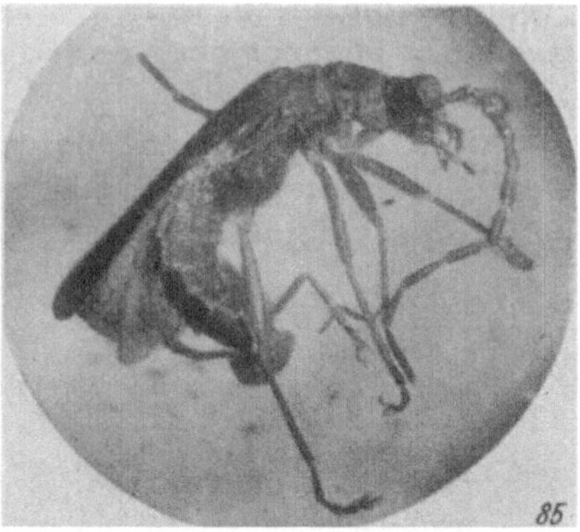

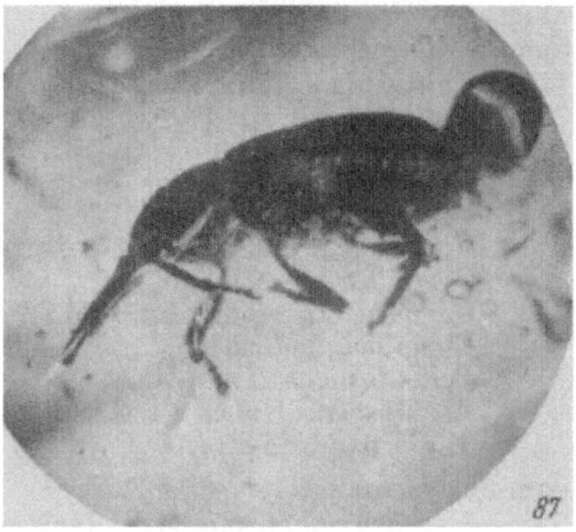

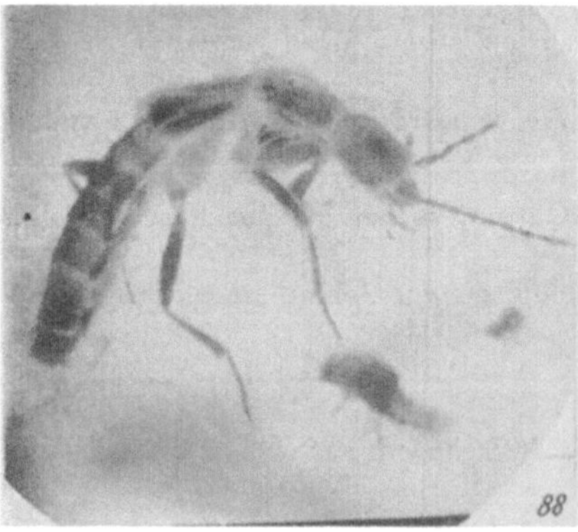

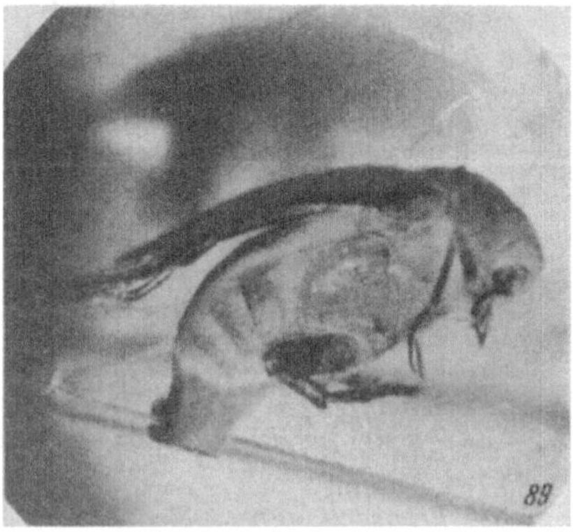

Abb. 84. Ein Vertreter der Familie *Melandridae*.
Abb. 85. Schneekäfer *(Cantharidae)*.
Abb. 86. Laufkäfer *(Carabidae)*.
Abb. 87. Rüsselkäfer *(Curculionidae)*.
Abb. 88. Kurzflügler *(Staphylinidae-Alcocharinae)*.
Abb. 89. Mordellide.

glühend heißen Wüsten und im Wasser Vertreter hat, die stets dem Lebensraum, in dem sie hausen, hervorragend angepaßt sind. Diese weite Verbreitung bedingt auch in der Entwicklung vom Ei bis zur Imago weitgehende Unterschiede, doch bleibt allen gemeinsam ein Werdegang vom Ei, das nur bei wenigen Arten schon im Körper des Elterntieres bis zur bewegungsfähigen Larve ausgebildet wird, über eine sich häufig häutende und dem fertigen Insekt vollkommen unähnliche Larve zu einem ruhenden Puppenzustand. Aus der Puppe geht das geschlechtsreife Insekt hervor. Das auffälligste gemeinsame Merkmal aller Käfer sind die harten, oft mit reicher Skulptur bedeckten Oberflügel, die sich nie überdecken (wie bei den Blattiden), sondern in der Mitte des Rückens mit scharfer Abgrenzung aneinanderstoßen. Nur das zweite Flügelpaar dient zum Fliegen und wird, in der Ruhe vielfach gefaltet, von den Vorderflügeln bedeckt. Wenige Arten haben das Flugvermögen verloren. Meistens greifen die Oberflügel über den Hinterleib hinaus, sind aber andererseits bei großen, wichtigen Familien (z. B. Staphyliniden) sehr weit reduziert. Der Kopf ist frei beweglich, hat einfache Augen, meist aus elf Gliedern bestehende Fühler, die sehr verschieden gestaltet sind. Die sechs Beine sind meist Laufbeine, die aber bei manchen Familien zum Schwimmen, bei anderen zum Springen umgebildet sind.

Die Übergangsformen von den Palaeodictyopteren sind unbekannt, doch ist kaum zu zweifeln, daß sie nahe den Urformen der Blattiden standen, aber sich sicher schon im Palaeozoikum selbständig entwickelt haben. Die frühesten Beobachtungen besitzen wir aus dem Mesozoikum, wo sich eine Anzahl Reste finden, die im System als Vertreter der beiden lebenden Unterordnungen nicht eingeordnet werden können und später nicht mehr vorkommen. Daneben sind jedoch auch schon *Carabidae*, also *Adephaga* und *Elateridae*, die zu den *Polyphaga* gehören, vertreten. Man muß aus der damals bereits erfolgten deutlichen Spaltung in diese beiden Unterordnungen schließen, daß die Entstehung der Ordnung weit zurück im Palaeozoikum liegt. Aus Muschelkalk, Keuper und Trias sind einzelne Funde bekannt, im Lias finden sich schon weit über 100 Arten, während aus der Kreide eine verhältnismäßig geringe Anzahl bekannt geworden ist. Die gesamte Zahl aus dem Mesozoikum überschreitet 400. Wie weit die Spaltung bereits damals vorgeschritten war, zeigt der Fund eines Hydrophiliden.

Das Tertiär bringt uns eine große Anzahl von Familien und Arten. Die größte Zahl im Alttertiär stammt aus dem Bernstein; es sind etwa 1000 Arten, während auf andere alttertiäre Funde gegen 500 kommen. Die Zahl für Bernstein ist im Verhältnis zu den etwa 195.000 Arten, die heute leben, auffallend klein, auf nahezu 2000 lebende Arten nur eine aus dem Bernstein. Es ist das für dieses Material, in dem gerade die Käfer, dank ihrer außerordentlich großen Widerstandsfähigkeit der Flügel und bei den meisten auch des ganzen Körpers, ganz vorzüglich erhalten sind, auffallend wenig. Wenn wir Überfamilien und Familien zusammenstellen, wird klar, daß diese Mißverhältnisse zwischen dem, was wir an Funden erwarten dürfen, und der erreichten Zahl nicht an der Seltenheit der Coleopteren liegen, sondern darin, daß nur ein geringer Teil der Familien gründlich bearbeitet ist. So erscheinen von den Adephagen nur die Carabiden, Paussiden und Dytisciden genauer untersucht und in Beziehung zu rezenten Familien gestellt. Von den Polyphagen sind nur die *Staphylinidae, Pselaphidae, Cantharidae, Curculionidae, Ipidae* und *Elateridae* besser studiert, die übrigen Familien noch sehr wenig beschrieben.

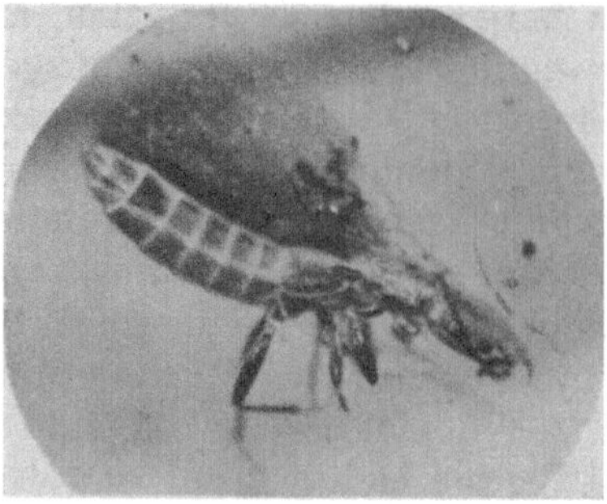

Abb. 90. Ein Oxyteline *(Staphylinidae)* aus der Verwandtschaft von *Apocellus.*

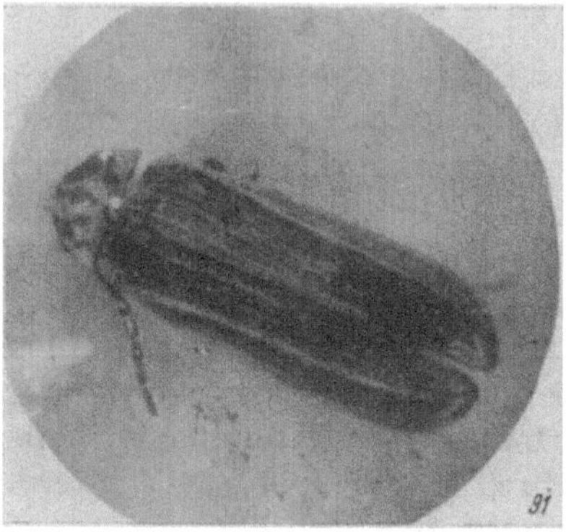

Abb. 91. Leuchtkäfer *(Lampyridae)*.
Abb. 92. Klopfkäfer *(Anobiidae)*.

Bei allen, auch den in erheblicher Artenzahl beschriebenen Familien, empfindet man bei Betrachtung jeder reich besetzten Sammlung, daß eine große Anzahl von noch unbeschriebenen Stücken darin liegt. Gerade die Coleopteren könnten uns viele Hinweise auf Verwandte in tropischen und subtropischen Ländern und dadurch eine große Bereicherung unserer Kenntnis der klimatischen und anderen Verhältnisse schaffen. Es kann allerdings nicht daran gezweifelt werden, daß große Schwierigkeiten sich einer

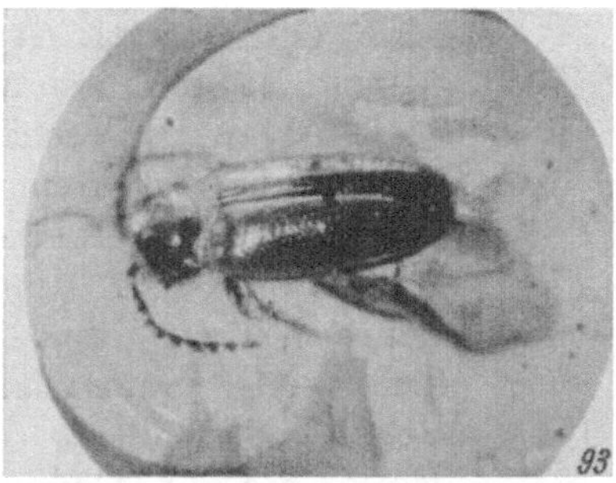
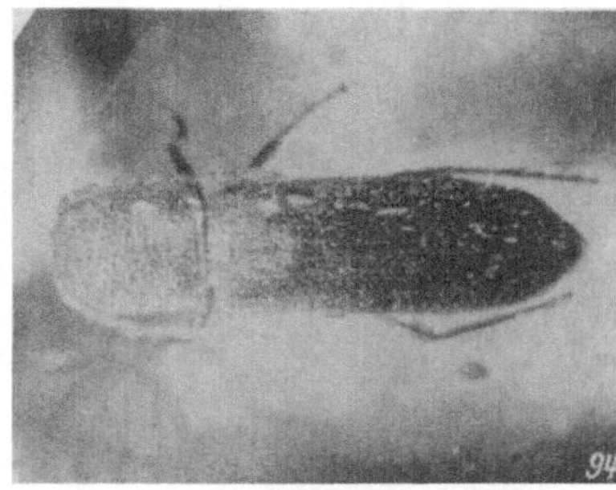
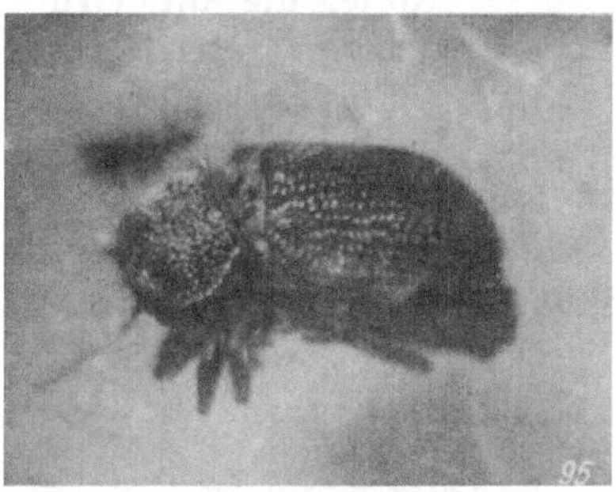
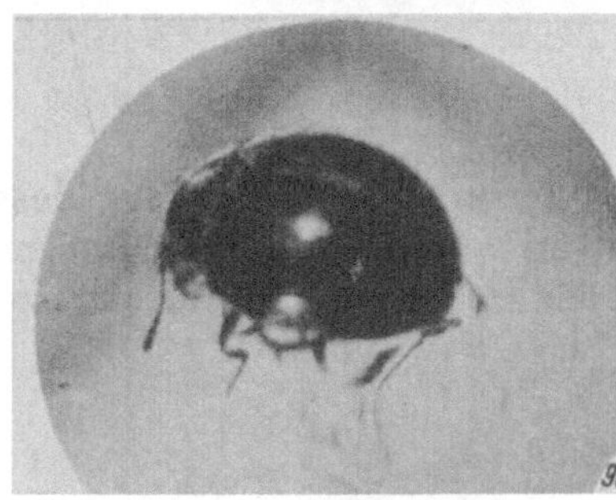

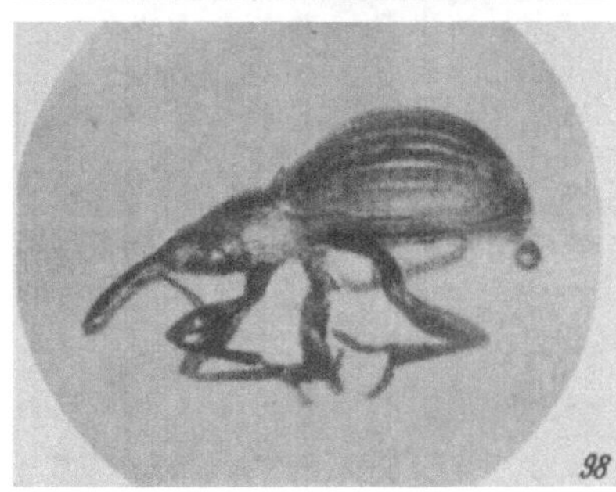

Abb. 93. Bockkäfer *(Cerambycidae)*.
Abb. 94. *Psoidae*.
Abb. 95. Blattkäfer *(Chrysomelidae)*.
Abb. 96. Pilzkäfer *(Anisotomidae)*.
Abb. 97. Rüsselkäfer *(Curculionidae)*.
Abb. 98. Rüsselkäfer *(Curculionidae-Apioninae)*.

solchen Bearbeitung des gesamten Materials entgegenstellen. Schon beim Sammeln spielt ja das persönliche Interesse eine große Rolle. So fand ich in einer Sammlung die Chrysomeliden so gut wie nicht vertreten, während sie in einer anderen einen hohen Hundertsatz des Bestandes bildeten. In einer dritten fand ich auffallend viel *Helodidae*, weil der Besitzer die Farbenerhaltung der Flügel studierte, die gewiß großes Interesse beanspruchen darf. Fast immer findet man die Abteilung der Carabiden und ihrer Unterfamilien sehr gut besetzt. Auffallend ist bei ihnen, daß viele Arten im Verhältnis zu lebenden klein zu sein scheinen. Es wäre zweifellos eine ungeheure Arbeit, an der sich viele Spezialisten beteiligen müßten, die Rolle, die die Ordnung der Käfer im Bernsteinwald und seiner Umgebung spielte, klarzulegen, aber unser Verständnis für dessen Landschaft und Lebensbedingungen würde dadurch in hohem Grade bereichert. Um die Frage, ob der Bernsteinwald durch Insekten schwer geschädigt wurde, zu

Abb. 99. Ein sehr schön erhaltener Vertreter der Familie *Cleridae*.

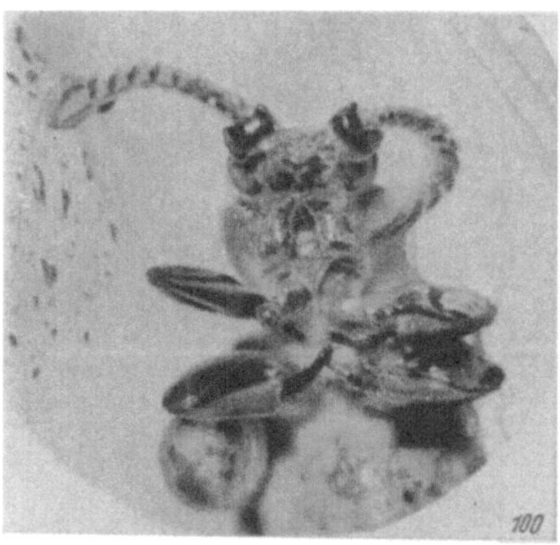

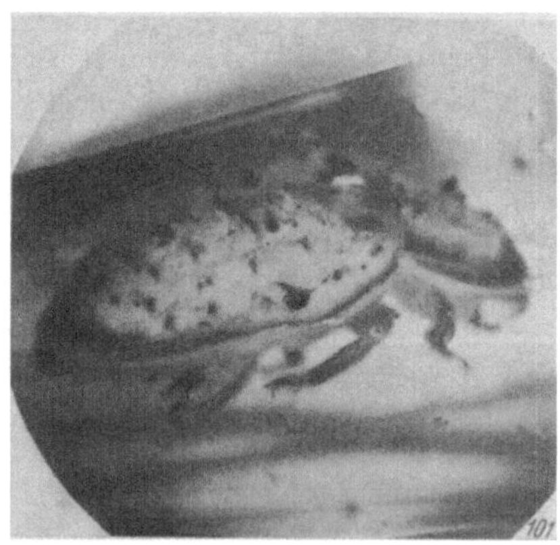

Abb. 100. Kopf eines Paussiden von der Unterseite.
Abb. 101. Einer der merkwürdigen Ameisengäste der Familie *Paussidae*

lösen, wären genaue Untersuchungen über Arten von *Anobiidae*, *Endomychidae*, *Cerambycidae*, *Bostrychidae* äußerst wichtig; denn deren Larven leben im Holz. Wohl sind Larven von ihnen bekannt, aber nicht häufig. Ich bezweifle auch sehr die Annahme, daß der damalige Wald schwer unter diesen Bewohnern litt. Auch *Curculionidae*, die ebenfalls Waldschädlinge sind, sind nicht sehr häufig.

Von Käfern, die gern unter der Rinde der Bäume leben, finden sich häufig *Pselaphidae, Tenebrionidae, Cucujidae,* die träge in der Sonne sitzenden *Elateridae* und *Buprestidae* sind keine seltene Erscheinung. Am Waldrand im Strauchwerk hausende Käfer sind *Chrysomelidae,* als Blütenbesucher sind *Helodidae, Malachiidae* und *Anthicidae* am besten vertreten. Das Vorkommen von *Cicindelen,* die ihre Jagd laufend und fliegend am liebsten auf offenen sandigen Stellen ausüben, ist gering. Diese geschickten Flieger, die ja nur zufällig nahe an Bäume gerieten, dürften häufiger gewesen sein, als nach den Funden zu schließen. Wichtig ist, daß eine Art beschrieben ist, die einer heute in Nordamerika lebenden vollkommen gleich ist.

Um die Fortschritte zu zeigen, die seit der Zeit des großen Insektenforschers Handlirsch auch hier platzgriffen, lasse ich eine Zusammenstellung der Familien mit Bemerkungen über Lebensraum und Art der Ernährung folgen:

Adephaga

Familie:

Carabidae: Carabinae (echte Laufkäfer) im Bernstein durch etwa 30 Gattungen vertreten. Gattung *Carabus* bisher noch nicht gefunden. Hingegen u. a. die auch heute noch unter Fichtenrinde lebenden *Dromius- und Metabletus*-Arten. Ferner an palaearktischen Gattungen *Acupalpus, Agonum, Calathus, Dyschirius, Lebia, Metabletus, Nebria, Ophonus, Platynus, Pterostichus, Trechus* u. a. Diese waren alle Räuber, die auch heute Wälder als Aufenthalt bevorzugen, da sie die Feuchtigkeit lieben. Merkwürdigerweise scheint die Gattung *Calosoma,* deren Arten auf Bäumen leben, wo sie der Raupenjagd obliegen, im Bernstein bisher nicht gefunden worden zu sein. — Von Carabinen, die sich von Pflanzenstoffen (meist Grassamen) nähren, wurde im Bernstein die Gattung *Amara* nachgewiesen (Abb. 86 und Farbtafel).

Cicindelinae (Sandläufer) im Bernstein nur vereinzelt gefunden, da es Tiere offener, sandiger, besonnter Landschaft sind. Eine der wenigen Bernstein-Arten ist mit der heute im südlichen Nordamerika, in Zentralamerika, Westindien und dem nördlichen Südamerika beheimateten *Tetracha carolina L.* identisch!

Paussidae (Fühlerkäfer): Durch Anpassung an gesetzmäßig myrmecophile Lebensweise abgeänderte Carabiden, die heute mit etwa 375 Arten in den Tropen und Subtropen sowie in der südlichen Palaearktis leben, also ausgesprochen thermophil sind. Im Bernstein 20 Arten aus sieben Gattungen. Hiervon nur die Gattung *Arthropterus* noch rezent und zwar in Australien. Arten sämtlich ausgestorben. Alle Bernstein-Formen gehören dem *Megalopaussus*-Stamm an, der als der primitivste Paussiden-Stamm noch im Mesozoikum (Kreide) zugleich mit der Differenzierung der Ameisen entstanden sein muß. Sein Ursprung muß in dem damaligen großen eurasiatischen Angara-Kontinent gelegen sein, von wo die Vorfahren der heutigen *Arthropterus*-Arten nach Australien eingewandert sind (Abb. 100, 101).

Rhysodidae: Kleine, vorwiegend tropische, rindenbewohnende Gruppe. Im Bernstein noch nicht gefunden.

Amphizoidae: Reliktgruppe mit drei Arten aus Nordamerika und Tibet. Lebt in Bergbächen. Aus dem Bernstein nicht bekannt.

Hygrobiidae: Ebenfalls Reliktgruppe mit fünf Arten. In stehenden Gewässern. Im Bernstein naturgemäß nicht gefunden.

Dytiscidae (Schwimmkäfer): Infolge der aquatischen Lebensweise sämtlicher 2200 lebenden Arten sind nur drei Arten aus dem Bernstein bekannt. Diese müssen an das Harz angeflogen sein. Viele Arten verlassen ja auch heute mit Sonnenuntergang ihr Wohngewässer, um im Fluge andere Wasseransammlungen aufzusuchen. Sie lassen sich dann bei der Landung oft durch glänzende Flächen täuschen und fliegen z. B. asphaltierte Straßen, Glasdächer und dergleichen an.

Haliplidae (Wassertreter): Ebenfalls aquatische, sehr spezialisierte Gruppe mit etwa 120 lebenden Arten. Im Bernstein nicht gefunden.

Gyrinidae (Taumelkäfer): Aquatische, hoch spezialisierte Gruppe mit etwa 500 lebenden Arten, meist in den Tropen. Im Bernstein sechs Arten nachgewiesen, darunter die rezenten Gattungen *Gyrinus* und *Orectochilus*.

Cupedidae: Artenarmer Überrest einer alten, primitiv organisierten Käfergruppe. In den Waldgebieten der Tropen und Subtropen aller Regionen. Leben unter Rinde und bohren als Larven in hartem Holz. Im Bernstein drei Arten der Gattungen *Cupes* und *Priacma*, verwandt mit rezenten nordamerikanischen Arten.

Polyphaga

Familie:

Silphidae (Aaskäfer): Eine Familie, die heute mit etwa 2000 Arten über die ganze Erde mit dem Schwergewicht in der Palaearktis und Nearktis verbreitet ist. Aus dem Bernstein etwa ein Dutzend Arten bekannt, die sämtlich rezenten Gattungen und den Unterfamilien *Silphinae*, *Cholevinae* und *Liodinae* angehören. Letztere sind vorwiegend Waldbewohner und leben an Mycelien und Pilzen; sie schwärmen zur Kopula kurz vor Sonnenuntergang aus, so daß sie leicht ins Harz gelangen konnten.

Ptiliidae (Zwergkäfer): Käfer von höchstens $1^1/_2$ mm Länge, die meist unter faulenden Pflanzenstoffen leben und sich hauptsächlich von Pilzsporen nähren. Im Bernstein mit mehreren Arten vertreten, die u. a. der Gattung ***Ptenidium*** (rez.) angehören.

Hydroscaphidae: Mit vier oder fünf Arten in Südeuropa und Nordamerika verbreitet, die in fließendem Wasser und heißen Quellen leben. Im Bernstein nicht gefunden.

Sphaeriidae: Wie die vorige Familie, ebenfalls in Fließwässern. Im Bernstein nicht vertreten.

Clambidae (Punktkäfer): Artenarm, meist holarktisch, in faulenden Pflanzenstoffen, einige myrmecophil. Bisher eine Art der rezenten Gattung *Clambus* aus dem baltischen Bernstein.

Scaphidiidae (Kahnkäfer): Heute mit etwa 550 Arten vorwiegend in den Tropen und in Nordamerika verbreitet. Leben an Pilzen, namentlich an Baumschwämmen. Bisher nur eine Art aus dem baltischen Bernstein bekannt.

Staphylinidae (Kurzflügler): Sehr formen- und artenreich (etwa 25.000 Arten!), in allen Zonen und Biotopen. Im Bernstein folgende Unterfamilien vertreten:

- *Aleocharinae:* Etwa ein Dutzend Arten der Gattungen *Aleochara*, *Leptusa*, *Atheta* u. a. (alle rezent). Vorwiegend Waldbewohner (Abb. 88).
- *Tachyporinae:* Über ein Dutzend Arten der rezenten Gattungen *Tachinus*, *Tachyporus*, *Bolitobius*, ***Mycetoporus*** u. a. Meist Waldbewohner, die vorwiegend in Pilzen (auch Baumpilzen) leben.
- *Stapylininae:* Über ein Dutzend Arten der rezenten Gattungen *Quedius*, *Philonthus*, *Leptacinus* u. a. Räuberisch.

Paederinae: Etwa ein Dutzend Arten der rezenten Gattungen *Cryptobium, Lathrobium, Medon, Stilicus, Scopaeus* u. a.

Steninae: Drei Arten der rezenten Gattung *Stenus.* Leben vorwiegend am Rande von Gewässern und in Sümpfen.

Oxyporinae: Zwei Arten der rezenten Gattung *Oxyporus.* Leben nur in Pilzen im Walde.

Oxytelinae: Etwa zehn Arten der rezenten Gattungen *Anthobium, Planeustomus, Olophrum, Phloeocharis* u. a. (Abb. 90).

Pselaphidae (Palpenkäfer): Sehr spezialisierte, kleine Käfer, die heute mit etwa 4000 Arten in allen Regionen, vorwiegend aber in den Tropen und Subtropen beheimatet sind. Sie leben meist in Pflanzenmoder, unter Rinde und dergleichen und fressen häufig Milben. Im Bernstein nur die Unterfamilie *Pselaphinae* mit etwa 50 Arten der Gattungen *Greys, Tychus* (rez.), *Bryaxis* (rez.), *Bythinus* (rez.), *Monix, Deuterotyrus, Batrisus* (rez.), *Cymbalizon, Tyrus* (rez.), *Dantiscanus, Pantobatrisus, Nugaculus, Nugator, Euplectus* (rez.), *Hetereuplectus.* Die große Zahl der Gattungen ist ein Beweis dafür, daß die Familie damals in voller Entwicklung begriffen war. Viele Formen palaeogeographisch von hohem Interesse. — Die durch Myrmecophilie stark abgeänderte Unterfamilie *Clavigerinae* (Keulenkäfer) im Bernstein n i c h t vertreten.

Scydmaenidae: Wegen ihrer Ameisenähnlichkeit auch Ameisenkäfer genannt. Etwa 1300 Arten auf der ganzen Erde, vorwiegend in der südlichen Palaearktis. Leben unter Moos, Laub, Rinde und Genist. Im Bernstein über 20 Arten der Gattungen *Cryptodiodon, Cyrtoscydmus* (rez.), *Semnodioceras, Palaeomastigus, Hetereuthia, Palaeothia, Heuretus, Electroscydmaenus.* Nähren sich vermutlich hauptsächlich von Milben.

Hydrophilidae (Wasserkäfer): Etwa 1700 Arten, die größtenteils wasserbewohnend sind und zwar in allen Gewässertypen (auch Salzwasser) vorkommen. Es ist daher nicht verwunderlich, daß sie im Bernstein nicht vertreten sind. Hier wurde nur eine Art, die der rezenten Gattung *Cercyon* nahesteht, gefunden. Bezeichnenderweise lebt *Cercyon* nicht nur im Wasser, sondern auch auf dem Lande in faulen Schwämmen, morschem Holz und Dung. Sie gehört zur Unterfamilie *Sphaeridiinae.*

Histeridae (Stutzkäfer): Mit etwa 3000 Arten vorwiegend in den Tropen und Subtropen vertreten. Meist Räuber, die anderen Insekten in deren Biotopen nachstellen und daher an Kadavern, in faulenden Pflanzenstoffen, an Baumsaft (!) oder in den Gängen holzbohrender Insekten gefunden werden. Aus dem Bernstein neun Arten der Gattungen (rez.) *Platysoma, Carcinops, Abraeus* und *Acritus* bekannt.

Scarabaeidae: Diese sehr artenreiche (etwa 20.000 Arten) und formenmannigfaltige Gruppe ist im Bernstein nur sehr spärlich mit einigen der rezenten Gattung *Aphodius (Scarabaeinae)* nahestehenden Arten und einer Melolonthine vertreten. Es liegt dies wohl nur daran, daß diese Formen infolge ihrer Lebensweise (meist koprophag oder Laubfresser, gewöhnlich in offener Landschaft) mit dem Harz nicht in Berührung kamen.

Lucanidae (Hirschkäfer): Mit etwa 900 Arten vorwiegend tropisch und subtropisch. Imagines lecken ausfließenden Baumsaft. Waldbewohner. Aus dem Bernstein fünf Arten bekannt, die den Gattungen *Systenocerus* und *Palaeognathus* angehören. Letztere, die zu den heute nur in Südamerika, Australien und Südafrika lebenden *Lamprimini* gehört, ist bisher nur aus dem Bernstein bekannt.

Passalidae (Zuckerkäfer): Etwa 500 Arten, die meist in den Tropenwäldern leben und Holzbewohner sind. Im Bernstein noch n i c h t gefunden.

Dascillidae: Derzeit etwa 400 Arten, besonders in den warmen Gebieten von Amerika. Im Bernstein etwa neun Arten bekannt. Leben auf Sträuchern und Blumen in der Nähe von Gewässern. Ein Beweis dafür, daß es im Bernsteinwald Lichtungen mit reichem Pflanzenwuchs gab.

Helodidae (= Cyphonidae): Heute mit etwa 650 Arten über die ganze Erde verbreitet. Imagines auf Bäumen, Sträuchern und Kräutern in der Nähe von Gewässern oder auf versumpftem Gelände, Larven in stehendem oder fließendem Wasser, auch in kleinsten Wasseransammlungen, z. B. in Baumhöhlungen. Im baltischen Bernstein besonders häufig vertreten. Man kennt etwa zwei Dutzend Arten der rezenten Genera *Cyphon, Helodes, Scirtes, Microcara, Hydrocyphon* u. a. Der Bernsteinwald muß also sehr wasserreich gewesen sein.

Eucinetidae: Kleine Gruppe mit 30 rezenten Arten in Eurasien und Nordamerika. Unter verpilzter Rinde von Laubbäumen. Aus dem Bernstein noch nicht bekannt.

Heteroceridae: Artenarme, aber weltweit verbreitete Gruppe. Imagines am Rande von Gewässern in selbstgegrabenen Gängen lebend. Im Bernstein wohl wegen dieser Lebensweise nicht vorhanden.

Ptilodactylidae: Mit etwa 180 rezenten Arten vorwiegend in den Tropen und Subtropen Amerikas, Afrikas und Madagaskars verbreitet. Imagines an feuchten Orten auf Sträuchern. Im Bernstein bisher eine Art der ausgestorbenen Gattung *Ptilodactyloides.*

Psephenidae: Reliktgruppe mit etwa 20 Arten aus Amerika, Ost- und Südasien. Larven in rasch fließenden Gewässern, Imagines dort auf hervorragenden Steinen. Wegen dieser Lebensweise im Bernstein nicht erhalten.

Dryopidae (Klauenkäfer): Über 500 Arten in allen Zonen. Larven und Imagines im Wasser lebend. Aus dem Bernstein nicht bekannt.

Chelonariidae: Heute mit etwa 50 Arten in Indomalayen und Amerika. Käfer auf Blättern. Aus dem Bernstein nicht bekannt.

Georyssidae: Artenarme Gruppe. Leben im Sande am Ufer von Süßwässern. Im Bernstein daher nicht gefunden.

Cyathoceridae: Artenarme zentralamerikanische Gruppe. Im Bernstein nicht bekannt.

Byrrhidae (Pillenkäfer): Mit etwa 450 Arten über die ganze Erde verbreitet, in den Tropen aber spärlicher. Im Bernstein etwa sieben Arten, die den rezenten Gattungen *Limnichus* und *Syncalypta* nahestehen. Diese leben heute an sandigen oder schlammigen Ufern von Gewässern unter Detritus oder im Moos.

Nosodendridae: Etwa 40 Arten auf der ganzen Erde. Leben gesellig an Saftflüssen von Laubbäumen. Trotzdem im Bernstein noch nicht gefunden.

Dermestidae: Mit etwa 700 Arten über die ganze Erde verbreitete Nahrungsspezialisten (Schädlinge!). Aus dem Bernstein rund neun Arten der rezenten Gattungen *Dermestes, Attagenus* und *Globicornis* bekannt.

Derodontidae: Nur zehn Arten aus der Palaearktis und Nearktis. In Buchenschwämmen und auf Koniferen, auch an Schleimpilzen unter der Rinde. Aus dem Bernstein trotzdem noch nicht bekannt.

Cantharidae (= Telephoridae): Rund 6000 Arten, meist tropisch. Imagines in der Regel auf Pflanzen, lecken meist flüssige Nahrung, fressen aber auch Blattläuse (Abb. 85, 91, 104).

Lampyrinae: 1800 Arten, vorwiegend tropisch. Im Bernstein etwa ein halbes Dutzend Arten, darunter die rezente Gattung *Luciola.*

Lycinae: Über 2800 Arten, meist tropisch. Vier Arten aus dem Bernstein, darunter die rezenten Gattungen *Lygistopterus* und *Dictyoptera.*

Cantharinae (Telephorinae): 1300 Arten, vorwiegend in der Palaearktis, Nearktis und in Südamerika. Aus dem Bernstein fast 30 Arten bekannt, die in die rezenten Genera *Rhagonycha, Cantharis Malchinus, Absidia, Silis, Malthinus, Malhodes* u. a. gehören.

Melyridae (Malachiidae): Über 1800 Arten, in der Palaearktis am stärksten und formenreichsten vertreten. Imagines meist räuberisch auf Gräsern, Blumen, Sträuchern und Bäumen (auch Koniferen) einige vielleicht auch von Harz und Baumsaft lebend.

Malachiinae: Acht Arten aus dem baltischen Bernstein, die zu den rezenten Gattungen *Ebaeus, Attalus, Apalochrus* und *Colotes* gehören.

Dasytinae: Ebenfalls acht Arten aus dem Bernstein, darunter die rezenten Gattungen *Dasytes, Microjulistus, Cerallus, Haplocnemus* u. a.

Melyrinae: Drei Arten der rezenten Gattungen *Zygia* und *Melyris* aus dem Bernstein.

Cleridae (Buntkäfer): 2500 Arten, vorzüglich in wärmeren Gebieten. Meist räuberisch (Abb. 99).

Clerinae: Imagines stellen auf Bäumen, Sträuchern und Blumen Insekten nach. Im Bernstein gegen 20 Arten, die zum Teil in die rezenten Genera *Tillus, Opilo, Trichodes* und *Tarsostenus* gestellt werden.

Corynetinae: Imagines vorwiegend an animalischen Resten. Im Bernstein drei Arten der rezenten Gattungen *Corynetes* und *Necrobia.*

Sandalidae: 180 tropische und subtropische Arten. Holzbohrer. Im Bernstein noch n i c h t gefunden.

Cerophytidae: Zehn Arten in der Palaearktis, Nord- und Zentralamerika. Leben in faulem Holz und Mulm von Laubbäumen. Im Bernstein noch n i c h t nachgewiesen.

Cebrionidae: 260 Arten in der südlichen Palaearktis und im südlichen Nordamerika, auch in den Tropen (ausgenommen Australien). Larven und Weibchen Wurzelfresser, Männchen fliegend. Im Bernstein n i c h t vorhanden.

Elateridae (Schnellkäfer): Rund 7000 Arten, in den Tropen und Subtropen am reichsten vertreten. Larven an unterirdischen Pflanzenteilen, Imagines auf Sträuchern und Blumen, in Mulm und Holz. Aus dem Bernstein bisher über 50 Arten bekannt, die zum Teil in die rezenten Genera *Adelocera, Corymbites, Agriotes, Ludius, Synaptus, Adrastus, Cardiophorus, Elater, Athous* (alle auch europäisch) und andere gehören.

Melasidae (Eucnemidae): Etwa 1100 Arten, meist tropisch. In anbrüchigen oder morschen Laubbäumen, seltener Nadelbäumen. Räuberisch. Im Bernstein 14 Arten der rezenten Gattungen *Eucnemis, Dirrhagus, Hypocoelus, Xylobius* u. a.

Throscidae: Etwa 200 Arten in allen Erdteilen, vorwiegend nearktisch. Imagines auf Sträuchern, Gräsern oder dürren Stöcken von Laubbäumen. Vier Arten der Gattung *Throscus* im Bernstein.

Buprestidae (Prachtkäfer): 12.000 meist tropische und subtropische Arten. Larven in Holz bohrend oder in Stengeln und Wurzeln minierend. Imagines an Saftflüssen von Bäumen und auf Blüten. Im Bernstein rund ein Dutzend Arten der rezenten Gattungen *Poecilonota, Anthaxia* und andere.

Lymexylidae: Nur ewa 40 rezente Arten auf der ganzen Erde. Imago kurzlebig, ohne Nahrugsaufnahme, auf frischen Strünken oder Stämmen harter Laubbäume, seltener Nadelbäume. Im Bernstein etwa ein Dutzend Arten, die den rezenten Gattungen *Lymexylon* und *Atractocerus* (letztere tropisch!) nahestehen.

Bostrychidae (Kapuzinerkäfer): Etwa 350 rezente Arten, die meisten tropisch und subtropisch. Leben vorwiegend im Holze kranker oder abgestorbener Laubbäume. Im Bernstein etwa ein Dutzend Arten der Gattungen *Bostrychus, Apate u. a.*

Lyctidae (Splintkäfer): Nur etwa 60 Arten auf der ganzen Erde, besonders in Südamerika. Leben in trockenen Hölzern, besonders Eiche. Im Bernstein eine Art der rezenten Gattung *Lyctus*.

Anobiidae (Pochkäfer): 1200 Arten auf der ganzen Erde, vorwiegend in wärmeren Gebieten. Leben meist in trockenen Hölzern, Baumrinden, Koniferenzapfen, Baumschwämmen, viele auch Schädlinge. Meist gesellig und oft in großer Zahl. Im Bernstein gegen 40 Arten der rezenten Gattungen *Dryophilus, Gastrallus, Ernobius, Anobium, Xyletinus, Lasioderma, Mesothes, Mesocoelopus, Dorcatoma, Coenocara* u. a. *Anobium* hier besonders häufig (Abb. 92).

Ptinidae (Diebskäfer): Etwa 500 Arten, die über die ganze Erde ziemlich gleichmäßig verteilt sind. Detritusfresser, viele Schädlinge. Im Bernstein vier Arten der rezenten Gattungen *Ptinus* und *Niptus*.

Gnostidae: Artenarme südamerikanische Gruppe. Symphylen bei Ameisen. Im Bernstein nicht vertreten.

Cisidae: 350 Arten in allen Zonen, besonders palaearktisch und nearktisch sowie in Hawai und Neuseeland. Leben meist gesellig in Baumschwämmen und faulem Holz. Im Bernstein drei Arten der rezenten Gattung *Cis*.

Thorictidae: Sehr kleine Tiere. 80 Arten in Eurasien und Afrika. Auf Pflanzensamen oder myrmekophil. Im Bernstein nicht bekannt.

Temnochilidae (Trogositidae): Über 600 Arten, namentlich in den Tropen Amerikas. Leben unter Rinde absterbender Bäume, in den Bohrgängen xylophager Insekten und in Baumschwämmen. Im Bernstein ein halbes Dutzend Arten der Gattung *Trogosita, Ostoma* u. a.

Byturidae (Himbeerkäfer): Nur etwa 20 Arten in der Palaearktis und in Amerika. Auf Rubus-Arten und Kompositen. Im Bernstein noch nicht gefunden.

Nitidulidae (Glanzkäfer): Etwa 2400 Arten auf der ganzen Erde, vorwiegend in wärmeren Gebieten. Leben meist unter Rinde, an fließendem Baumsaft und in Pilzen, manche auch in Blüten. Im Bernstein gegen 20 Arten der Gattungen *Carpophilus, Epuraea, Omosiphora, Pria, Cyllodes, Europs, Cryptarcha* u. a.

Rhizophagidae: Etwa 40 Arten, meist in der Palaearktis. Leben räuberisch unter der Rinde von Laub- und Nadelbäumen in den Gängen xylophager Insekten. Im Bernstein noch nicht gefunden.

Cucujidae: Über 1300 Arten, die über die ganze Erde ziemlich gleichmäßig verteilt sind. Leben meist unter der Rinde von Laub- und Nadelbäumen (stark depresse Formen!) oder in faulenden Pflanzenstoffen. Im Bernstein etwa 17 Arten der Gattungen *Silvanus, Airaphilus, Nausibius, Platisus, Cucujus, Passandra* u. a.

Phalacridae (Glattkäfer): Über 500 Arten, meist in wärmeren Gebieten. Auf Blüten, besonders auf den Blütenköpfen von Kompositen, manche auch in den von Brand- und Rostpilzen befallenen Ähren von Gramineen. Im Bernstein drei Arten der Gattung *Olibrus*.

Cossyphodidae: Nur etwa zehn Arten in Ostindien und Afrika. Synökisch bei Ameisen. Im Bernstein nicht gefunden.

Corylophidae (Schimmelkäfer): Etwa 380 Arten auf der ganzen Erde unter faulenden schimmelnden Pflanzenstoffen. Bisher nur eine Art der rezenten Gattungen *Corylophus* aus dem Bernstein.

Sphindidae: Artentarm, aber weit verbreitet. In fast trockenen Baumschwämmen und Staubpilzen. Im Bernstein nicht gefunden.

Phaenocephalidae: Eine einzige Art aus Japan. Im Bernstein nicht gefunden.

Erotylidae: Arten- und formenreiche, weltweit verbreitete Gruppe. Unterfamilien:

Cryptophaginae und *Atomariinae:* Etwa 800 Arten, anscheinend in der Palaearktis und Nearktis vorherrschend. Meist unter faulenden, schimmelnden Pflanzenstoffen. Imagines vieler Formen beim Hochzeitsflug auch auf Blüten und Nadelhölzern, z. B. *Antherophagus.* Im Bernstein über ein Dutzend Arten der Gattungen *Antherophagus, Emphylus, Micrambe, Telmatophilus* und *Atomaria.*

Erotylinae: Etwa 2600 Arten, meist in den Tropen Asiens und Amerikas. Leben fast ausschließlich in Pilzen, namentlich Baumschwämmen. Im Bernstein etwa ein halbes Dutzend Arten der Gattungen *Dacne, Diplocoelus* und *Cryptophilus.*

Languriinae: Heute etwa 400 Arten in Asien, Australien, Amerika und Afrika. Auf krautigen Pflanzen. Im Bernstein nicht vertreten.

Helotidae: 100 Arten im tropischen und subtropischen Asien und Afrika. An ausfließendem Baumsaft. Im Bernstein nicht gefunden.

Catopochrotidae: Nur eine im Kaukasus synökisch bei Ameisen lebende Art. Im Bernstein nicht vorhanden.

Lathridiidae (Moderkäfer): 530 Arten auf der ganzen Erde. An schimmelnden Stoffen. Im Bernstein über ein Dutzend Arten der rezenten Gattungen *Lathridius, Enicmus, Corticaria, Melanophthalma, Holoparamecus* u. a.

Mycetophagidae: Gegen 200 Arten, vorwiegend in der Palaearktis und Nearktis. Unter verpilzter Rinde, an Baumschwämmen oder schimmelnden Pflanzenstoffen. Pilzfresser. Im Bernstein etwa acht Arten der rezenten Gattungen *Triphyllus, Mycetophagus, Litargus, Typhaea, Berginus u. a.*

Colydiidae (Rindenkäfer): Etwa 1400 Arten auf der ganzen Erde, besonders in den Tropen. In Rinde, morschem Holz, Baumschwämmen, Flechten usw. Im Bernstein etwa 15 Arten der rezenten Gattungen *Apistus, Coxelus, Diodesma, Synchita, Xylolaemus, Bothrideres, Murmidius* u. a.

Jacobsoniidae: Nur eine Art auf Sumatra. Im Bernstein nicht vertreten.

Cavicoxidae: Nur eine Art in Südostasien. Im Bernstein nicht vertreten.

Endomychidae: Gegen 1000 Arten, besonders in den Tropen Asiens und Amerikas. An Pilzen, namentlich an Baumschwämmen oder Staubpilzen *(Endomychinae)* oder an verpilztem Holz, oft gesellig. Im Bernstein etwa 15 Arten der Gattungen *Phymaphoroides, Leiestes, Mycetaea, Symbiotes, Mycetina, Hylaia* u. a.

Coccinellidae (Marienkäfer): Etwa 3400 Arten auf der ganzen Erde. Unterfamilien:

Epilachninae: Primitiv. Phytophag auf Blütenpflanzen. Aus dem Bernstein nicht bekannt (Lebensweise!).

Lithophilinae: Räuberisch, Blattlausjäger. Aus dem Bernstein nicht bekannt.

Coccinellinae: Meist räuberisch (Blattlausjäger), nur die Psilloborini fressen Meltaupilze. Im Bernstein über ein Dutzend Arten der rezenten Gattungen *Scymnus,* häufig in Fichtenwäldern, *Coelopterus* und (?) *Platynaspis.*

Cerasommatidiidae: Nur eine Art aus Südamerika. Im Bernstein nicht vorhanden.

Oedemeridae: Etwa 800 Arten auf der ganzen Erde, besonders in der Paläarktis. Larven in morschem Holz oder im Stengelmark verschiedener Pflanzen, Imagines auf Blüten. Im Bernstein drei Arten der rezenten Gattung *Oedemera.*

Pythidae (*Salpingidae,* Scheinrüßler): *300 Arten auf der ganzen Erde, in* den Tropen spärlicher. Meist unter Baumrinde, in den Gängen xylophager Insekten oder in verpilztem Holz. Im Bernstein vier Arten der Gattungen *Lissodema, Salpingus* u. a.

Eurystethidae: Nur drei Arten im westlichen Nordamerika. Leben an der Meeresküste in der Gezeitenzone. Im Bernstein naturgemäß nicht vorhanden.

Othniidae: 20 Arten in Nord- und Mittelamerika, Süd- und Ostasien. Unter faulenden Blättern und auf Bäumen. Im Bernstein nicht vorhanden.

Trictenotomidae: Ein Dutzend Arten im tropischen Süd- und Südostasien. An morschen Bäumen. Im Bernstein nicht vorhanden.

Pyrochroidae: 150 Arten, meist holarktisch. Larven unter der Rinde von Laubbäumen, Imagines auf Blättern und Blüten. Im Bernstein vier Arten der Gattungen *Pyrochroa* und *Pedilus* (beide derzeit paläarktisch).

Aderidae: Etwa 650 Arten, die über die ganze Erde ziemlich gleichmäßig verteilt sind. Unter faulendem Laub, Rinde, Holz, oft auf Sträuchern und Kräutern. Im Bernstein etwa neun Arten der rezenten Gattungen *Euglenes* und *Hylophilus.*

Anthicidae: Etwa 2200 Arten auf der ganzen Erde. Unter faulenden Pflanzenstoffen oder am Rande von Gewässern. Im Bernstein 15 Arten der Gattungen *Steropes, Macratria, Amblyderes, Tomoderus, Anthicus, Ochthenomus* u. a.

Mordellidae (Stachelkäfer): Etwa 1000 Arten auf der ganzen Erde. Larven meist in verpilztem Holz, Imagines auf Blüten von Kräutern und Gesträuch. Im Bernstein etwa 15 Arten der Gattungen *Mordella, Mordellistena* und *Anaspis* (Abb. 89).

Scraptiidae: 125 Arten, ausgesprochen thermophil, vorwiegend in den Tropen und Subtropen. Larven in faulem oder dürrem Holz, Imagines auf Blüten von Kräutern und Gesträuch. Im Bernstein vier Arten der Gattungen *Scraptia* und *Trotomma.*

Serropalpidae (Melandryidae, Düsterkäfer): 430 Arten auf der ganzen Erde, hauptsächlich in der Holarktis. Meist in Baumschwämmmen, in abgestorbenem verpilztem Holz oder Mulm, unter verpilzter Rinde, seltener in frisch gefallenem Nadelholz. Im Bernstein zwei Dutzend Arten der Gattungen *Eustrophus, Hallomenus, Orchesia, Anisoxya, Abdera, Dicraea, Phloeotrya, Serropalpus, Hypulus* u. a.

Cephaloidae: 15 Arten in Nordamerika und Ostasien. Im Bernstein nicht vorhanden.

Meloidae (Blasenkäfer): Etwa 2300 Arten, besonders in den Subtropen und Tropen. Larven meist Ei- und Bruträuber. Imagines nähren sich von Pollen und Nektar *(Nemognathini, Mylabrini)* oder von Gras und Blättern *(Lyttini, Meloini).* Im Bernstein ein halbes Dutzend Arten.

Rhipiphoridae (Fächerkäfer): 350 Arten, vorwiegend in den Subtropen und Tropen. In morschen Laubhölzern *(Pelecotomini)* oder Brutschmarotzer *(Rhipiphorini).* Im Bernstein vier Arten der Gattungen *Rhipiphorus* und *Pelecotoma.*

Petriidae: Nur drei Arten aus Transkaspien. Im Bernstein nicht vorhanden.

Lagriidae (Wollkäfer): Etwa 650 Arten, besonders tropisch. Imagines auf Kräutern und Sträuchern (Laubfresser). Im Bernstein drei Arten der Gattungen *Lagria* und *Statira.*

Nilionidae: 30 Arten im tropischen Amerika. Im Bernstein nicht vorhanden.

Alleculidae (Cistelidae): Etwa 1400 Arten auf der ganzen Erde, im Mittelmeergebiet, Zentralamerika und Australien besonders reich. Larven unter Rinde, in Mulm, verpilztem Holz und in Baumschwämmen, Imagines ebenda oder auf Blüten von Kräutern, Sträuchern und Bäumen (auch Koniferen). Im Bernstein über ein Dutzend Arten der Gattungen *Allecula. Hymenalia, Isomira, Mycetochara, Mycetocharoides* (nur fossil), *Cteniopus* u. a.

Tenebrionidae (Schwarzkäfer): Sehr formenreich. Über 14.000 Arten auf der ganzen Erde, meist jedoch in trocken-heißen Gebieten, in Mitteleuropa nur 70 Arten, in der Paläarktis 3700. Lebensweise sehr verschieden, die im Bernstein am häufgsten vertretenen Diaperinen vielfach in Baumschwämmen oder unter Rinde. Im Bernstein über ein Dutzend Arten der Gattungen *Sepidium, Leichenum, Tribolium, Uloma, Palorus, Laena* und *Helops.*

Monommidae: Etwa 100 tropische Arten. Auf Gräsern, dürren Zweigen, unter faulendem Laub. Im Bernstein nicht vertreten.

Tretothoracidae: Nur eine myrmecophile australische Art. Im Bernstein nicht vertreten.

Cerambycidae (Bockkäfer): Etwa 17.000 Arten, die meisten in den Tropen. Larven meist Holzbohrer, Imagines auf Blättern, Blüten und Holz (Baumsaft). *Prioninae* im Bernstein nicht vertreten. *Cerambycinae* mit über zwei Dutzend Arten der Gattungen *Pachyta, Leptura, Strangalia, Grammoptera, Obrium, Gracilia, Notorhina, Tetropium, Callidium, Anaglyptus* u. a., *Lamiinae* mit ein Dutzend Arten der Gattungen *Parmenops* u. a. (Abb. 93, 102).

Chrysomelidae (Blattkäfer): Etwa 24.000 Arten auf der ganzen Erde. Durchwegs Blattfresser (Abb. 95). Im Bernstein alle Unterfamilien vertreten:

Criocerinae: Über ein Dutzend Arten der Gattungen *Donacia* (an Wasserpflanzen!), *Electrolema* (nur aus dem Bernstein bekannt, hier besonders häufig, lebte anscheinend von den Nadeln des Bernsteinbaumes) und *Crioceris.*

Galerucinae und *Chrysomelinae:* Im Bernstein über 40 Arten der Gattungen *Pachnephorus, Pseudocolaspis, Nodostoma, Galerucella, Monolepta, Crepidodera, Ochrosis* u. a.

Clytrinae: Etwa vier Arten der Gattung *Cryptocephalus* u. a.

Cassidinae: Etwa ein Dutzend Arten der Gattungen *Cassida* u. a.

Hispinae: Zwei Arten der Gattungen *Sucinagonia, Hispa* und *Oposispa* mit altweltlicher Verwandtschaft.

Bruchidae (Samenkäfer): Etwa 900 Arten auf der ganzen Erde. Meist in Leguminosen (Bohnen, Erbsen). Aus dem Bernstein wohl wegen der Lebensweise nur eine Art bekannt.

Anthribidae (Maulkäfer): Etwa 2200 Arten auf der ganzen Erde, meist in den Tropen. Meist in morschem Holz, unter Rinde oder in Baumschwämmen, seltener (*Urodoninae*, im Bernstein nicht vertreten) auf Resedaceen oder (gewisse *Anthribus*-Arten) Schildlausfresser. Im Bernstein etwa ein halbes Dutzend Arten, die meist der Gattung *Tropideres* angehören.

Aglycyderidae: Nur wenige Arten auf den Kanaren, Neuseeland und Neukaledonien. Im Bernstein nicht vertreten.

Proterrhinidae: Etwa 140 Arten, fast ausschließlich auf den Hawai-Inseln. Im Bernstein nicht vertreten.

Brenthidae: 1280 Arten, fast alle im Tropengürtel. Meist unter Baumrinde oder in morschem Holz, oft gesellig, einige myrmecophil. Im Bernstein nicht vertreten.

Curculionidae (Rüsselkäfer): Mit etwa 40.000 Arten die weitaus artenreichste Käferfamilie. Überall verbreitet, besonders in den warmen Gebieten. Larven meist in verschiedenen Teilen lebender oder abgestorbener Pflanzen minierend. Imagines ektophag an oberirdischen oder unterirdischen Pflanzenteilen (Abb. 87, 97, 98). Von den zahlreichen Unterfamilien sind im Bernstein folgende vertreten:

Otiorrhynchinae: Etwa acht Arten der Gattungen *Phyllobius, Trachyphloeus* u. a.

Curculioninae: Gegen 50 Arten der Gattungen *Sitones, Phytonomus, Lixus, Pseudostyphus, Erirhinus, Dorytomus, Magdalis, Acalles, Cryptorrhynchus, Phyllobius, Balanobius, Anthonomus, Dryophthorus, Rhyncolus, Choerorrhinus, Mesites* u. a.

Apioninae: Vier Arten der Gattungen *Apion* und *Nanophyes.*

Rhynchitinae: Zwei Arten der Gattung *Rhynchites.*

Ipidae (Scolytidae): Etwa 2000 Arten auf der ganzen Erde. Larven und Imagines stets endophag in verschiedenen Pflanzenteilen, meist in Holzgewächsen, hier artspezifische Gangsysteme vielfach unter der Rinde nagend. Im Bernstein sind beide Unterfamilien vertreten:

Platypodinae (Kernkäfer): Acht Arten der Gattung *Platypus.* Heute mit etwa 360 Arten vorwiegend tropisch.

Ipinae (*Scolytinae,* Borkenkäfer): Etwa zwei Dutzend Arten der Gattungen *Hylastes, Hylurgops, Hylescierites, Xylechinites, Phloeosinites, Charphoborites, Taphramites, Thaphrorychus.* Heute etwa 1600 Arten auf der ganzen Erde. Auffallend ist die geringe Zahl der im Bernstein eingeschlossenen Borkenkäfer, da viele Arten in Nadelhölzern leben und heute beim Schwärmen oft massenhaft in hervorquellendes Harz geraten. Vertreter der Gattungen *Ips, Pityophthorus* und *Pityogenes,* die heute ungemein häufig in Nadelhölzern Schaden anrichten, fehlen im Bernstein gänzlich. Naturgemäß fehlen auch im Bernstein oder sind doch sehr selten die Laubholzbewohner der Gattungen *Scolytus, Hylesinus, Phloeophthorus* u. a. Diese wissen auch heute beim Schwärmen die Nadelbäume und ihr Harz zu vermeiden. Von den vorgefundenen Gattungen leben die *Hylastes*-Arten heute meist in Kiefern und Fichten, die *Phloeosinus*-Arten in Thujen, Zypressen und Juniperen und die *Xylechinus*-Arten ausschließlich in Fichten. Es ist dies ein interessanter Hinweis auf die Zusammensetzung des Bernsteinwaldes.

Diese ungeheure Zahl von weit über 200.000 Arten in 106 Familien, davon 31 weltweit verbreiteten und 25 tropischen, und der Umstand, daß oft nahe verwandte Familien in der Artenzahl so ungleich erscheinen, daß Familien von 1 bis 40.000 Arten haben, dies alles zusammengehalten mit den Zahlen der im Bernstein beschriebenen ergibt die aussichtsreiche Aufgabe, gerade bei den Koleoptera die Erkenntnis der Rolle, die der Bernstein für die Entwicklung der Insekten spielt, zu finden. Geht man näher darauf ein, zeigt sich, daß diese Extreme darauf beruhen, daß eine ungeheure Aufspaltung in verschiedene Familien und Arten erfolgt ist, daß aber ein Teil nur so angepaßt wurde, daß er sich selbständig in beschränkten Gebieten erhalten konnte, aber zu keiner weiteren Ausbreitung die Kraft hatte, während andere ungeheuer erfolgreich waren und in die verschiedensten Bedingungen sich einleben konnten, dabei bis heute geringe Umgestaltungen durchmachten. Eine dritte Gruppe von geringer Artenzahl besteht aus Relikten und hat schon in früheren Erdperioden gelebt. Sie hat die gewohnten Lebensbedingungen, etwa die Futterpflanze, fast überall verloren und nur an wenigen Stellen weiter gefunden, und hat sich auf diese zurückgezogen. Vereinzelt scheinen solche Relikte seit der Bernsteinzeit weiter zurückgegangen zu sein.

Sehr interessant sind die Aufschlüsse, die wir aus dem Vergleich mit der Verbreitung und Lebensweise verwandter rezenter Arten gewinnen können und in Arbeiten über die damals bestehenden Verhältnisse im Wald finden. Aus dem Mangel an blühenden Sträuchern

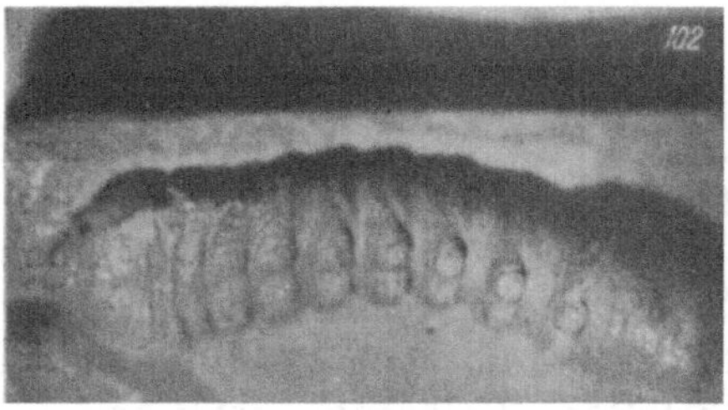

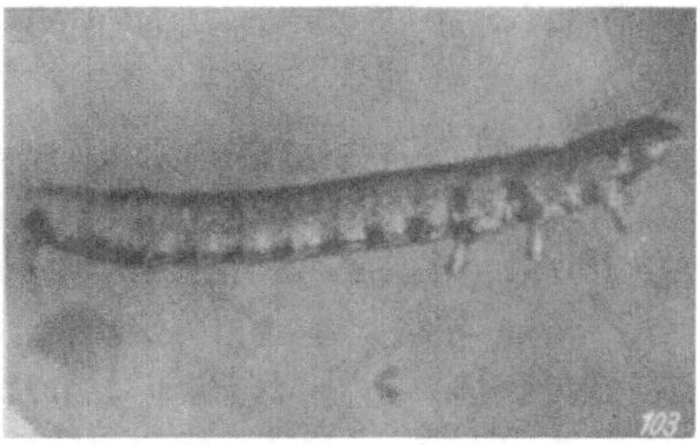

Abb. 102. Larve eines Bockkäfers *(Cerambycidae)*.
Abb. 103. Larve eines Schnellkäfers *(Elateridae)*.

und noch mehr an Wiesenblumen muß man schließen, daß Arten, die Bedürfnis nach Blumenbesuch haben, nicht in das Harz gerieten, weil sie den Wald mieden. Von großer Bedeutung ist, daß mehrfach Familien genannt werden, deren Larven in Laubbäumen bohren oder als Imagines Blätter fressen. *(Cerophytidae, Melasidae, Lyctidae, Lymexilidae, Bostrychidae, Lyctidae, Pyrochroidae, Cupitidae, Lucanidae.)* Daß gerade die Massenschädlinge unserer Wälder fehlen, beweist am klarsten, daß es sich damals zweifellos um gemischte Bestände handelte. Alle diese Beobachtungen stimmen trefflich mit solchen überein, die verstreut an Gliedern anderer Ordnungen gemacht werden können. Sie bestätigen aber auch, daß es durchaus kein richtiges Bild ergibt, wenn man ein System auf den gefundenen Zahlen allein aufbaut. Im Gegenteil wird dasselbe zu vollkommener Täuschung führen, da die wirklichen Mengenverhältnisse verschleiert werden.

Abb. 104. Junge Larve eines Weichkäfers *(Cantharidae)*.

Groß ist die Zahl jener Arten, die unter der Rinde und im Mulm leben, nicht gering die der Milbenfresser und Pilzsporenfresser. Die Nachrichten über Ameisenfreunde und Ameisengäste müssen getrennt behandelt werden, sie umfassen eine sehr erhebliche Zahl aus verschiedenen Familien.

Nur eine geringe Auswahl von Bildern konnte des Raummangels wegen gezeigt werden (Abb. 84 bis 104).

12. Fächerflügler *(Strepsiptera)*

Kleine, holometabole, sich stets als Entoparasiten im Abdomen von landlebenden Insekten *(Orthopteren, Hymenopteren, Hemipteren)* entwickelnde Insekten von hochspezialisiertem Körperbau und sehr stark ausgeprägtem Sexualdimorphismus der Imagines. Letztere haben lediglich Fortpflanzungsfunktionen. Die Männchen sind geflügelt. Die stets ungeflügelten Weibchen verbleiben mit Ausnahme derjenigen der primitivsten Gruppe *(Mengeinae)* im Wirtstier, aus dem nur ihr Abdomenende, zur Kopula bereit, hervorragt. Charakteristisch sind die zu kleinen Schwingkölbchen umgebildeten Vorderflügel und die großen, häutigen Hinterflügel der Männchen.

Heute mit etwa 220 Arten weltweit verbreitet, jedoch ausgesprochen thermophil und daher vorwiegend tropisch und subtropisch.

Stammesgeschichtlich leitete man die Ordnung bisher von malacodermen Käfern *(Rhipiphoridae)* ab, doch läßt sich diese Anschauung auf Grund neuerer kritischer Untersuchungen kaum mehr aufrecht erhalten. Der Ursprung dürfte viel weiter zurückliegen und nicht viel später als die Entwicklung der Käfer und Hautflügler anzusetzen sein.

Aus dem Bernstein bisher nur eine Art (*Mengea tertiaria* Menge) in sechs männlichen Exemplaren bekannt. Diese stellt eine Zusammenfassung der primitivsten Merkmale dar, die wir von den rezenten Formen her kennen. Im reichen Flügelgeäder, im Vorhandensein der Oberlippe und der deutlichen Ausbildung der sogenannten Unterlippe ist sie noch primitiver als die ursprünglichsten heute lebenden Formen. Im Gegensatz zu den rezenten Arten (ausgenommen vielleicht die *Tetrozocera*-Arten), bei denen nur das erste Larvenstadium und die Männchen freilebend sind, während das zweite Larvenstadium entoparasitisch lebt und auch die Weibchen den Wirt zeitlebens nicht verlassen, dürften bei der Bernstein-*Mengea* noch beide Geschlechter, nachdem das zweite Larvenstadium seine Ernährungsperiode entoparasitisch vollendet hatte, ihre weitere Entwicklung außerhalb des Wirtes abgeschlossen haben und somit freilebend gewesen sein. Auffallend ist jedenfalls, daß man bei der großen Zahl der Bernsteininsekten bisher noch kein stylopisiertes Exemplar (Stück mit sichtbaren Strepsipteren-Puparien oder -Weibchen) gefunden hat, obwohl die *Mengea tertiaria,* nach den bekannten sechs Männchen zu schließen, damals nicht selten gewesen sein dürfte. Da der Befall eines Insektes mit den entoparasitischen *Mengea*-Larven äußerlich nicht feststellbar ist, läßt sich vorläufig über den mutmaßlichen Wirt von *Mengea tertiaria* Menge nichts aussagen.

13. Hautflügler *(Hymenoptera)*

In der Zahl lebender Arten werden die Hymenopteren nur von den Käfern übertroffen; in der Vielfältigkeit der Lebensäußerungen übertreffen sie alle Insektenordnungen weit. An lebenden Arten sind zirka 80.000 beschrieben, doch ist damit sicher die wirkliche Zahl nicht erreicht. Mit wenigen Ausnahmen sind sie geflügelt und vielfach sehr geschickte und ausdauernde Flieger. Die Hinterflügel sind stets kleiner als die vorderen und meist durch einen Haftapparat an diesen beim Flug festgehalten, so daß sie nur zur Vergrößerung der Fläche dienen, während die Arbeit ausschließlich von den die Vorderflügel bewegenden Muskeln geleistet wird. Nur bei der ersten Unterordnung, den *Symphyla,* ist der Hinterleib mit breiter Basis an den Thorax angeschlossen, bei den beiden anderen Unterordnungen sind Kopf, Thorax und Abdomen gegeneinander sehr beweglich und scharf voneinander getrennt. Der Kopf trägt zwei Komplexaugen und häufig drei Ocellen (Stirnaugen), vielgliedrige Fühler und einen sehr vollkommen ausgestalteten Mund, dessen Mandibeln meist zu sehr kräftigen Zangen ausgebildet sind. Das Geäder der Flügel ist besonders bei den beiden letzten Unterordnungen sehr reduziert. Die Beine sind durchgehends untereinander sehr ähnlich gebildete Schreitbeine, die oft mit sehr fein spezialisierten Einrichtungen zum Forttragen der Nahrung und zum Reinigen und Kämmen versehen sind.

Die Hymenopteren zerfallen in drei Unterordnungen: *Symphyla, Terebrantia* und *Aculeata,* von denen die beiden letztgenannten nebeneinander aus der ersten hervorgegangen sind. Die Zwischenglieder sind ausgestorben. Die erste Entwicklung geht auf Formen zurück, die den ursprünglichen Blattiden und Coleopteren nahestehen, ohne von ihnen abzustammen. Viele Larven von Symphylen stehen in ihrer Erscheinung noch jetzt manchen Käferlarven sehr nahe. Die ältesten *Symphyla* sind aus dem Malm und Jura bekannt geworden, ihre erste Entstehung greift sicher in das Paläozoikum zurück. Den primitiven Symphylen des Mesozoikum stehen bereits hochentwickelte Familien des Tertiär gegenüber, die mit lebenden nahe verwandt sind.

Symphyla. Die Larven der *Symphyla* sind durchgehends Pflanzenfresser, viele entwickeln sich in Gallen auf Blättern, die das Elterntier mit Eiern belegt hat; andere hausen im Innern von Stielen. Die Imagines haben primitive Mundteile und altertümliches Geäder der Flügel. Am Hinterleib haben die Weibchen einen vollkommenen Legebohrer. Die aus Malm und Jura bekannten *Symphyla* sind im Frühtertiär schon verschwunden und durch heute lebende Nahestehende ersetzt. Aus dem Bernstein kennen wir *Siricidae, Tenthretinidae,* von denen mehrere Unterfamilien bekannt sind. Die Artenzahl beträgt zwölf.

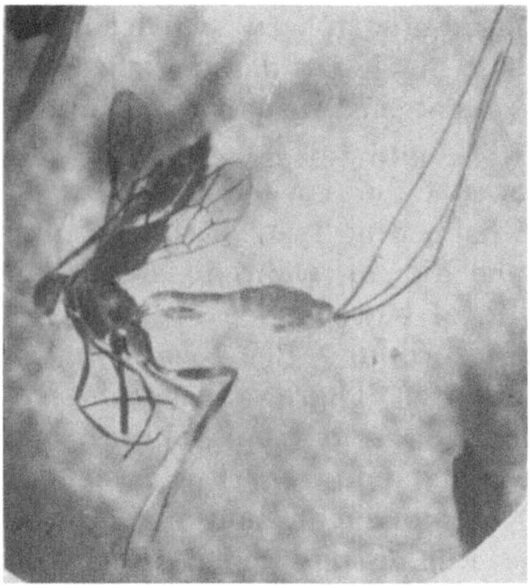

Abb. 105. Eine der im Bernstein sehr häufigen Schlupfwespen der Familie *Braconidae*.

Terebrantia. Weit größeres Interesse als die *Symphyla* dürfen die *Terebrantia* beanspruchen. Sie sind aus frühen Formen der *Symphyla* hervorgegangen, es fehlen aber unter den lebenden Familien solche, die den Übergang zu denselben festhalten. Die Zwischenglieder sind ausgestorben. Alle Familien der Unterordnung zeigen eine tiefe Einschnürung zwischen Abdomen und Thorax, das Geäder der Flügel ist ganz wesentlich stärker reduziert als bei den Symphylen. Ihre Entwicklung ist eine sehr vielförmige. Nur ein kleiner Teil der Arten ist bei der Entwicklung der fußlosen Larven in Gallen stehen geblieben. Der weitaus größte Teil der Familien ist zum Leben der Larven als Parasiten im Körper der verschiedensten Insekten und anderer Arthropoden übergangen. Die Larven verlassen erst, wenn sie reif zum Puppenstadium sind, das absterbende Tier. Von den im Bernstein vorkommenden Familien legen die *Ichneumonidae* ihre Eier in Raupen von Schmetterlingen und sind vielfach auf ganz bestimmte Arten eingelebt. Die *Braconidae* bevorzugen holzfressende Käferlarven und bohren mit dem feinen, aber außerordentlich widerstandsfähigen Bohrapparat, der beiderseits des Eileiters liegt, mit großer Sicherheit durch das umgebende Holz. Die *Chalcididae* und einige andere Familien legen ihre Eier in Larven von Fliegen und Käfern; die *Evaniidae* bevorzugen die Brut von Schaben. Die kleinsten Hymenopteren, Trichogrammatinen, eine Unterfamilie der *Chalcididae*, zugleich eines der kleinsten Insekten überhaupt, legen ihre Eier in die Eier anderer Insekten. Manche Arten sollen unter Wasser die Eier von im Wasser lebenden Arten aufsuchen. Die Tierchen sind knapp $^3/_4$ mm lang, haben ungeäderte Flügel, an denen rings Haare von der Länge des Flügeldurchmessers stehen, und zeigen eine ganz weitgehende Spezialisation.

Von den genannten Familien finden wir viel häufiger als Männchen Weibchen. Im Gegensatz hiezu treffen wir von einigen Familien nur Männchen. Es beruht darauf, daß die Weibchen dieser Familien meist ruhig sitzen und abwarten, bis ein Männchen sie findet. Diese suchen in kurzen Flügen und Sprüngen die Gegend ab und geraten dabei leicht auf Harz. Die Weibchen von Braconiden kommen dagegen bei ihrem Pirschen nach im Holz lebenden Larven und dem Abtasten der Äste sicher leicht in Gefahr und so ist die Zahl ihrer Gattungen und Arten im Bernstein eine sehr große. Nicht anders steht es bei den Ichneumoniden, die hauptsächlich Schmetterlingsraupen mit Eiern belegen. Bei der Jagd nach Spinnen, wobei meist *Clubionidae, Salticidae, Lycosidae*, die frei an Baumstämmen jagen, verfolgt werden, sind deren Jäger in gleicher Gefahr wie die angestrebte Beute.

Das oben über die Jagd und Versorgung ihrer Nachkommen Gesagte macht klar, daß wir nicht die Möglichkeit haben, uns aus der Anzahl der Funde der einzelnen Arten ein Urteil zu bilden über ihre wirkliche Verbreitung im Bernsteinwald. Die Verschiedenheit der angestrebten Beute und deren Lebensraum hatte einen entscheidenden Einfluß, ob häufig oder selten Tiere der einzelnen Familien in Gefahr kamen oder nur in Ausnahmsfällen. Die Entwicklung der Terebrantia steht im Bernstein vollkommen auf der Höhe der heutigen und beweist, daß ihre Abzweigung von Symphylen schon sehr weit zurück im Mesozoikum liegen muß. Handlirsch gibt folgende Familien und Arten für Bernstein an:

Ichneumonidae. Unterfamilie: *Pimplinae* 1 Art; *Cryptinae* 5 Arten; *Ichneumoninae* 13 Arten; *Tryphoninae* 3 Arten; *Ophioninae* 2 Arten; *Evaniinae* 3 Arten.

Braconidae. Unterfamilie: *Braconinae* 2; *Cheloninae* 3; *Helconinae* 1; *Meteorinae* 1.

Proctotrupidae. Unterfamilie: *Proctotrupinae* 4; *Ceraphrontinae* 1; *Scelioninae* 1; *Mymarinae* 12.

Chalcididae. Perilampinae 1; *Pteromalinae* 2; *Cynipinae* 5; eine Summe von 60 Arten.

Eine ganz wesentlich weitere Übersicht über festgestellte Arten gibt Ch. T. Brues in seiner Arbeit: „The parasitic Hymenoptera of the baltic Amber." Er fand an Arten: *Aulacidae* 5, *Evaniidae* 3, *Stephanidae* 3, *Pelecinopteridae* 2, *Megalyridae* 2, *Braconidae* 127, *Embolemidae* 2, *Bethylinidae* 15 sowie mehrere *Eupelmidae* oder *Mymaridae* im Bernstein.

Aculeata. Diese Unterordnung geht auf alte ausgestorbene Familien der *Terebrantia* zurück, die noch weniger spezialisierte Flügel aufwiesen als die lebenden *Terebrantia.* Einzelne Familien zeigen eine große Differenzierung, obwohl sie alle auf einen Stamm zurückzuführen sind. Die Zahl der lebenden Arten überschreitet 32.000, während im Alttertiär gegen 300 beschrieben sind, weitaus die meisten aus dem Bernstein. Unter ihnen sind jene Insekten, die die Brutpflege auf die höchste Stufe gebracht haben und hochentwickelte Staaten bilden. Durchgehends fehlt den Weibchen der Legebohrer, dagegen sind sie häufig mit einem Giftstachel ausgerüstet, an dessen Basis das Ei austritt. Die Flügel sind reicher geädert als bei den Terebrantia, was die Abstammung von diesen ausschließt, dagegen auf Abspaltung von ausgestorbenen primitiven Arten der *Symphyla* hinweist. Der sehr bewegliche Kopf trägt hochentwickelte Augen bei den Geschlechtstieren, Fühler mit 12 bis 13 Gliedern und sehr verschieden ausgestaltete Mundteile, bei denen die Mandibeln stets als Zangen ausgebildet sind. Ihr erstes bekanntes Vorkommen fällt ins Tertiär, wobei weitaus die größte Zahl in dem Bernstein gefunden wurde. Eine einheitliche Bearbeitung fehlt noch, es sind jedoch außerordentlich wertvolle Arbeiten über einzelne Gruppen vorhanden. *Mutillidae, Bethylidae* und *Chrysididae* sind nur in wenigen Arten im Bernstein gefunden, erst mit den Ameisen *(Formicidae)* tritt eine mächtig entwickelte und sehr stark aufgespaltene Familie in Erscheinung. Ihr erstes Auftreten ist aus der Kreide Englands bekannt geworden, doch scheinen sie erst im Tertiär zu der übermächtigen Stellung unter den Insekten emporgekommen zu sein, die sie heute noch einnehmen. Die über die ganze Welt und alle Lebensräume verbreitete Familie hat ein eigenartiges soziales Leben entwickelt, in dem ein erheblicher Teil der weiblichen Larven nicht zur Geschlechtsreife gelangt, sondern von vornherein durch mangelhafte oder andersartige Fütterung in der Entwicklung gehemmt wird und dadurch als fertiges Insekt geschlechtslos bleibt. Diese flügellosen, oft mit unvollkommenen Augen ver-

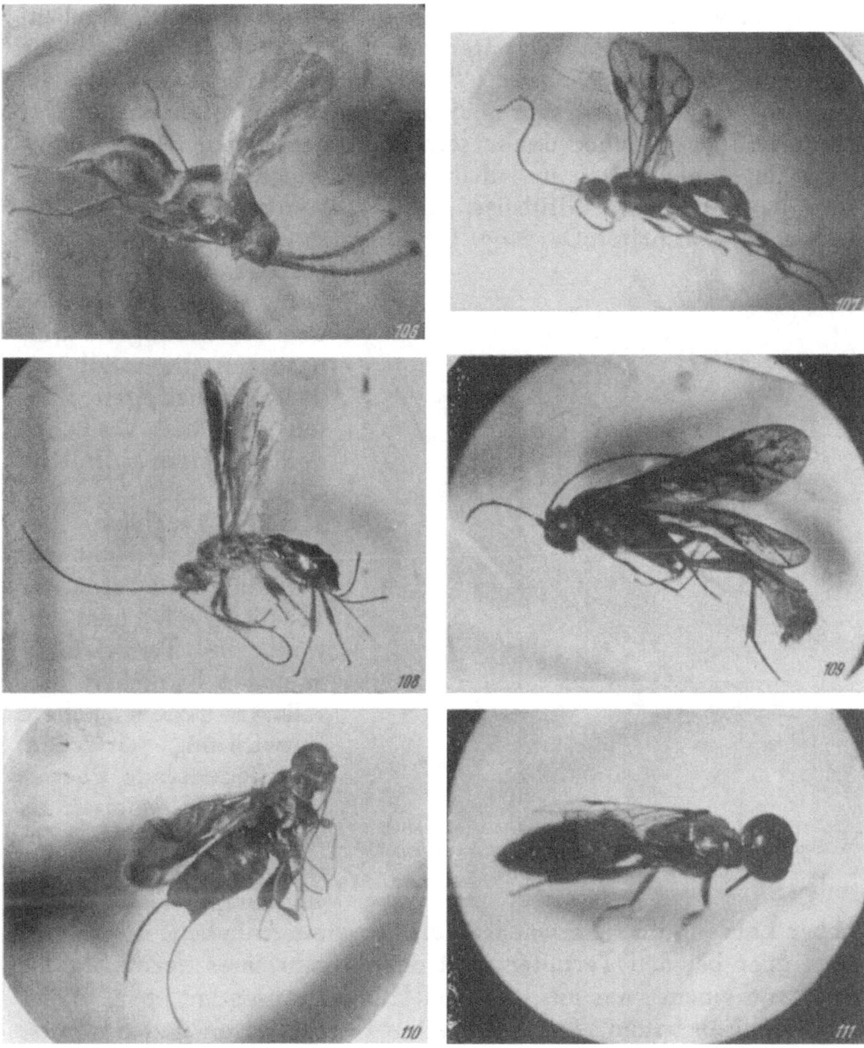

Abb. 106 bis 110. Parasitische Hymenopteren der Familien *Chalcididae* (Abb. 106), *Braconidae* (107, 108, 110) und *Ichneumonidae* (109). Im Bernstein sehr häufig.
Abb. 111. Eine kleine Sphegide. Alle vergrößert.

sehenen Arbeiter haben die Aufgabe, den bei verschiedenen Arten sehr verschieden gestalteten Bau herzustellen und zu erhalten, die Eier zu bestimmten Stellen zu bringen, die jungen Larven zu füttern und für die Pflege der Nahrung spendenden Tiere und Pflanzen zu sorgen. Von den Geschlechtstieren sind die Männchen fast durchgehends geflügelt und behalten die Flügel ihr Leben hindurch, während die Weibchen beim Erreichen der Reife ebenfalls geflügelt sind, aber später die Flügel abwerfen. Die Beine sind vollkommen ausgebildete Laufbeine und meist schlank; die vorderen tragen einen sehr fein ausgestalteten Putzapparat. Der Hinterleib ist zwischen dem ersten und zweiten Segment, oft auch zwischen dem zweiten und dritten stark eingeschnürt, so daß er sehr beweglich ist. Giftdrüsen sind vorhanden, meist wird das Gift nur ausgespritzt. Der Kopf trägt bei den Geschlechtstieren verschieden hoch ausgebildete Augen und Ocellen und als wichtigstes Sinnesorgan die zwölf- bis dreizehngliedrigen Fühler, die bei Weibchen und Arbeitern auffallend geknickt sind.

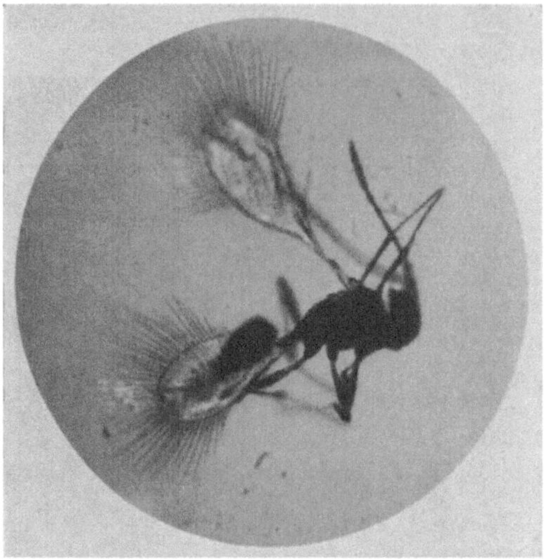

Abb. 112. Ein Vertreter der winzig kleinen parasitischen Wespen der Familie *Mymaridae* mit den am Rande charakteristisch behaarten Flügeln.

Ein Vergleich der Ameisenstaaten mit den Staaten und Bauten der Termiten zeigt uns, obwohl die Termiten in manchen baulichen Einzelkonstruktionen höhere Entwicklung erreichen, eine bedeutende Überlegenheit der Ameisen als Staatenbildner. Die Zurückhaltung in der Entwicklung vieler weiblicher Larven, um sie erwachsen als Arbeiter zu haben, ist gemeinsam, aber bei den Termiten geht der Aufbau eines neuen Staates stets von einem Paar aus, das von Hunderttausenden übrig bleibt. Die Ameisen bauen, von einem alten Gemeinwesen und Bau ausgehend, weitverzweigte Straßen zum Heranbringen von Lebensmitteln und bei vielen Arten erweitern sie ihren Bau durch eine Anzahl durch unterirdische Wege mit dem Hauptbau verbundener Nebenbauten, wodurch es zu Völkern von Hunderttausenden kommt, die sich als Einheit fühlen. Auch die Haltung von Individuen anderer Arten als Arbeiter ist den Ameisen allein eigen. Heute ist der tropische Raum die Heimat der größten Zahl von Arten, doch leben nicht wenige in allen Klimaten bis zum hohen Norden.

Aus allen tertiären Ablagerungen, die überhaupt Insekten enthalten, kennen wir Ameisen, die größte Zahl allerdings aus dem Bernstein, in dem sie nach den Dipteren zu den am häufigsten eingeschlossenen Insekten gehören. Das gilt vor allem von der Zahl der Individuen, während die Zahl von etwa 144 Arten im Verhältnis zu der heute lebenden von etwa 3700 nicht groß ist. Der große Ameisenforscher Wasmann hat gegen 10.000 Individuen untersucht und die Beziehungen zu lebenden Gattungen und Arten festgestellt. Er kam zu dem äußerst bemerkenswerten Resultat, daß ungefähr die Hälfte der Individuen Arten nahestehen, die heute in der gemäßigten oder kalten Zone leben, und die andere Hälfte entschieden sehr nahe Beziehungen zu tropischen Gattungen, vor allem zu indomalayischen

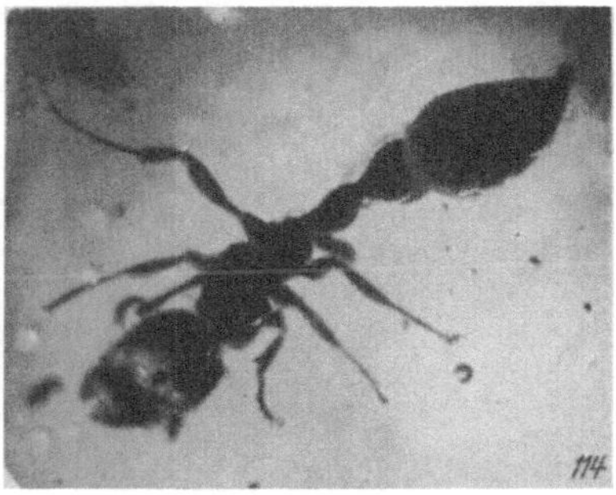

Abb. 113. Parasitische Hymenoptere aus der Familie *Chalcididae*.
Abb. 114. Arbeiterin der Ameisen-Unterfamilie *Ponerinae*.

zeigt. Seine Studien über die Ameisengäste weisen ebenfalls auf verwandte Züge der Bernsteinlandschaft zu den jetzigen Lebensbedingungen im indomalayischen Raum hin. Es ist schwer anzunehmen, daß die Spaltung in tropische und Kälte ertragende Formen bei den Ameisen erst zur Zeit der Abkühlung stattfand und in den kühler werdenden Gebieten die wärmeliebenden Arten verschwanden. Ich möchte eher annehmen, daß wir das Nebeneinander der so verschiedene Lebensbedingungen verlangenden Arten als einen sicheren Beweis betrachten müssen, daß tief gelegene, daher warme Lebensräume bis nahe an hohe Gebirge mit kaltem Klima herantraten und daß in beiden Bersteinharz erzeugende Bäume wuchsen. Wir besitzen so viele Beweise in Einschlüssen, die uns zeigen, daß das Leben der Ameisen vollständig gleichgeartet war dem, das sie jetzt führen. Es scheint fast unmöglich anzunehmen, daß viele Arten ihre Lebensgewohnheiten einem neuen Lebensraum — denn der ist durch Klimawechsel gegeben — anpaßten, ohne gleichzeitig ihre Gestalt zu ändern. Wir kennen ja aus junger Zeit Anpassungen an neue

Verhältnisse, wie die Besiedlung von Torfmooren durch neue Arten, die kaum früher als in oder nach der Eiszeit sich entwickelt haben, aber diese haben sich auch in Größe und Gestalt von jenen Arten, aus denen sie hervorgegangen sind und mit denen sie in naher Verwandtschaft stehen, erheblich entfernt. Aus dem

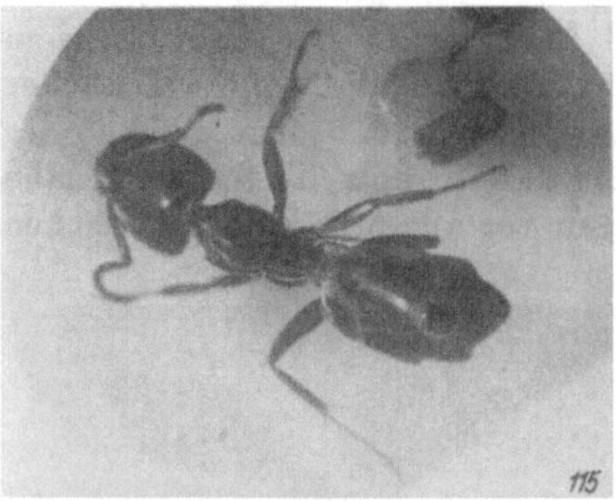

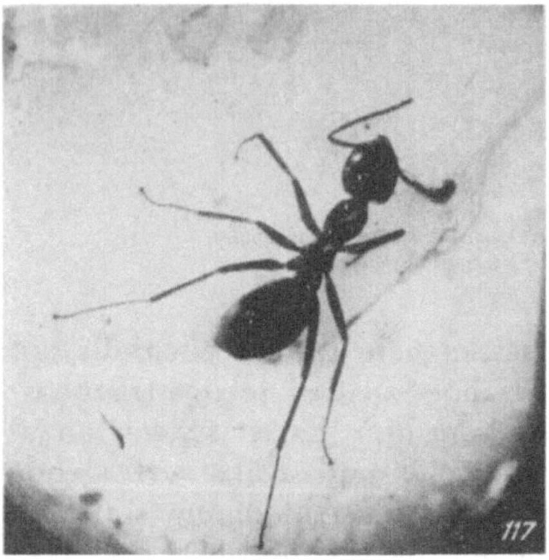

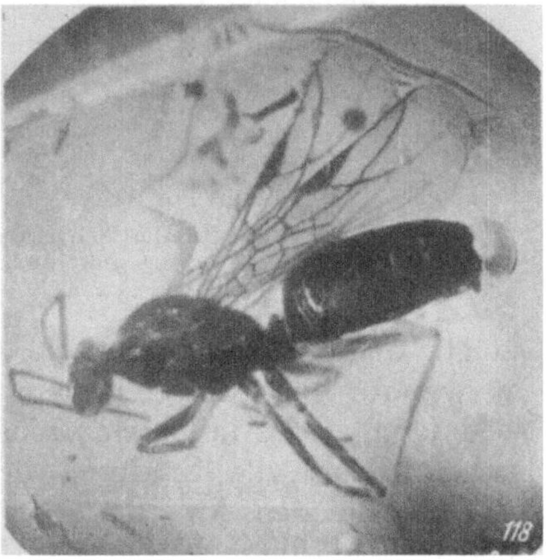

Abb. 115 bis 117. Drei Arbeiterinnen verschiedener Ameisengruppen. Besonders bemerkenswert ist die mit den langen Rückendornen bewehrte Myrmicine aus der Verwandtschaft der Gattung *Polyrhachis*.

Abb. 118. Ein geflügeltes Männchen der Ameisen-Unterfamilie *Camponotinae*.

Bernstein kennen wir eine Reihe von Arten, die bereits weit engere Beziehungen und in Größe und Erscheinung viel wesentlichere Gleichartigkeit mit lebenden erreicht haben. Ein Teil ist wärmeliebend, ein anderer gehört zu denen, die in gemäßigtem Klima leben. Die Artenzahl im Bernstein ist nicht hoch, obwohl die Zahl der Individuen eine sehr große ist.

Handlirsch nennt an Unterfamilien: *Dorylinae* 1 Art; *Ponerinae* 9 Arten; *Dolichoderinae* 13; *Formicinae* 35; *Myrmicinae*

29; von diesen Unterfamilien sind vorwiegend thermophil: *Dorylinae, Formicinae* (die jedoch auch in kühleren Gegenden in wenig Arten verbreitet sind), *Dolichoderinae;* kosmopolitisch: *Myrmicinae.* Wenn auch die Familien Vertreter in verschiedenen Klimaten haben, sind doch die Arten scharf geschieden und danach kein Zweifel, daß Bewohner tropischen und gemäßigten Klimas im Bernstein festgestellt sind.

Ein Fachmann bestimmte aus meiner Sammlung folgende Gattungen: *Bothriomyrmex, Pronolepis, Formica, Lasius, Pseudolasius, Monoriscus, Sima, Ponerini.* Die letzteren gehören zu den

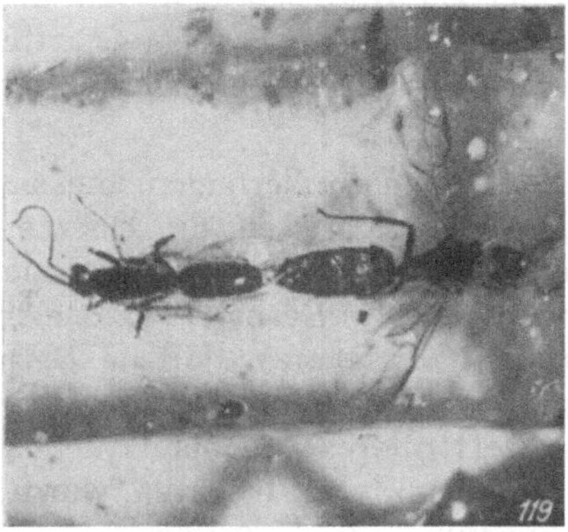

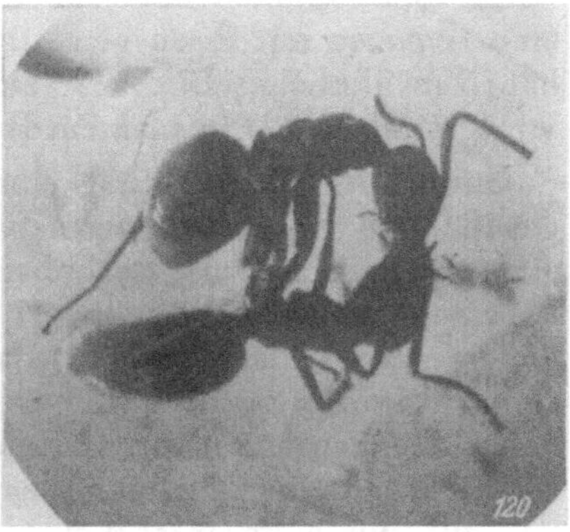

Abb. 119. Zwei Ameisen in copula, wie sie während des Begattungsfluges in das Harz gerieten.
Abb. 120. Sogar während der Fütterung wurden zwei Ameisen vom Harzfluß überrascht.

Baumbewohnern, die in Astgabeln ihre Nester bauen. Charakteristisch sind für sie mächtige Stacheln, die bei den im Bernstein vorkommenden auf dem Rücken sitzen und für eine in Erdnestern hausende Art unmöglich wären (Abb. 116). Die heutigen Arten leben meist auf Akazien. Einen nicht unerheblichen Reichtum an Einblicken in das Leben der Bernsteinameisen gibt uns eine Anzahl von Einschlüssen, die sie in prachtvoller Erhaltung in verschiedenen Lebenslagen zeigen. So bewahrt uns ein Stück, das das Bernsteinmuseum in Königsberg aufbewahrt, 15 Ameisen zusammen mit einer Blattlauskolonie. Sie waren also schon damals Nutzer dieser Milchkühe unserer heutigen Ameisen. Ein wandernder Zug wurde auf seinem Weg von herabfallendem Harz getroffen und 30 Ameisen kleben an der Unterfläche des kaum 5 cm langen Stückes. Eine einzelne ist auf der Flucht oder beim Übertragen einer Larve von einer Stelle zu einer günstigeren verunglückt. Sie hält die Larve auch im Tode noch so vorsichtig zwischen den Kiefern, daß nicht der geringste Eindruck auf ihr zu finden ist. Von jähem Tode wurde ein Paar ereilt, das sich auf dem Weg, den die eine auf der Straße vom Bau zur Sammelstelle von Vorräten machte, befand, während die andere zum Bau zurückwanderte. Bei solchen Begegnungen bettelt die ausziehende die gesättigt heimkehrende durch Beklopfen mit den Fühlern an und dieselbe gibt aus ihrem Kropf der Bittenden von ihrem Nahrungsvorrat ab. Ich habe kein gleich gutes Bild dieses Vorganges in Büchern über das Leben der Ameisen gefunden, das an Naturtreue diesem Paar gleichsteht (Abb. 120). Auch ein Paar *in copula* fehlt in meiner Sammlung nicht (Abb. 119).

Bei den Spinnen habe ich bereits ein Bild gebracht, auf dem eine *Archaea* mit ihren gewaltigen Kiefern eine Ameise ergriffen hat. Ein ähnliches Bild, wie eine Ameise Beute eines Laufkäfers wird, ist ebenfalls in meinem Besitze.

Gerade die Beobachtung einzelner Lebensäußerungen, die sich gewiß noch wesentlich vermehren ließen, gibt mir die Überzeugung, daß die Lebensgewohnheiten der Arten, die heute lebenden nahestehen, sich nicht geändert haben und im Bernsteinwald nicht anders waren als heute. So darf man annehmen, daß im Bernsteinwald nahe verwandte Arten ebenso lebten, wie die ihnen nahestehenden heutigen. Ein noch wertvolleres Zeugnis dafür, daß sie als Beutetiere vielfach das Opfer anderer Insekten wurden und für die außerordentliche Anlockung durch Ausscheidungen ihnen willkommener Säfte, gibt eine Entdeckung, deren Kenntnis wir ebenfalls W a s m a n n verdanken. Auf den Malayischen Inseln wurde eine Wanze gefunden, die mächtig behaart, durch diese Haare Säfte ausscheidet, die die Ameisen anlocken und von ihnen mit Leidenschaft abgeleckt werden. Die Wanze sitzt ruhig im Gebüsch und duldet diese Besuche, greift aber mit aller Ruhe nach einzelnen Ameisen und führt sie zum Mund, um den Hinterleib auszusaugen. Unter dem Platz, wo sie träge sitzt, liegt oft ein großer Haufen Ameisenleichen. Kurz nach Veröffentlichung dieser Beobachtung machte W a s m a n n einen Fund aus Bernstein bekannt, in dem eine ganz gleichgestaltete, nur um ein Drittel kleinere Wanze, mit vollständig gleicher Behaarung wie die lebende, im Bernstein eingeschlossen ist und unter ihr liegen zwei Häufchen Ameisen, deren Hinterleib eingeschrumpft ist, während der übrige Körper genau wie bei anderen Funden erhalten ist.

Von den nächsten Familien kommen im Bernstein wenige Arten vor. *Vespidae* weisen 5, *Pompilidae* 2, *Sphegidae* 12 Arten auf. Arten der *Vespidae* leben paarweise und füttern ihre Brut mit Honig auf, andere mit Insektenlarven, eine dritte Gruppe von

Arten lebt in gemeinsam gebauten großen Nestern, die von geringem Ausmaß bis zu außerordentlicher Größe wechseln und füttern dort ihre Nachkommen mit erbrochenen Säften ihrer Beute aus dem Tier- oder Pflanzenreich. Die Flügel tragen alle *Vespidae* in der Ruhe nach der Länge gefaltet über dem Hinterleib.

Pompilidae lähmen durch einen Stich ihres Giftstachels Spinnen und versorgen ihre Nachkommen mit diesen.

Sphegidae sind auch heute die artenreichste von diesen drei Familien und zerfallen in eine erhebliche Zahl sehr verschieden spezialisierter Unterfamilien. Durchgehends Räuber, versorgen sie ihre Larven mit toten oder gelähmten Insekten und Spinnen.

Apidae (Mellifera) (Bienen). Eine außerordentlich vielfach aufgespaltene Familie, die heute weit über 12.000 Arten zählt, die sehr verschiedene Lebensgewohnheiten haben. Eine Anzahl Arten lebt paarweise und legt für ihre Larven Futtervorräte in den kleinen Höhlen im Holz, in denen sie aufwachsen, an. Die wichtigste und stärkst entwickelte Gruppe, die Vertreter in allen Zonen hat, lebt in Staaten und läßt, wie die Ameisen, den Großteil der weiblichen Larven nicht zur Geschlechtsreife gelangen, sondern als Arbeiter die Versorgung der Kolonie mit Futter, den Bau der aus Wachs gebildeten Waben und die Fütterung der Larven besorgen. Das einzige, dauernd in einem Stock hausende Weibchen legt ungeheure Mengen von Eiern. Eine dritte Gruppe legt ihre Eier in Nester anderer Bienen und läßt diese für ihren Nachwuchs sorgen (Kuckucksbienen).

Die Verbreitung der Bienen ist am dichtesten in wärmeren, gemäßigten Klimaten, sie sind jedoch auch in der ganzen paläarktischen, nearktischen und neotropischen Region vertreten. Die wenigsten Arten finden sich in Afrika und Australien. Die ganze Erscheinung der Apiden ist wesentlich gedrungener als die der übrigen *Aculeata,* der Hinterleib ist nicht so stark, wie bei den übrigen, abgeschnürt vom Thorax. Der Kopf trägt hochentwickelte Augen und 12 bis 13gliedrige Fühler, die Mundteile, die verschieden spezialisiert sind, bilden bei den rein vom Honig lebenden Arten einen Saugapparat. Der Körper trägt vielfach starke Behaarung, die bei Honigsammlern am Bauch und den Beinen zu Sammelbürsten von Pollen ausgestaltet sind.

Im Tertiär sind Bienen keine häufige Erscheinung, doch kommt eine Anzahl Arten vor. Schröder erwähnt allein aus dem Bernstein 21 Arten, die verschiedenen Unterfamilien angehören; in der Bernsteinforschung veröffentlichte 1931 Salt die Beschreibung von weiteren drei Arten, somit sind bisher 24 Arten genau beschrieben. Außer diesen kenne ich noch mehrere Funde von Bienen, auf die die Beschreibungen nicht passen, so daß man bei genauer Durchsicht der Sammlungen mit einer nicht unwesentlichen Vermehrung rechnen darf. Immerhin wird die Zahl der im Bernstein vorkommenden Arten sehr verschwindend klein im Verhältnis zu den heute lebenden 12.000 Arten bleiben.

Sehr charakteristisch ist, daß von den bekannt gewordenen Arten immer nur einzelne Exemplare gefunden wurden. Es erklärt sich das dadurch, daß die Bienen wohl ihre Wohnbauten in Bäumen hatten, jedoch gewiß nicht in solchen, die Harz ausschieden, aber im Wald keine oder nur sehr beschränkt Nahrung fanden. Sie holten sich dieselbe auf den offenen, blumenreichen Geländen und wußten als ausgezeichnete Flieger gefährliche Stellen gut zu vermeiden. Es gehörten besondere Unfälle dazu, sie an Harz zu bringen. Ein solcher scheint geherrscht zu haben, als ein Harzaustritt ein Dutzend Bienen einschloß, die sich als einziges derartiges Vorkommen in einem Stück Bernstein befinden. Das Bernsteinstück ist etwa 4 cm lang und breit. Die Körper der eng aneinanderliegenden Bienen sind teilweise stark verzerrt oder zerrissen. Dieses Bernsteinblöckchen war durchsetzt und getrübt von einer dichten, gelben, undurchsichtigen Masse. Ich habe Ähnliches sonst nie im Bernstein gesehen und konnte dieselbe nur durch sehr langes Auskochen aus einem Teil entfernen, ließ aber einen Teil unberührt. Es ist zweifellos die Ausscheidung der Bienen, sei es Honig oder Fett. Es scheint mir sehr wahrscheinlich, daß ein Schwarm Bienen sich an den Ast eines harzenden Baumes angesetzt hat und dann von dem herabfließenden Harz ergriffen wurde und so zugrundeging. Immerhin scheint es mir neben der nahen Verwandtschaft vieler im Bernstein gefundenen, mit rezenten gesellig lebenden Arten ein weiterer Beleg dafür, daß die Lebensgewohnheiten damaliger Bienen von denen der heutigen kaum verschieden gewesen sind. Ein anderes Stück Bernstein enthält als Einschluß zwei Bienen gleicher Art, wohl auch ein Zeichen, daß sie gemeinsam ausflogen, um von ihrer Weide Nahrung zu holen.

Während die bis zu *Battaeformia* und *Coleoptera* behandelten Ordnungen wahrscheinlich in heißem Klima sich selbständig entwickelten, können wir mit Sicherheit annehmen, daß die *Hymenoptera* ihre zueinander so außerordentliche Vielfältigkeit in rauheren Gebieten erwarben. Es spricht dafür das Vorkommen der meisten Ordnungen durchaus oder größtenteils in paläarktischen Gebieten. Ausstrahlend sind sie auch in warme Regionen vorgedrungen und viele Familien bewohnen heute die Tropen. Ein

Verzeichnis der Familien gibt einen guten Einblick in ihren Werdegang.

Unterordnung *Symphyta*

Primitive Formen, Flügelgeäder reich, Abdomen vom Thorax noch nicht tief abgeschnürt. Auch Larvenform noch primitiv. Nicht sozial.

Lydidae. Lydinae: Etwa 170 Arten, vorwiegend in den kälteren und gemäßigten Gebieten Europas, Asiens und Amerikas. Larven leben in selbsterzeugten Gespinsten. Im Bernstein nur eine Art.

Xyelinae: Artenarm, paläarktisch. Im Bernstein nicht vertreten.

Tenthredinidae (Blattwespen): Etwa 3500 Arten, meist in den kälteren und gemäßigten Gebieten Europas, Asiens und Nordamerikas; in Südamerika und Australien schwächer, in Afrika und Indien schwach vertreten. Larven (Afterraupen) frei an Pflanzen.

Tenthredininae: Ein halbes Dutzend Arten im Bernstein.

Lophyrinae: Zwei Arten der Gattung *Lophyrus* aus dem baltischen Bernstein.

Hylotominae: In allen Faunengebieten, am reichsten in Südamerika. Im Bernstein nicht vertreten.

Cimbicinae: Vorwiegend paläarktisch und nearktisch. Im Bernstein nur eine Art der Gattung *Cimbex*.

Cephidae: Kaum 100 Arten im paläarktischen und nearktischen Faunengebiet. Larven endophag in Halmen und Zweigen. Im Bernstein zwei Arten der Gattungen *Cephus* und *Electrocephus*.

Siricidae (Holzwespen): Etwa 100 Arten in fast allen Faunengebieten, die meisten in Eurasien und Amerika. Größere Tiere. Larven holzbohrend. Im Bernstein zwei Arten der Gattung *Sirex*.

Oryssidae: Nur über zwei Dutzend Arten in allen Faunengebieten. Larven im Holz als Parasiten bei Käfern. Aus dem Bernstein noch nicht bekannt.

Unterordnung *Terebrantes*

In allen Faunengebieten sehr arten- und formenreich. Larven meist parasitisch in Arthropoden, seltener phytophag in Gallen. Im Bernstein sehr reich vertreten.

Trigonalidae: Reliktgruppe, etwa 50 Arten, meist in Südamerika. Larven parasitisch in Insekten. Im Bernstein nicht vertreten.

Aulacidae: Etwa 130 Arten in der ganzen Welt, meist in Australien und Amerika. Larven parasitisch in den Larven holzbohrender Insekten. Vier Arten der Gattungen *Pristaulacus* und *Micraulacinus* im baltischen Bernstein.

Ichneumonidae: Sehr artenreich. Larven vorwiegend in Schmetterlingsraupen parasitierend (Abb. 109).

Pimplinae: Etwa 1700 Arten auf der ganzen Erde. Im Bernstein eine Art nachgewiesen.

Cryptinae: Etwa 3200 Arten, die meisten aus der Paläarktis bekannt. Im Bernstein ein halbes Dutzend Arten der Gattungen *Mesostenus*, *Cryptus*, *Hemiteles*.

Ichneumoninae: Etwa 2500 Arten, die meisten aus dem paläarktischen Faunengebiet. Im Bernstein über ein Dutzend Arten.

Tryphoninae: Über 2000 Arten, meist paläarktisch und nearktisch. Drei Arten aus dem Bernstein.

Ophioninae: Über 3000 Arten, über alle Faunengebiete gleichmäßig verteilt. Zwei Arten aus dem Bernstein.

Ophionellidae: Einige Arten aus Nord- und Südamerika. Im Bernstein nicht vertreten.

Agriotypidae: Nur zwei Arten in Europa und Japan. Larven in Trichopteren parasitierend. Wohl wegen der Lebensweise im Bernstein nicht vertreten.

Lysiognathidae: Nur eine Art in Nordamerika. Aus dem Bernstein nicht bekannt.

Aphidiidae: Gegen 200 Arten, die fast nur in der Nordhemisphäre verbreitet sind. Larven in Blattläusen parasitierend. Im Bernstein vier Arten der Gattungen *Ephedrus, Aphidius, Propraon.*

Neorhacodidae: Nur eine Art aus Mitteleuropa. Im Bernstein nicht vorhanden.

Stephanidae: Etwa 150 Arten auf der ganzen Erde, besonders in Südamerika. Larven parasitisch in Holzinsekten. Im Bernstein drei Arten der Gattung *Electrostephanus.*

Leptophoenidae: Eine Art aus Panama. Im Bernstein nicht vertreten.

Pelecinopteridae: Eine Art aus dem Bernstein.

Megalyridae: Über ein Dutzend Arten aus Australien und Südamerika. Im Bernstein zwei Arten der Gattung *Prodinapsis.*

Braconidae: Etwa 5000 Arten, ziemlich gleich über alle gemäßigten und warmen Faunengebiete verteilt. Larven meist in Käfern parasitierend (Abb. 105, 107, 108, 110).

Spathiinae: Weit verbreitet, auf der Nordhemisphäre vorherrschend. Im Bernstein eine Art der Gattung *Cantharoctonus.*

Hormiinae: Artenarm. Paläarktisch und nearktisch. Im Bernstein zwei Arten der Gattungen *Hormiellus* und *Prochremylus.*

Braconinae: Artenreich, Weltweit verbreitet. Im Bernstein nicht vertreten.

Doryctinae: Artenreich. Vorwiegend in der nördlichen Hemisphäre verbreitet. Im Bernstein sechs Arten der Gattungen *Doryctes* und *Doryctomorpha.*

Hecabolinae: Mäßig artenreich. Fast nur auf der Nordhemisphäre. Im Bernstein zwei Arten der Gattungen *Polystenus* und *Promolonexis.*

Rhogadinae: Artenreich. Weit verbreitet. Im Bernstein 14 Arten der Gattungen *Rhyssalus, Palaeorhyssalus, Digastrotheca, Coeloreuteus, Clinocentrus, Semirhytus* und *Rhogas.*

Cheloninae: Viele Arten, meist auf der Nordhemisphäre. Im Bernstein elf Arten der Gattungen *Phanerotoma, Ascogaster* und *Diodontogaster.*

Triaspidinae: Im Bernstein nicht vertreten.

Helconinae: Mäßig artenreich. Vorwiegend auf der Nordhemisphäre, aber auch in Australien. Im Bernstein zwölf Arten der Gattungen *Chelonohelcon, Electrohelcon, Austrohelcon, Eumacrocentrus, Gymnoscelis* und *Aspicolpus.*

Diospilinae: Artenarm. Vorwiegend in Europa und Asien. Im Bernstein zehn Arten der Gattungen *Microtypus* und *Diospilites.*

Blacinae: Mäßig artenreich. Hauptsächlich auf der Nordhemisphäre. Im Bernstein neun Arten der Gattungen *Blacus, Electroblacus, Neoblacus* und *Pygostolus.*

Calyptinae: Mäßig artenreich. Hauptsächlich auf der Nordhemisphäre. Im Bernstein eine Art der Gattung *Brachistes.*

Ichneutinae: Artenarm. Meist auf der Nordhemisphäre. Im Bernstein zwei Arten der Gattung *Ichneutes.*

Leiophroninae: Im Bernstein eine Art der Gattung *Parasyrrhizus.*

Cardiochilinae: Artenarm, aber weit verbreitet. Im Bernstein eine Art der Gattung *Eocardiochiles.*

Agathidinae: Artenreich. Auf der ganzen Erde. Im Bernstein zwei Arten der Gattungen *Microdus* und *Snellenius.*

Neoneurinae: Hauptsächlich paläarktisch und nearktisch. Im Bernstein eine Art der Gattung *Elasmosomites.*

Microgastrinae: Artenreich. Meist paläarktisch und nearktisch. Im Bernstein eine Art der Gattung *Miracoides.*

Meteorinae: Artenreich, weit verbreitet. Im Bernstein vier Arten der Gattung *Meteorus.*

Euphorinae: Im Bernstein zwei Arten der Gattungen *Microctonus* und *Onychoura.*

Alyssidae: Artenreich, vorwiegend in der Nordhemisphäre. Larven meist in Dipteren parasitierend. Im Bernstein nicht vertreten.

Vanhorniidae: Nur eine Art aus Nordamerika. Im Bernstein nicht vertreten.

Pachylommatidae: Wenige Arten aus Europa und Nordamerika. Ameisenparasiten. Im Bernstein noch nicht gefunden.

Gasteruptionidae: Über 300 Arten in allen Faunengebieten. Parasiten von aculeaten Hymenopteren. Aus dem Bernstein nicht bekannt.

Evaniidae: Über 300 Arten, die meisten indomalayisch und neotropisch. Parasiten bei Blattiden. Im Bernstein drei Arten der rezenten Gattung *Evania.*

Cynipidae (Gallwespen): Meist sehr kleine Tiere. Gegen 1600 Arten, die meisten auf der Nordhemisphäre. Larven parasitisch in Insekten oder in Pflanzengallen. Von den zehn Unterfamilien ist nur eine im Bernstein vertreten.

Cynipinae: Über 800 Arten, die meisten paläarktisch und nearktisch. Larven erzeugen Gallen, vorwiegend in Eichen, oder sind Einmieter in solchen. Im Bernstein ein halbes Dutzend Arten der Gattung *Cynips* u. a.

Chalcididae (Erzwespen): Etwa 7000 Arten in allen Faunengebieten. Larven meist parasitisch in Insekten, ausnahmsweise auch phytophag oder gallenerzeugend. Von den 22 Unterfamilien sind nur zwei im Bernstein vertreten (Abb. 106, 113).

Pteromalinae: Die artenreichste Gruppe. Weltweit verbreitet. In Insekten (auch Cocciden) parasitierend. Im Bernstein zwei Arten der Gattung *Pteromalus.*

Perilampinae: Artenarm, aber weit verbreitet. Larven in Lepidopteren und Neuropteren parasitierend. Im Bernstein eine Art der Gattung *Perilampus.*

Mymaridae: Die kleinsten Hymenopteren und geflügelten Insekten überhaupt. Gegen 100 Arten, vorwiegend auf der Nordhemisphäre. Larven in Insekteneiern schmarotzend. Im Bernstein ein Dutzend Arten der Gattungen *Anaphes, Eustochus, Mymar, Litus, Limacis, Gonatocerus, Palaeomymar* und *Malfattia* (die beiden letzten nur aus dem Bernstein bekannt) (Abb. 112).

Serphidae (= Proctotrupidae): Etwa 3500 Arten, die meisten auf der Nordhemisphäre. Larven parasitisch in Arthropoden oder deren Eiern. Von den sieben Unterfamilien sind fünf im Bernstein vertreten.

Serphinae (= Proctotrupinae): Ziemlich artenarm, aber weit verbreitet. Larven in Dipteren und Koleopteren parasitierend. Im Bernstein sechs Arten der Gattung *Cryptoserphus.*

Belytinae: Artenreich, weltweit verbreitet. Dipterenparasiten. Im Bernstein eine Art der Gattung *Belyta.*

Diapriinae: Sehr artenreich, weit verbreitet. Dipterenparasiten. Im Bernstein eine Art der Gattung *Paramesius.*

Ceraphrontinae: Artenreich, weit verbreitet. Parasitisch in Aphiden, Cocciden und Dipteren. Im Bernstein sechs Arten der Gattungen *Ceraphron, Lagynodes* und *Conostigmus.*

Scelioninae: Artenreich, weit verbreitet. Schmarotzen hauptsächlich in Eiern von Lepidopteren, Hemipteren und Orthopteren. Im Bernstein 23 Arten der Gattungen *Hadronotus, Brachyscelio, Sparaison, Ceratoteleia, Archaeoscelio* u. a.

Monomachidae: Kaum ein Dutzend Arten aus dem tropischen Amerika und Australien. Im Bernstein nicht vertreten.

Sclerogibbidae: Etwa acht Arten in der paläarktischen, nearktischen, äthiopischen und orientalischen Region. Aus dem Bernstein nicht bekannt.

Unterordnung *Pelecinoidea*

Nur einige wenige Arten in Amerika. Käferparasiten. Im Bernstein nicht gefunden.

Unterordnung *Aculeata*

Höher entwickelte, meist mittelgroße Formen. Flügelgeäder reduziert oder die ganzen Flügel rückgebildet. Körper durch Einschnürung zwischen Mittelsegment und Abdominalsegment zwei mit „Wespentaille". Larven madenförmig. Oft sozial.

Plumariidae: Artenarm. Südamerika und Südafrika. Im Bernstein nicht gefunden.

Dicrogeniidae: Einige Arten in Afrika. Aus dem Bernstein nicht bekannt.

Bethylidae: Etwa 700 Arten, meist paläarktisch. Primitive Brutpflege: Larven werden mit gelähmten Schmetterlingsraupen oder Käferlarven gefüttert. Im Bernstein 27 Arten der Gattungen *Uromesitius, Palaeobethylus, Palaeobethyloides, Bethylopteron, Parapristocera, Protopristocera, Eupsenella, Prosierola, Perisierola, Epyris, Artiepyris, Pristapenesia, Misepyris, Holepyris, Isobrachium, Rhabdepyris* und *Laelius*, davon zahlreiche nur fossil bekannt.

Dryinidae: Über 400 Arten, meist paläarktisch. Larven ektoparasitisch in sackartigen Anhängen am Hinterleibe kleiner Hymenopteren. Im Bernstein sechs Arten der Gattungen *Thaumatodryinus, Lestodryinus, Neodryinus.*

Embolemidae: Kaum ein Dutzend Arten in Europa und Amerika. Im Bernstein zwei Arten der Gattungen *Embolemus* und *Ampulicimorpha.*

Cleptidae: Etwa 40 Arten in der paläarktischen Region und in Amerika. Larven parasitisch in Blattwespen. Im Bernstein eine Art der rezenten paläarktischen Gattung *Cleptes.*

Chrysididae: Etwa 1500 Arten in allen Faunengebieten. Leben in den Nestern solitärer Bienen und Wespen, aber auch bei Lepidopteren. Im Bernstein zwei Arten der Gattungen *Protochrysis* und *Omalus.*

Sapygidae: Etwa 60, meist paläarktische und nearktische Arten. Larven schmarotzen bei Bienen. Im Bernstein eine Art der Gattung *Sapyga.*

Rhopalosomidae: Artenarm. Antillen, Ost- und Südafrika. Larven ektoparasitisch, zum Teil an Orthopteren. Im Bernstein nicht gefunden.

Mutillidae (= Myrmosidae): Etwa 5000 Arten, vorwiegend in den wärmeren Gebieten. Teils primitive Brutpflege durch Lähmung der Futtertiere, teils Parasiten oder Kommensalen bei nestbauenden Hymenopteren, besonders Bienen. Von den elf Unterfamilien sind im Bernstein drei vertreten:

Scoliinae: Etwa 1000 Arten, besonders tropisch. Larven in durch einen Stich gelähmten Käferlarven. Im Bernstein eine Art der Gattung *Scolia.*

Mutillinae: Gegen 3000 Arten, meist tropisch. Larven schmarotzen bei nestbauenden Hymenopteren, besonders Apiden. Im Bernstein drei Arten der Gattung *Mutilla.*

Myrmosinae: Artenarm. Paläarktisch, nearktisch und orientalisch. Im Bernstein sieben Arten der Gattung *Protomutilla.*

Formicidae (Ameisen): Über 4000 Arten in allen Zonen, die meisten aber tropisch. Alle sozial (Abb. 114 bis 120). Im Bernstein alle fünf Unterfamilien sehr zahlreich vertreten.

Dorylinae: Relativ artenarm, vorwiegend tropisch. Im Bernstein eine Art der Gattung *Anomma.*

Ponerinae: Artenreich, vorwiegend tropisch. Im Bernstein neun Arten verschiedener Gattungen.

Dolichoderinae: Mäßig artenreich, weit verbreitet, meist tropisch. Im Bernstein 13 Arten der Gattungen *Dolichoderus, Liometopum* u. a.

Formicinae: Sehr artenreich, kosmopolitisch, aber vorwiegend thermophil. Im Bernstein 35 Arten der Gattungen *Lasius, Formica, Camponotus* u. a.

Myrmicinae: Sehr artenreich. Kosmopolitisch. Im Bernstein 30 Arten verschiedener Gattungen.

Vespidae (Wespen): Etwa 3000 Arten in allen Regionen, aber vorwiegend thermophil. Solitär oder sozial. Die solitären Wespen *(Eumenidinae)* sind im Bernstein nicht vertreten, die sozialen Wespen *(Vespinae)* durch ein halbes Dutzend Arten der Gattungen *Polistes, Vespa* u. a.

Masaridae: Etwa 70 Arten, weit verbreitet, hauptsächlich aber mediterran. Honigsauger. Im Bernstein nicht vertreten.

Pompilidae (= Psammocharidae, Wegwespen): Etwa 3000 Arten in allen warmen und gemäßigten Gebieten, hauptsächlich in Südamerika. Larven werden mit gelähmten Spinnen gefüttert. Im Bernstein zwei Arten der Gattung *Pompilus.*

Sphegidae (Raubwespen): Über 5000 Arten, hauptsächlich in den warmen und heißen Zonen. Larven werden mit verschiedenen gelähmten Arthropoden versorgt. Im Bernstein ein Dutzend Arten verschiedener Gattungen (Abb. 111).

Apidae (Bienen): Etwa 12.000 Arten in allen Zonen, die meisten in der paläarktischen, nearktischen und neotropischen Region.

Apinae: Im Bernstein etwa zwei Dutzend Arten der Gattungen *Halictus, Andrena, Xylocopa, Bombus, Electrapis* u. a.

Megachilinae: Bauchsammler. Im Bernstein neun Arten der Gattungen *Megachila, Osmia, Glyptapis, Ctenoplectrella* u. a.

14. Netzflügler *(Neuropteroidea* oder *Planipennia)*

Die in der Jetztzeit artenärmste Überordnung, von deren drei Ordnungen wahrscheinlich zwei den Höhepunkt ihrer Artenentwicklung überschritten haben. Alle drei Ordnungen sind als Larven und Vollkerfe starke Räuber. Die Entwicklung geht stets über ein Puppenstadium, doch sind die Puppen mehr als bei den anderen Insekten beweglich. Die Imagines haben stets kauende Mundteile, Komplexaugen und vielgliedrige Fühler. Der Kopf und Prothorax sind frei beweglich. Die Flügel sind reich geädert und werden in der Ruhe dachartig über den Hinterleib gelegt. Sie sind keine guten Flieger. Bei zweien der drei Ordnungen spalten sich die Adern der Flügel gegen den Flügelrand, so daß sie eine starke Versteifung desselben bilden.

Schon im Mesozoikum, aus dem wir die ersten Arten kennen, sind die Neuropteren auf voller Höhe ihrer Entwicklung. Die Hälfte der 52 Arten dieser Periode fällt auf Lias, die übrigen auf Malm und Kreide. Viele der mesozoischen Arten stehen den tertiären und lebenden bereits sehr nahe, aber es sind auch solche darunter, wie das wundervolle *Kaligramma,* das mit den großen Augenflecken auf den Flügeln und in deren Form sehr an Schmetterlinge erinnert und dessen Spezialisation höher steht als die der lebenden Formen. Auch die Vergabelung der Aderenden an der Peripherie ist weit vollkommener als bei irgend einer anderen Art.

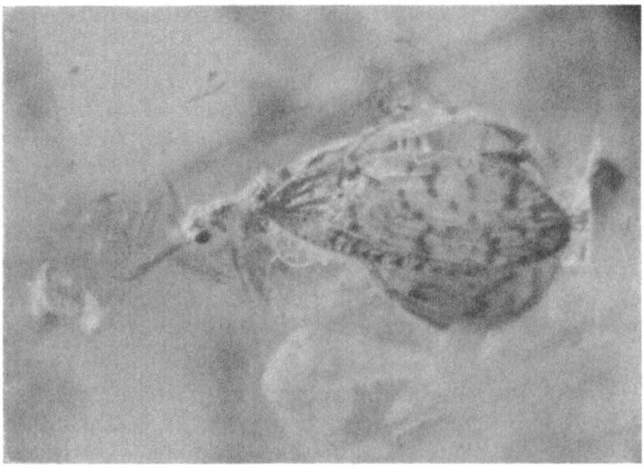

Abb. 121. Ein Netzflügler der Familie *Hemerobiidae* mit gut erhaltener Flügelzeichnung.

Eine in der Entwicklung der Insekten nur zweimal vorkommende Erscheinung ist, daß die Artenzahl des Mesozoikum die des Tertiär weit übertrifft und im Verhältnis zu den lebenden Arten einen hohen Hundertteil erreicht. Im Lias sind zirka 25, in Malm und Kreide 27, im Alttertiär 19, im Jungtertiär 13 bekannt und heute gibt es in allen drei Ordnungen 2000. Es scheint danach, daß der Höhepunkt an Vollkommenheit und Artenzahl schon im Lias erreicht war und seitdem ein Abstieg eingetreten ist.

Ordnung *Megaloptera* (Schlammfliegen). Die heutige Artenzahl ist ungefähr hundert, im Bernstein kennen wir drei, von denen zwei wahrscheinlich der Familie *Sialidae,* die dritte der heute noch lebenden Gattung *Chauliodes* angehören. Die Entwicklung der kiementragenden Larven vollzieht sich im Wasser. Die Arten des Lias stehen den im Bernstein gefundenen und lebenden sehr nahe.

Ordnung *Raphidides* (Kamelhalsfliegen). Wohl heute eine der artenärmsten Ordnung der Insekten überhaupt, da sie nur 80 Arten umfaßt. Besonders eigenartig ist die bedeutende halsartige Verlängerung des Prothorax, die den kleinen Kopf trägt. Vorder- und Hinterflügel sind fast gleich groß und in der Aderung nur unwesentlich verschieden. Beide Paare zeigen die merkwürdige Gabelung der Adern an ihrer Peripherie. Erstmalig erscheinen sie im Jura *(Mesoraphidiidae).* Aus dem Bernstein sind zwei Arten beschrieben *(Inocellia* und *Raphidia),* während aus dem jüngeren Miozän von Florisant zehn bekannt wurden. Die Kamelhalsfliegen des Bernsteins stehen den lebenden sehr nahe, so daß sie in die gleichen Familien eingeordnet werden können. Aus älteren Perioden sind keine gefunden, doch lassen Form und primitive Gestaltung der Flügel auf hohes Alter der Ordnung schließen. Wahrscheinlich ist die Ordnung, wie die verwandten Schlammfliegen, im Absterben begriffen.

Ordnung *Neuroptera* (echte Netzflügler). Ebenso wie bei den Kamelhalsfliegen ist der Bau der nahezu gleich großen

Abb. 122. Ein Netzflügler der Familie *Berothidae.*

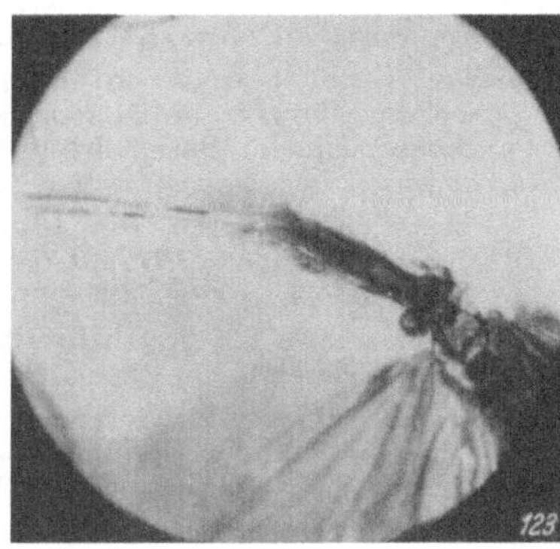

Abb. 123. Kopf einer Panorpa.

Flügelpaare sehr primitiv, die Gabelung der Adern an ihrem peripheren Ende ist ebenfalls durchgehends bei allen Arten verbreitet. Der Kopf sitzt auf einem kurzen Prothorax. Die Larven einer Familie, der Ameisenlöwen *(Myrmeleontidae),* leben in selbstgebauten Trichtern im Sandboden und vergraben sich am Grund derselben so, daß nur der Kopf mit den mächtigen Kiefern herausragt. Die stark verlängerten Mundteile (Mandibeln und Maxillen) sind so zusammengelegt und verbunden, daß jederseits ein Saugrohr entsteht und durch Zusammenwirken der beiden Kiefer eine Saugzange von einzigartiger, außerordentlich wirksamer Form gebildet wird, mit der in den Trichter fallende Insekten ergriffen und ausgesaugt werden. Im Bernstein sind 16 Arten beschrieben, die durchgehends ausgestorben sind und meist auch seither ausgestorbenen Gattungen angehören. Ihre heute lebenden Verwandten sind meist tropisch. Von allen drei Ordnungen scheint nur diese, die echten Netzflügler mit einer Artenzahl von etwa 3500, nicht am Zurückgehen, sondern fähig, sich auch weiter zu erhalten. Besonders die *Myrmeleontidae* scheinen in voller Blüte zu stehen. Die ältesten Reste stammen aus dem Perm, doch geht die Entstehung der Ordnung zweifellos weiter zurück.

Neuroptera, echte Netzflügler. Sämtliche im Bernstein gefundenen Arten heute ausgestorbenen Gattungen, aber rezenten Familien angehörend (Abb. 121, 122).

Ithonidae: Artenarm. Australien, Kalifornien, Himalaja. Im Bernstein nicht vertreten.

Dilaridae: In den wärmeren Gebieten, außer äthiopische und australische Region. Über 30 Arten. Im Bernstein nicht vertreten.

Psychopsidae: Kaum 20 Arten, meist Australien, wenige in Afrika, Indien und China. Larven unter Rinde lebend. Im Bernstein eine Art der Gattung *Propsychopsis.*

Berothidae: Etwa 30 Arten in allen wärmeren Gebieten. Larven terrestrisch. Im Bernstein eine Art der Gattung *Proberotha.*

Sisyridae: Etwa 30 Arten in allen Faunengebieten mit Ausnahme der kalten Zonen. Larven aquatisch, von Süßwasserschwämmen und Bryozoen lebend (!). Im Bernstein eine Art der Gattung *Rhophalis*, zwei *Sisyra.*

Hemerobiidae· Etwa 300 Arten in allen Zonen, meist paläarktisch und nearktisch. Larven von Blattläusen lebend. Im Bernstein fünf Arten der Gattungen *Prophlebonema, Prolachlanius, Prospadobius* und *Hemerobius.*

Chrysopidae: Etwa 800 Arten in allen Regionen. Larven vorwiegend von Blattläusen lebend. Im Bernstein eine Art der Gattung *Chrysopa.*

Mantispidae: Etwa 350 Arten in allen gemäßigten und warmen Gebieten, meist in Indien, Südamerika und Australien. Larven in Spinneneiersäcken oder Wespennestern lebend. Im Bernstein nicht vertreten.

Polystoechotidae: Artenarm. Amerika. Larven terrestrisch. Im Bernstein nicht vertreten.

Osmylidae: Kaum 100 Arten, meist tropisch. Larven halbaquatisch an Bächen unter Steinen. Im Bernstein eine Art der Gattung *Protosmylus.*

Coniopterygidae: Etwa 100 Arten in allen Faunengebieten, ausgenommen Arktis und Antarktis. Larven von Pflanzenläusen lebend. Im Bernstein zwei Arten der Gattung *Coniopteryx.*

Nemopteridae: Gegen 100 Arten, meist im Mediterrangebiete und in der äthiopischen Region. Larven terrestrisch im Sande. Im Bernstein nicht vertreten.

Nymphidae: Artenarm. Nur in Australien und der papuanischen Region. Larven meist in morschem Holz. Im Bernstein sieben Arten der Gattung *Pronymphes.*

Myiodactylidae: Artenarm. Australien, Papua, Lord-Hower-Inseln. Im Bernstein nicht vorhanden.

Myrmeleontidae (Ameisenlöwen): Fast 1200 Arten in allen wärmeren Zonen. Im Bernstein angeblich drei Arten der Gattung *Myrmeleon.*

Ascalaphidae: Über 300 Arten, meist tropisch. Larven meist im Sande. Im Bernstein nicht vertreten.

15. Skorpionfliegen *(Panorpata)*

Eine Ordnung, die seit ihrer ersten Entwicklung aus irgend einer Palaeodictyopteren-Familie ohne Beziehung zu den anderen

Ordnungen ihren eigenen Weg ging und dabei viele altertümliche Züge behielt; daneben hat sie sich in mancher Richtung, wie in dem Bau des Mundes, stark spezialisiert. Die durchgehends kräftigen Tiere haben einen sehr beweglichen Kopf, der lange Fühler und große Augen und bei manchen Arten drei Nebenaugen trägt. Die Mundteile sind stark verlängert, so daß sie zu einem schnabelartigen Saugapparat geworden sind. Die mit fünf Tarsengliedern versehenen Beine sind bei den lebenden Familien auffallend lang und tragen an den Gelenken oft starke Dornen. Der Körper ist langgestreckt; Vorder- und Hinterflügel sind in der Äderung einander fast gleich und beinahe gleich groß. Sie unterscheiden sich darin nicht von den ältesten Insekten. In der Ruhe werden sie ungefaltet über dem Hinterleib getragen. Trotz dieser großen Flügel sind sie träge und ungeschickte Flieger. Von den Flügeln machen sie meist nur Gebrauch, um von einem Busch zu einem anderen zu gelangen, weil sie dort auf bessere Beute rechnen, und auf der Suche nach dem anderen Geschlecht. Im Gezweige steigen sie sehr langsam umher, um einen passenden Platz für ihre Jagd zu finden. Dort sitzen sie vollständig ruhig und kaum sichtbar und warten, bis ein Insekt in greifbare Nähe kommt. Dann streckt sich eines der langen Beine sehr langsam vor und erfaßt mit einem letzten raschen Ruck die Beute, die an den Mund geführt und ausgesaugt wird. Nur selten schiebt sich die Skorpionfliege ganz langsam durch das Gezweige der Beute entgegen. Diese Art der Jagd dürfte zweifellos auf die schwerfälligen mesozoischen Insekten erfolgreich gewesen sein, entspricht aber nur unvollkommen den heutigen, viel beweglicheren Insekten und war im Tertiär ebensowenig erfolgversprechend. Nur Arten, die der Umgebung möglichst ähnlich und mit sehr gestreckten Gliedern ausgerüstet waren, konnten sich halten. Die Folge ist wahrscheinlich der außer-

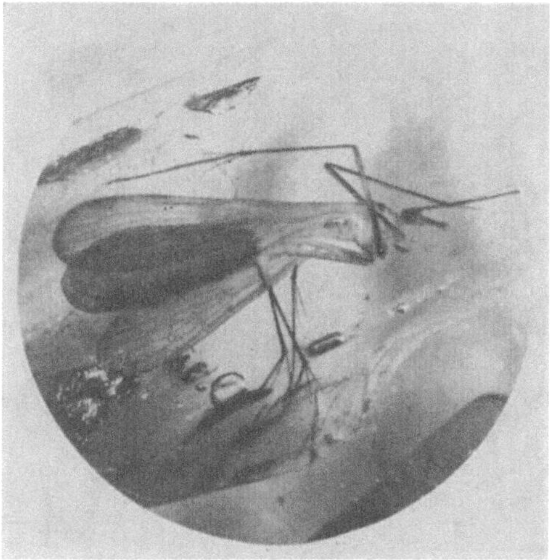

Abb. 124. Gut erhaltener *Bittacus (Panorpatae)*. Die langen Tarsen der Beine werden zum Beutefang verwendet.

ordentliche Rückgang der Artenzahl seit dem Mesozoikum. Im Trias und Lias sind 48 Arten gefunden, die einer wesentlich größeren Zahl von Familien angehören, als heute auf der ganzen Welt leben. Im späten Mesozoikum, Kreide, Malm, findet sich nur eine Art, im Berstein deren drei. Dieselben sind vollkommen auf gleicher Höhe der Entwicklung wie die lebenden Formen und gehören den noch lebenden Familien der *Panorpidae (Panorpa)* und *Bittacidae (Bittacus)* an. Heute leben gegen 200 Arten. Wenn man weiß, wie gering durchgehends die Artenzahl einer Insektenordnung im Lias, verglichen mit den tertiären und jetzt lebenden, ist, gewinnt man die Überzeugung, daß die Panorpaten im frühen Mesozoikum ihre höchste Blüte erreicht hatten und seit der lebhaften Entwicklung der übrigen Insekten in der Kreide einen starken Rückgang erfuhren. Sie waren zu einer Jagdart in hohem Grad spezialisiert und ausgerüstet, die unter den veränderten Lebensgewohnheiten ihrer Beutetiere nicht mehr genügte. Nur wenige konnten sich so weit anpassen, daß sie sich erhalten konnten, die Mehrzahl starb aus. Umgestalten konnten sie ihre Greifbeine nicht mehr, sie mußten nur so stark verlängert werden, daß sie aus einer Deckung heraus, wo das blattartige Tier lauerte, die entfernte Beute greifen konnten. Der Rückgang von 48 Arten im Lias, auf eine im Malm und drei im Bernstein, läßt sich kaum anders verstehen.

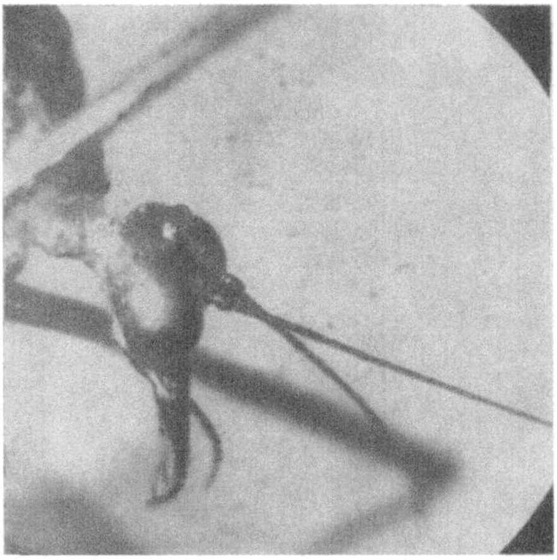

Abb. 125. Kopf eines *Bittacus,* von der Seite gesehen.

Im Bernstein gehören sie immer zu den selteneren Funden, sind aber meist sehr gut erhalten. Eine weitere Entwicklung haben sie seither nicht mehr durchgemacht. Die Abb. 124 gibt eine Bittacide, die Abb. 125 zeigt den merkwürdigen Kopf mit dem schnabelartigen Mund.

Während die *Panorpatae* selbst seit dem Mesozoikum einen bedeutenden Rückgang der Familien und Arten erlitten, geht eine Anzahl heute hochentwickelter Ordnungen und Familien auf eine Abstammung aus dem Panorpoidenstamme zurück. Alle haben sich sicher sehr früh von ihnen abgespaltet und sind eigene Entwicklungswege gegangen. *Trichoptera, Lepidoptera* (Schmetterlinge), *Diptera* (Zweiflügler), *Suctoria* (Flöhe) stammen von ihnen ab. Schon im Mesozoikum erscheinen Vertreter aller dieser Ordnungen, außer den Flöhen, wenn auch alle noch fern von der späteren hohen Entwicklung und Aufspaltung in eine bedeutende Zahl von Gattungen und Arten stehen.

16. Köcherfliegen *(Trichoptera)*

Wenn wir auf einer Waldwanderung an ein Gewässer kommen, sehen wir häufig an den Büschen und an den Stämmen der Bäume, besonders dort, wo sie lockerer stehen, braune Insekten ruhig sitzen, die Oberflügel, ähnlich Kleinschmetterlingen, gefaltet über den unteren. Sie erinnern in der Gestalt an ruhende Schmetterlinge, aber ihre meist gleichförmige braune Färbung scheidet sie von diesen auf den ersten Blick. Die wichtigsten Unterscheidungsmerkmale sind die Dornen, die sie an den Gelenken der Beine tragen, und die Bedeckung des Körpers und der Flügel mit Haaren statt der Schuppen der Schmetterlinge. Erst wenn die Sonne sinkt, beginnt dieses Völkchen zu schwärmen und sich einen Genossen zu suchen. Genau so mögen sie an den Gewässern des Bernsteinwaldes gehaust haben. Im Tode noch verraten sie uns das. Fast nie finden wir eine Trichoptere im Bernstein, die angeflogen ist und im Tode sich gewehrt hat. Fast alle sind genau in der Haltung, wie wir sie heute an den Büschen hängen sehen, eingeschlossen. Wenn es kühl wurde, fielen die glänzenden Tropfen nicht von den harzenden Bäumen, sondern nur wenn die Sonne warm auf den Stämmen lag. Der fallende oder fließende Tropfen umschloß das rastende, wenig widerstandsfähige Tier, und ohne Gegenwehr glitt es in den Tod. Nur ganz selten mochte eines, in der Dämmerung an einen Stamm anfliegend, auf einen halbstarren Tropfen aufgetroffen und festgehalten worden sein. Noch sind die Flügel locker gelöst von der Bewegung und werden so gehalten, bis in der steigenden Morgensonne ein neuer Erguß darüberfließt (Abb. 126 bis 128).

Heute ist die Verbreitung der Trichopteren eine weltweite, vom hohen Norden bis zum Äquator, aber die gegen 2000 Arten, die bekannt sind, stehen einander in der äußeren Erscheinung auffallend nahe. Diese große Ähnlichkeit der äußeren Erscheinung und des ganzen Baues dürfte eng mit der Entwicklung der Larven im Wasser zusammenhängen. Alle jene Insekten, die als primitiv gelten und in nahen Beziehungen zu den *Palaeodictyoptera* stehen, verleben ihr Larvenstadium primär im Wasser. Die Larven der

Trichopteren sind sekundär wieder zu Wasserbewohnern geworden, und es scheint das auf die Vollkerfe zurückzuwirken. Andere von den Panorpaten abstammende Ordnungen, deren Larven, wie die der Panorpaten, auf dem Lande hausen, zeigen eine starke Neigung, sehr viele, außerordentlich verschiedenförmige Familien und Arten zu bilden. Es ist nicht daran zu zweifeln, daß im Frühtertiär die Verbreitung nicht minder ausgedehnt war. Während aus Kreide und Lias nur einzelne Arten bekannt sind, hat uns aus dem Tertiär der Bernstein einen umfassenden Einblick in die damalige Entwicklung der Familien und Arten gebracht. Nach der glänzenden Bearbeitung von über 5000 Stück durch Dr. Ulmer kennen wir 177 Arten, die sich auf 60 Gattungen verteilen, also fast den zehnten Teil der heute bekannten Artenzahl. Keine andere Insektenfamilie aus dem Bernsteinwald hat uns eine verhältnismäßig gleich große Zahl geliefert. Es haben sich zwar keine Arten, die wir aus dem Bernstein kennen, bis heute erhalten, aber nicht weniger als 30 Gattungen jener Zeit bestehen und blühen noch heute. Die Arten des Bernsteins sind nicht direkte Ahnen der jetzt lebenden, sondern auf gleicher Höhe der Entwicklung wie diese. Auch die wenigen Arten, die wir aus Lias und Kreide kennen, stehen auf annähernd gleicher Stufe der Entwicklung.

Das Larvenstadium aller Trichopteren wird mit wenigen Ausnahmen, in denen die Larven auf feuchten Steinen der Uferzone oder im Moos leben, im Wasser durchlaufen. Gehäuse von Larven sind noch nicht gefunden und Ulmer zieht daraus den Schluß, daß jene Arten, deren Larven heute an Ufersteinen oder im Moos leben, noch nicht zu dieser Lebensweise übergegangen waren. Ganz bindend ist dieser Schluß wohl nicht, da wir ja auch von vielen anderen Tieren, die am Boden hausen und damals vorkamen, keine Larven kennen.

Verschiedene Gattungen halten sich streng an bestimmt geartete Gewässer, manche leben ausschließlich in rasch fließenden Bächen, andere in stillen Tümpeln, weitere Gattungen entwickeln sich nur in warmen Gewässern, wieder andere nur in kalten. Diese Beobachtungen ermöglichten Dr. Ulmer, ganz scharfe Schlüsse aus dem Fehlen und Vorkommen einzelner Gattungen auf die klimatischen und landschaftlichen Verhältnisse des Bernsteinwaldes zu ziehen.

Vollständig fehlen dort die *Limnophilidae,* eine Familie, die in allen Arten von Gewässern ihre Entwicklung durchmacht und heute fast ausschließlich eine Bewohnerin der Gebiete nördlich der warmen Zone ist. Dabei gehört sie mit gegen 600 Arten zu den artenreichsten lebenden. Die Gewässer waren ihr damals

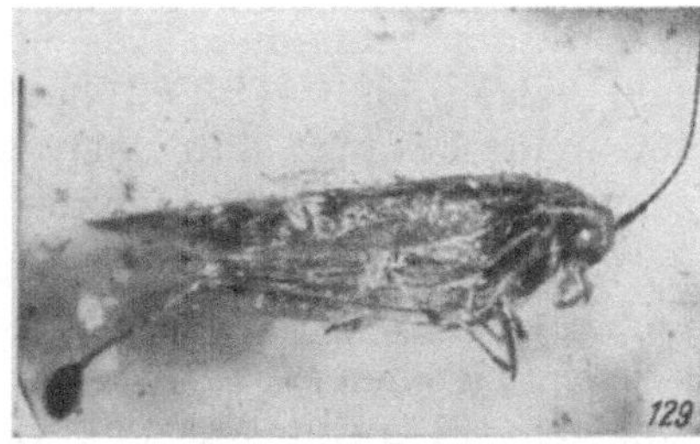

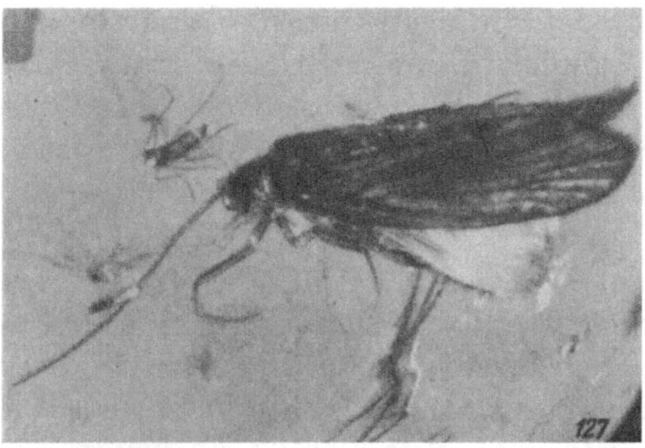

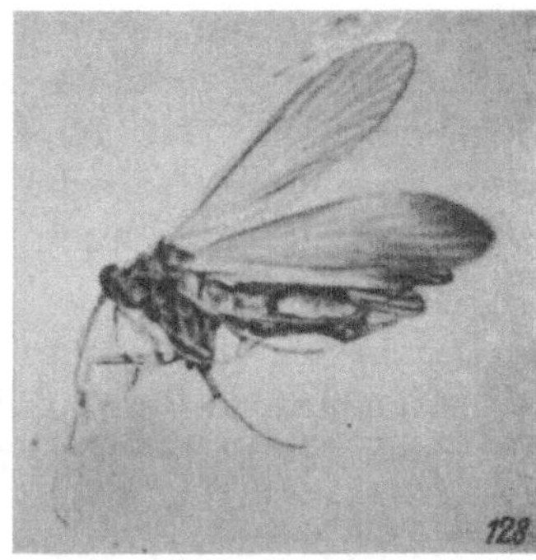

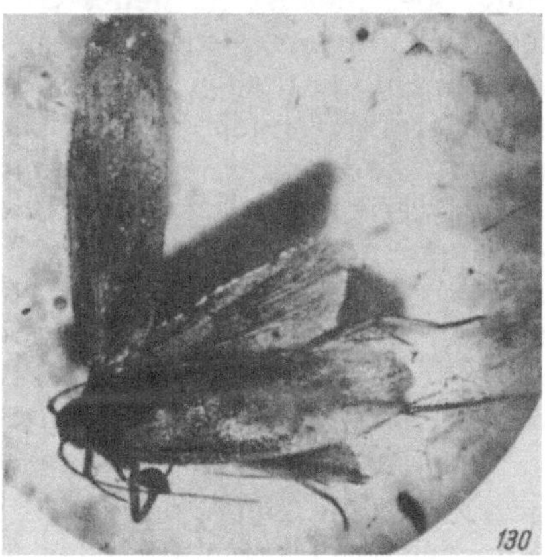

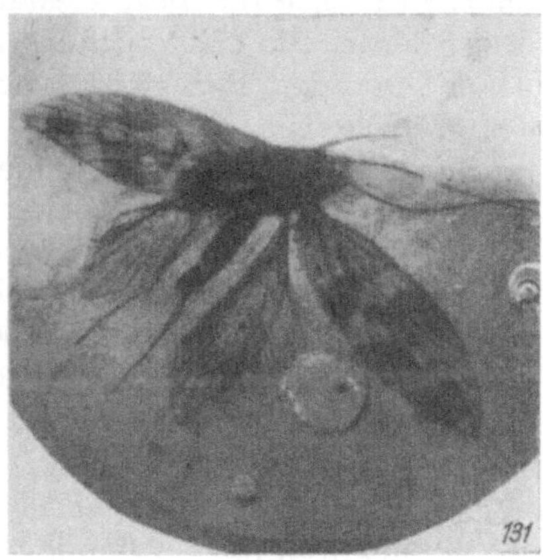

Abb. 126 bis 128. Drei verschiedene Köcherfliegen *(Trichoptera)*, deren Larven in den Bächen des Bernsteinwaldes gelebt haben.
Abb. 129. *Tineolamima aurella* Rebel, ein Kleinschmetterling der Familie *Tineidae*.
Abb. 130. *Borkhausenites bachofeni* Rebel, ein Kleinschmetterling der Familie *Oecophoridae*.
Abb. 131. Ein mottenähnlicher Kleinschmetterling mit gut erhaltener Flügelzeichnung.

zweifellos zu warm; sie hielt sich in kühleren Gegenden auf und erreichte unsere Breiten erst, als die Abkühlung weiter fortschritt. Im Gegensatz zu diesen sind die Polycentropiden, die häufigste Familie im Bernstein, ausgesprochene Freunde warmer Gewässer. Diese Familie hat offenbar den Höhepunkt ihrer Entwicklung überschritten, denn im Bernstein sind zwei Drittel aller vorkommenden Individuen Angehörige dieser Familie und die Artenzahl beträgt 69, während heute auf der ganzen Welt nur über 100 Arten bekannt sind, wenn wir die oben gegebenen Verhältniszahlen berücksichtigen, unverhältnismäßig wenige.

Wir dürfen unbesorgt voraussetzen, daß Familien, die heute Gewässer mit bestimmten Eigenschaften bevorzugen, auch damals in gleichen Verhältnissen zu leben pflegten. So ergibt sich, daß nur 14 Gattungen mit 72 Arten Bewohner ruhigfließender Gewässer waren, während 35 Gattungen mit 73 Arten in stark bewegten und acht in stehenden Gewässern ihre Entwicklung durchmachten. Das zeigt, daß lebhafte Gebirgsbäche das Gebiet durchströmten, also erhebliche Erhöhungen und Berge vorhanden waren, anderseits auch stille Tümpel und Seen und langsam fließende Bäche.

Die bescheidenen und an sich wenig auffälligen Trichopteren beweisen uns, daß der Bernsteinwald in einem warmen Klima auf bergigem Gelände gedieh, sich aber gleichzeitig auch in breite Täler oder vorgelagerte Ebenen erstreckte. Gewiß haben wir auch andere Beweise für diese Gestaltung, aber hier ist ein neues Glied in der Kette. Die Untersuchung der den heutigen Lebensräumen und der Fauna des Bernsteins gemeinsamen Gattungen ergab, daß der größere Teil Nordamerika und Eurasien angehört, fünf Gattungen jedoch mittel- und südasiatisch sind und zwei Gattungen mit zwei Arten ausgesprochen Südamerika zur Heimat haben. Ulmer kommt daher zu dem entscheidenden Satz: „Die Trichopterenfauna des Bernsteins ist also eine hauptsächlich aus eurasischen und nearktischen Elementen bestehende, aber von südamerikanischen und südasiatischen Formen durchsetzte Mischfauna mit subtropischem Charakter und vorwiegender Entwicklung der Polycentropiden."

Diese Feststellung stimmt ausgezeichnet mit vielen anderen Beobachtungen an der Pflanzenwelt und vielen Tiergruppen überein.

Nachdem wir über eine so gründliche Bearbeitung sämtlicher lebender und im Bernstein gefundener Trichopterenfamilien, wie Ulmer sie gibt, verfügen und die Familien mehr als bei anderen Ordnungen an bestimmte, engbegrenzte Lebensräume gebunden erscheinen, ist ein genaues, möglichst nur wichtige Erscheinungen festhaltendes Verzeichnis für unsere ganze Kenntnis der Bernsteinfauna von einzigartigem Wert.

Um ein möglichst richtiges Bild von dem, was uns die Trichopteren über den Bernsteinwald vermitteln können, zu gewinnen, müssen wir vor allem uns über den Lebensraum, in dem sie hausten, klar werden; denn die verschiedenen Gattungen halten sich sicher heute noch unter gleichen Lebensbedingungen wie damals auf. Vor allem an Ulmers Arbeit mich haltend, gebe ich die Aufstellung der Familien:

Rhyacophilidae: Die ursprünglichste Familie. Gegen 200, vorwiegend in der paläarktischen und nearktischen Region, aber auch in Südamerika, Neuseeland, Australien und Indien verbreitete Arten. Larven in rasch fließenden Gewässern, Gebirgsbächen und Wasserfällen. Im Bernstein zehn Arten der Gattungen *Rhyacophila* (Larven heute stets in stark fließendem Wasser mit steinigem Grund), *Electragapetus, Palaeagapetus, Glossosoma.*

Hydroptilidae: Über 100 Arten, vorwiegend in der paläarktischen und nearktischen Region, vereinzelt in Südamerika, Neuseeland, Australien, Indien und Afrika. Larven in stehenden und fließenden Gewässern. Im Bernstein fünf Arten der Gattungen *Agraylea* (Larven heute in Tümpeln, Teichen und Seen mit Pflanzenwuchs), *Allotrichia, Electrotrichia, Hydroptilia.*

Philopotamidae: Gegen 100 Arten, über alle Regionen zerstreut. Larven in stark fließenden Bächen. Im Bernstein neun Arten der Gattungen *Philopotamus* (Larven heute in Gebirgsbächen), *Dolophilus* (wie oben), *Electracanthinus* und *Stenopsyche.*

Polycentropidae: Über 100 Arten aus allen Gebieten, die meisten paläarktisch. Larven in langsam fließenden und stehenden, pflanzenreichen Gewässern aller Art. Die im Bernstein mit über 44 Prozent (gegen 6 Prozent der rezenten Fauna) der Arten am stärksten vertretene Familie. 69 Arten der Gattungen *Phylocentropus, Archaeoneureclipsis, Neureclipsis* (Larven heute in fließendem Wasser), *Plectrocnemia* (Larven heute in schnell fließenden Gewässern), *Holocentropus* (Larven heute in stehendem Wasser), *Nyctiophylax* (Larven heute wahrscheinlich in Seen), *Nyctiophylacodes* und *Cyrnus.*

Psychomyidae: Etwa 50 paläarktische, nearktische und orientalische Arten, eine Art in Australien. Larven in fließenden und stehenden Gewässern, meist in Gebirgsbächen. Im Bernstein 16 Arten der Gattungen *Archaeotinodes, Lype* (Larven heute in Teichen und Seen), *Tinodes.*

Hydropsychidae: Mit ungefähr 300 Arten in allen Regionen verbreitet. Larven in stärker fließenden, aber nicht reißenden Gewässern. Im Bernstein neun Arten der Gattungen *Hydropsyche* (Larven heute in stark fließenden Bächen), *Potamyia, Diplectrona* (Larven heute in Gebirgsbächen), *Electrodiplectrona.*

Arctopsychidae: Artenarm. Nordeuropa, Nordamerika, Nordasien. Im Bernstein nicht vertreten.

Calamoceratidae: Ungefähr 50 Arten, hauptsächlich in Asien und Amerika. Im Bernstein zwei Arten der Gattungen *Ganonema* und *Rhybdoceras.*

Molannidae: Etwa 20 Arten aus Europa, Nordamerika, Japan und Indien. Larven vorwiegend in stehenden Gewässern mit Sandgrund, aber auch in langsam fließenden Bächen. Im Bernstein drei Arten der Gattungen *Molannodes* (Larven heute in Bächen an ruhigen Stellen) und *Molanna* (Larven heute meist in stehenden Gewässern mit sandigem oder schlammigem Untergrund).

Beraeidae: Ungefähr zehn Arten aus Europa, Asien und Nordamerika. Larven in Bächen oder schwach bewegten größeren Gewässern mit reichlichem Pflanzenwuchs. Im Bernstein eine Art der Gattung *Beraeodes* (Larven heute meist in Bächen).

Leptoceridae: Über 200 Arten in allen Regionen, meist aber paläarktisch und nearktisch. Larven in allen Arten von Gewässern, meist aber in stehenden. Im Bernstein acht Arten der Gattungen *Triplectides* (Larven heute in klaren Bächen), *Setodes* (Larven heute meist in stehenden, pflanzenreichen Gewässern) und *Erotesis* (Larven heute in stehendem Wasser, Moortümpeln usw.).

Odontoceridae: Nur etwa 20 Arten, die meisten in Süd- und Nordamerika. In Australien gänzlich fehlend. Larven nur in schneller fließenden Gewässern mit steinigem Grunde. Im Bernstein fünf Arten der Gattungen *Electrocerum*, *Electropsilotes* und *Marilia* (Larven heute in Bächen Brasiliens).

Phryganeidae: Gegen 100 Arten, meist paläarktisch und nearktisch, in Afrika und Australien fehlend. Larven in pflanzenreichen, stehenden, selten ganz langsam fließenden Gewässern vom Moortümpel bis zum See. Im Bernstein acht Arten der Gattungen *Phryganea* (Larven heute in stehendem, pflanzenreichem Wasser) und „*Hallesus*".

Limnophilidae: Mit gegen 600 Arten die formenreichste rezente Familie. Fast ausschließlich paläarktisch und nearktisch, einzelne Arten auch in Südamerika und Australien; in der äthiopischen und orientalischen Region fehlend. Im Bernstein nur eine Art der Gattung *Limnophilus*. (Larven in verschiedenen Arten von Gewässern.)

Sericostomatidae: Gegen 200 Arten in allen Regionen, vorwiegend paläarktisch und nearktisch. Larven in schneller oder langsam fließendem Wasser, niemals in stehenden Gewässern ohne Abfluß. Im Bernstein 28 Arten der Gattungen *Goera* (Larven heute in langsam fließenden Bächen), *Silo* (Larven heute meist in Gebirgsbächen), *Lithax* (Larven heute in rasch fließenden Bächen), *Brachycentrus* (Larven heute in langsam fließenden Bächen der Ebene oder in Gebirgsbächen), *Palaeocrunoecia*, *Archaeocrunoecia*, *Electrocrunoecia*, *Electraulax*, *Palaeolepidostoma*, *Maniconeurodes*, *Helicopsyche* (Larven heute in Gebirgsbächen oder in der Brandungszone von Seen), *Palaeohelicopsyche*, *Electrohelicopsyche*, *Stenoptilomyia*, *Sphaleropalpus*, *Aulacomyia* und *Pseudoberaeodes*.

Außerdem im Bernstein noch drei Arten der Gattungen (mit unsicherer Stellung) *Perissomyia*, *Adelomyia* und *Ogmomyia*.

17. Schmetterlinge (*Lepidoptera*)

Ebenso, wie die *Trichoptera*, sind die Schmetterlinge aus primitiven Panorpaten hervorgegangen, mit deren Larven manche Schmetterlingsraupen entschiedene nahe Beziehungen zeigen. Während die Larven der Trichopteren jedoch wieder zum Leben im Wasser zurückkehrten und im Zusammenhang damit ihre Imagines verhältnismäßig sehr gleichartig wurden, haben die Schmetterlinge engen Anschluß an die Entwicklung der Blütenpflanzen gefunden. Sie haben dadurch und die Bildung von in Form und Farbe sehr verschiedener Schuppen, statt der Haare der Trichopteren, und durch die flächenartige Gestaltung der Flügel die Möglichkeit zu einer außerordentlichen Vielfältigkeit gewonnen. Die enge Beziehung der Schmetterlinge zu der Entwicklung der Blütenpflanzen hat zweifellos den außerordentlichen Reichtum von untereinander verwandten, aber in Zeichnung und Farbe sehr verschiedenen Arten hervorgebracht. Viele Arten leben von einem ganz engbegrenzten Kreis von Pflanzen, und die Schönheit der voll entwickelten Tiere übertrifft oft die der Blüten ihrer Nährpflanzen.

Der Kopf der Schmetterlinge trägt zwei meist vollkommen ausgebildete Facettenaugen und Ozellen, vielgliedrige Fühler, die sehr oft bei den Geschlechtern sehr verschiedene Ausbildung zeigen, und Mundteile, die oft zu einem einrollbaren Rüssel umgestaltet sind, da die meisten Arten Honigsauger sind. Wenige Familien sind Pollenfresser, eine bedeutende Anzahl nimmt als reifes Insekt überhaupt keine Nahrung. Die Segmente des Thorax sind verschieden groß und fest miteinander verbunden, der in voller Breite mit ihnen fest verbundene Hinterleib zeigt zehn Segmente, von denen bei manchen Familien einige reduziert sind. Die drei Beinpaare sind gleichartig gebildet, mit zwei Klauen versehen, das

Abb. 132. Schuppen des Kleinschmetterlings *Adelites*. Stark vergrößert.

vorderste oft wesentlich kürzer. Die Flügelpaare sind meistens flächig ausgestaltet, die hinteren kleiner als die vorderen, an diese durch einen Haftapparat angeschlossen, so daß die Arbeit nur durch sie geleistet wird. In der Ruhe werden die Flügel sehr verschieden getragen. Bei vielen, wie vor allem bei Nachtschmetterlingen, werden sie dachartig über den Hinterleib gelegt, manche tragen sie seitwärts ausgebreitet oder senkrecht über dem Hinterleib zusammengeschlagen. Bei vielen Arten zeigen Zeichnung und Färbung der Flügel enge Anlehnung an die Farben der Umgebung, in der sie ruhen. Wahrscheinlich ist die Entwicklung neuer Arten, vielleicht auch Familien, noch nicht abgeschlossen und es bestehen häufig Zwischenformen. Aus den einzeln, in kleinen Häufchen oder in Paketen abgelegten Eiern kriechen Larven (Raupen) aus, die oft an bestimmte Futterpflanzen gebunden sind. Die weitaus größte Menge sind Blätterfresser, wenige leben in Holz, nur wenige räuberisch. Das Wachstum geht unter mehrfacher Häutung vor sich und schließt mit der Verpuppung ab. Auch die Raupen wechseln die Farbe nach den Häutungen zuweilen. Nach der Verpuppung, die verschiedene Dauer hat, schlüpft die Imago mit weichen, unfertigen Flügeln aus, die rasch wachsen und erhärten. Das Leben der Geschlechtstiere dauert bei manchen wenige Tage, bei anderen viele Wochen.

Das erste Auftreten von Schmetterlingen kennen wir aus dem Mesozoikum. In Dogger und Malm Englands, Bayerns und Sibiriens finden sich Arten, die den lebenden *Limacodidae* nahestehen, die, mit kurzen Rüsseln versehen, auch heute keine Honigsauger, sondern Pollenfresser sind.

Der Bernsteinforscher Helm gibt an, daß von 1000 eingeschlossenen Insekten im Bernstein durchschnittlich nur ein Schmetterling sich finde. Handlirsch hat in seiner Zusammenstellung der Arten an *Frenatae* folgende Zahlen aufgeführt:

Überfamilie *Tinoidea,* Familie *Tineidae* sechs Arten, *Tortricidae* acht Arten; *Sesiidae* eine Art; *Psychidae* sieben Arten; *Arctiidae* eine Art; *Noctuidae* eine Art; *Sphingidae* eine Art; *Papilionidae* eine Art; *Lycaenidae* eine Art.

Abgesehen von den Kleinschmetterlingen *(Microlepidoptera),* ist nur sehr wenig Aussicht, daß von den damals lebenden Schmetterlingen Vertreter in das Harz gerieten. Man braucht Blüten besuchende Schmetterlinge nur zu beobachten und wird finden, daß sie große Feinschmecker sind, die, von ihrem Geruchsinn sicher geleitet, nur dort ihren Rüssel aufrollen und in eine Blüte senken, wo ihnen der Duft zusagt. Ein Anfliegen an das Harz war so gut wie ausgeschlossen, denn der Geruch desselben hat sie sicher gewarnt, und bei Sturm, der einen daran tragen konnte, fliegt ein Schmetterling nicht. Gegen 1000 lebende *Sphingidae* haben wir aus Bernstein einen *Sphinx* und eine *Sesia.* Wenige Arten, die heute leben, setzen sich an Nadelbäume, wie es etwa der Fichtenschwärmer an jenen Arten gern tut, an denen seine Raupen fressen. Am verständlichsten ist der Einschluß der prachtvollen *Arctia,* die in voller Farbenpracht vor einigen Jahren in das Bernsteinmuseum in Königsberg einzog. Gerade von dieser Familie findet man auch heute ganz frisch aus der Puppe gekrochene, in voller Schönheit am Boden oder unter Gesträuch, ehe sie den ersten Flug wagen. So ist wohl nicht zu verwundern, daß Handlirsch von Großformen gegenüber 5000 lebenden Arten im Bernstein nur eine erwähnt. Von *Noctuiden* ist das Verhältnis: gegen 20.000 rezente in allen Breiten im Bernstein eine. Von *Papilioniden,* die mit 600 Arten heute vorwiegend in den Tropen leben, wurde auch nur eine im Bernstein gefunden, die der Familie *Papilio* angehört, und in gleicher Anzahl sind die heute meist tropischen *Lycaenidae,* die jetzt 3000 Arten aufweisen, vertreten. Es ist bei solchen Verhältniszahlen zwecklos, alle 85 Familien, die zirka 100.000 Arten umspannen, aufzuzählen. (Aus jüngeren Schichten des Tertiärs sind ganz wesentlich mehr Arten beschrieben.) An Großformen des Bernsteins sind seither bekannt geworden eine ausgezeichnet erhaltene *Arctia,* die das Bernsteinmuseum in Königsberg besitzt, und eine ausgeschlüpfte Puppenhülle aus der Sammlung Professor A b e l s, die etwa einer kleinen Papilionide oder einem anderen Tagfalter angehört hat. Nach den Angaben über die Seltenheit von Schmetterlingen im Bernstein schien es mir wichtig, möglichst genau zu beobachten, um jeden mir vorkommenden zu erkennen. Der Erfolg war erstaunlich. Ich brachte ungefähr 60 Schmetterlinge und eine Anzahl von etwa zehn Raupen zusammen. Professor R e b e l hatte die Güte, das Material zu untersuchen, das ich noch durch 13 Stück aus Berlin und fünf aus Tübingen erweitern konnte. Selbstverständlich fiel ein erheblicher Teil für die genaue Bestimmung und Beschreibung aus, aber der Erfolg war dennoch ein bedeutender. Professor R e b e l beschrieb Arten folgender Familien:

Torticidae zwei (beide aus der Berliner Sammlung); Raupe eine, Sammlung Bachofen. *Hyponomeutidae,* sieben Arten: fünf stammen aus Berlin, eine aus Tübingen, eine Bachofen. *Oecophoridae,* elf Arten: sechs Berlin, zwei Tübingen, drei Bachofen.

In dieser Familie ist die Gattung *Borkhausenites* weitaus am stärksten vertreten. Von den elf Arten gehören ihr neun an. Die Häufigkeit von *Borkhausenites* ist deshalb besonders interessant, da sie heute in Europa vollständig fehlt (Abb. 130).

Elachidae: eine Art, Sammlung Bachofen.
Psychidae: eine Art, Sack einer Psychidenraupe.
Tinoidae, 7 Arten: Tübingen eine, Bachofen sechs.
Micropterygidae: eine Art, Tübingen.

Dieser Schmetterlingseinschluß ist besonders interessant, da er an allen Flügeln die vollständige Zeichnung erkennen läßt.

Damit ist die Anzahl der Kleinschmetterlinge von 21, die H a n d l i r s c h kannte, um 30 gestiegen. Die Ausbeute aus einer so kleinen Sammlung, wie der meinen, beweist, daß bei gründlicher Durchsuchung aller Sammlungen ein sehr reicher Zuwachs zu erwarten ist. Neben den von Professor R e b e l bearbeiteten Stücken enthält dieselbe noch eine Anzahl Einschlüsse von Raupen, die der Untersuchung wert wären, vor allem Sackträger, von denen einige wohl sicher Psychiden sind, eine jedoch einen ganz anderen Charakter trägt, und zwei Säcke von auffallender Größe. Leider

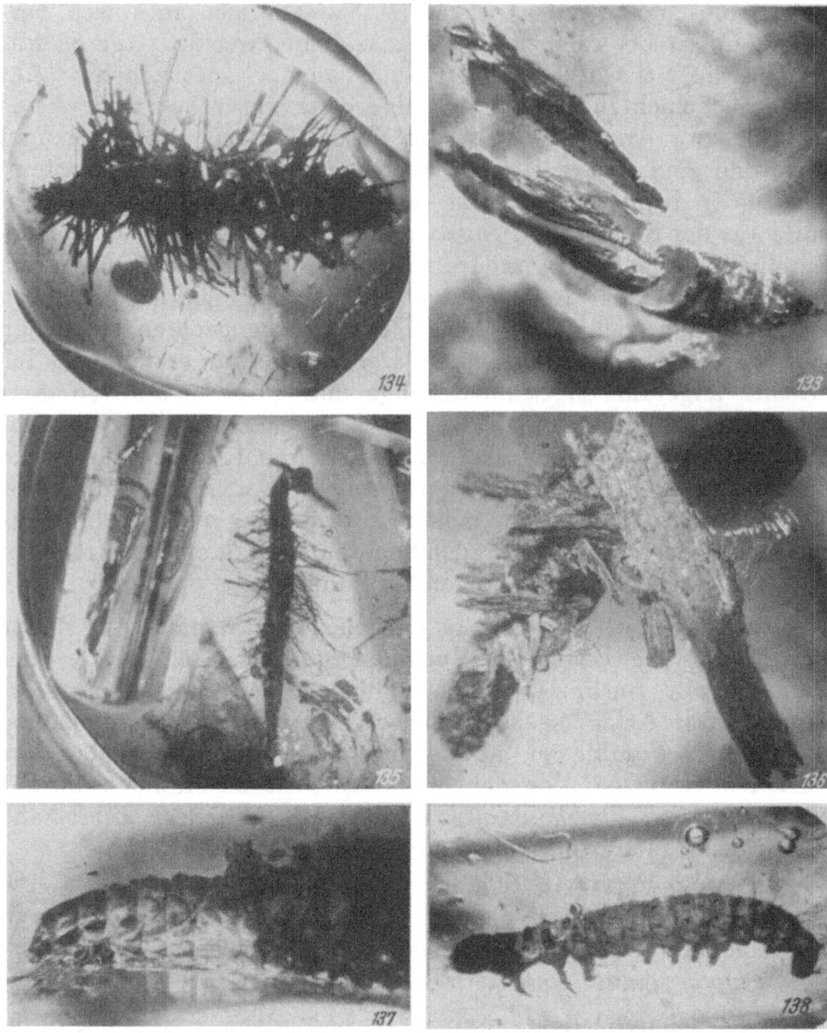

Abb. 133. Aufgebrochene Puppenhülle, aus der der Schmetterling bereits ausgekrochen ist.
Abb. 134 bis 136. Verschieden geformte Säcke von Psychiden.
Abb. 137. Aus einem Sack sieht das Vorderende der Raupe hervor.
Abb. 138. Tortriciden-Larve (Raupe eines Wicklers).

hat Professor Rebel nicht mehr vor seinem Hinscheiden sich damit beschäftigen können (Abb. 134 bis 138).

Die Aufzählung der Großformen, die ich der Arbeit Professor Handlirschs entnommen habe, weist von jeder Familie je ein Exemplar auf, worüber eine Bestimmung vorlag. Es scheint mir jedoch nicht absolut sicher, daß es sich durchgehends um

Funde aus Bernstein handelt, da mir die Beschreibung nicht zugänglich ist und Irrtümer möglich scheinen. Eine Sphingide zum Beispiel wurde von Zeuner aus Göttingen beschrieben. Jedenfalls bleibt die geringe Zahl sehr auffallend.

Abschließend kann man die Anschauung aussprechen, daß der Bernsteinwald eine ziemlich reiche Fauna von Kleinschmetterlingen beherbergte, deren Raupen hier ihre Nahrung fanden, daß jedoch die großen Formen, Tagschmetterlinge, Schwärmer, Spinner, Eulen usw., wohl erst in einem Entwicklungsstadium standen, das noch weit von dem heute erreichten Grad entfernt war. Hätte auf dem offenen Gelände der Umgebung schon eine reiche Schmetterlingsfauna gelebt, wären so gut wie auch von anderen Ordnungen, die keine Lebensbeziehungen zum Wald haben, wie Eintagsfliegen, viele offenes Land bewohnende Käfer, Heuschrecken, Mantiden, Wanzen, die alle wohl in Randgebüschen hausten, auch Schmetterlinge in das Harz geraten. Vorläufig steht man gerade bei den Schmetterlingen vor einem offenen Rätsel, das dadurch an Lösbarkeit nicht gewinnt, daß von einigen Familien der Großschmetterlinge wichtige Reste vorhanden sind, aber die sehr geringe Zahl macht doch den Eindruck, daß es sich um erste Schritte auf dem Weg zu hoher Entwicklung handelt.

Von den 89 rezenten Familien mit rund 100.000 Arten sind im Bernstein nur 14 Familien mit kaum 60 Arten vertreten. Es fehlen vor allem fast gänzlich die größeren Tag- und Nachtfalter, sowie unter den Kleinschmetterlingen die Familien *Gracilariidae*, *Lithocolletidae* und *Nepticulidae*. Dies mag darauf zurückzuführen sein, daß im Bernsteinwald Laub- und vor allem Blütenpflanzen nur lokal auftraten. Auch der Graswuchs dürfte nur spärlich gewesen sein (Seltenheit der *Elachistidae*). In unseren heutigen Nadelholzwäldern mit geringem Unterwuchs sind ebenfalls Kleinschmetterlinge, deren Raupen Blatt- oder Halmminierer sind (*Gracilariidae*, *Lithocolletidae*, *Nepticulidae*), selten. Im allgemeinen fallen die Bernsteinlepidopteren in den Rahmen der rezenten paläarktischen Fauna. Im Bernstein sind vertreten:

Micropterygidae: Rezent etwa 60 Arten in der paläarktischen Region, Formosa, Nordamerika, Australien, Neuseeland und Südafrika. Im Bernstein eine Art der Gattung *Micropteryx*, deren Larve zweifellos an Lebermoosen lebte, die in der feuchten Luft des Bernsteinwaldes üppig gediehen.

Adelidae: Über 200 Arten auf der ganzen Erde außer Neuseeland, in den Tropen schwächer vertreten. Larven in flachen Säcken an niederen Pflanzen. Imagines heliophil, in Wäldern nur auf Waldlichtungen und am Waldrand. Im Bernstein drei Arten der Gattung *Adelites*.

Incurvariidae: Etwa 70 Arten, fast nur in der nördlichen gemäßigten Zone. Larven oft minierend. Imagines meist heliophil. Im Bernstein eine Art der Gattung *Incurvarites*.

Tineidae: Etwa 1800 Arten, in den wärmeren Gebieten zahlreicher. Raupen an faulendem Holz, Schwämmen, Flechten, sowie trockenen pflanzlichen und tierischen Resten. Im Bernstein neun Arten der Gattungen *Architinea*, *Tineolamima* u. a. (Abb. 129).

Psychidae: Etwa 400 Arten auf der ganzen Erde. Larven sacktragend. Im Bernstein acht Arten der Gattungen *Sterrhopteryx*, „*Psyche*" u. a.

Hyponomeutidae: Etwa 800 Arten, meist tropisch. Larven oft an Knospen und Trieben, auch von Nadelholz. Im Bernstein sieben Arten der Gattungen *Scythropites, Epinomeuta* und *Argyresthites.*

Elachistidae: Etwa 300 Arten auf der ganzen Erde, aber vorwiegend in Europa. Larven hauptsächlich in Gräsern minierend. Im Bernstein eine Art der Gattung *Anybia.*

Oecophoridae: Über 3000 Arten in allen Gebieten, die Hälfte in Australien. Larven zwischen versponnenen Blättern und Früchten oder in morschem Holz. Die im Bernstein am reichsten vertretene Familie: elf Arten der Gattungen *Depressarites* und *Borkhausenites.* Die Arten der letztgenannten Gattung dürften sich zumeist an den unteren Partien der Stämme aufgehalten haben, wo sie mit ihrem langen Rüssel Exkretionen in Rindenspalten aufsaugten und leicht mit dem Harzfluß in Berührung kamen. Ihre Larven lebten wahrscheinlich unter der Rinde morscher Bäume und in deren Mulm.

Tortricidae: Etwa 4500 Arten auf der ganzen Erde, vorwiegend in der Paläarktis und Nearktis. Raupen zwischen zusammengesponnenen oder gerollten Blättern oder endophag. Im Bernstein elf Arten der Gattungen *Prophalonia, Tortrix* s. l. u. a.

Sphingidae: Etwa 1000 Arten, meist tropisch. Im Bernstein zwei Arten der Gattungen *Sesia* und *Sphinx.*

Arctiidae: Über 5000 Arten, meist neotropisch und orientalisch. Im Bernstein eine Art der Gattung *Arctia.*

Noctuidae: Über 20.000 Arten in allen Zonen, meist neotropisch. Im Bernstein eine Art der Gattung *Triphaena.*

Papilionidae: Etwa 600 Arten, meist tropisch. Im Bernstein eine Art der Gattung *Papilio.*

Lycaenidae: Etwa 3000 Arten, meist tropisch. Im Bernstein eine Art der Gattung *Lycaenites.*

18. Zweiflügler *(Diptera)*

Eine Ordnung, die heute nur von wenigen anderen der Zahl der Arten nach übertroffen wird und weltweite Verbreitung hat. Die Zahl der Individuen ist bei vielen Familien eine ungeheure.

Allen Zweiflüglern gemeinsam ist die Reduktion des rückwärtigen Flügelpaares zu kleinen Schwingkölbchen. Nur wenige Arten haben die Flugfähigkeit verloren. Durch Verwachsen der Lippen ist der Mund zu einem wirksamen Saugapparat, bei manchen zu einem Stechapparat geworden. Die Augen sind meist sehr vollkommen ausgebildet, die Anzahl der Fühlerglieder ist meist reduziert, die proximalen Glieder sind häufig stark vergrößert, die vorderen mit eigenartigen Verzweigungen versehen, bei manchen nur durch Borsten ersetzt. Der sehr bewegliche Kopf steht meist steil, bei manchen waagrecht. Die Thoraxsegmente sind fest verbunden. Die Fortpflanzung erfolgt durch Eier, doch bringen mehrere Familien bereits Larven zur Welt, manche schon in verpupptem Zustand. Die Larven leben teils als Pflanzenfresser, manche als Räuber, eine nicht geringe Zahl parasitisch und sind von sehr verschiedener Gestalt, aber immer fußlos (Maden). Die etwa 51.000 Arten verteilen sich auf die Unterordnungen: *Nematocera* (Mücken), *Brachycera Orthorhapha* und *Cyclorhapha* (Fliegen). Die erstgenannten sind die ältesten Dipteren, die wir kennen, und treten bereits im Lias auf, und zwar in bedeutender Anzahl von Arten. Diese Ordnung scheint dann im Alttertiär ihren Höhepunkt erreicht zu haben. Handlirsch gibt dafür die Zahl von 900 Arten an, doch dürfte sich dieselbe durch neuere Untersuchungen noch wesentlich erhöht haben. Die Zahl der lebenden Arten beträgt über 9000. Es lohnt sich, die Artenzahlen der einzelnen Familien zu betrachten und zu vergleichen. Die Artenzahlen in den einzelnen Perioden sind nach Handlirsch folgende:

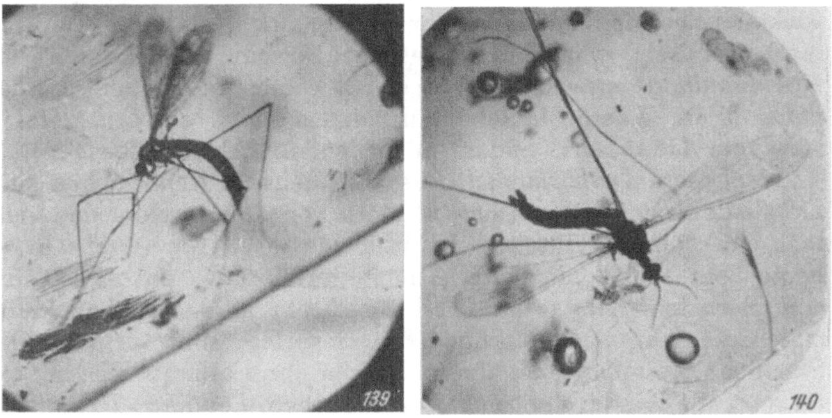

Abb. 139, 140. Stelzmücken oder Limoniiden (Limnobiiden) im Bernstein.

	Trias-Lias	Dogger-Kreide	Alt-Tertiär	Bernstein	Lebend
Mycetophilidae (= Fungivoridae)	1	5	307	200	1750
Bibionidae	2	3	160	12	300
Simuliidae (= Melusinidae)	—	—	15	11	110
Dixidae	—	—	5	5	25
Psychodidae	—	3	28	27	170
Chironomidae	—	4	127	89	1400
Culicidae	—	1	18	8	1200
Cecidomyiidae (= Itonididae)	—	—	76	72	2300
Tipulidae + Limnobiidae	—	—	164	130	1800

Es zeigt sich dabei, daß die primitivsten Familien im Tertiär verhältnismäßig sehr hohe Zahlen erreichen, die späteren, außer *Chironomidae* und *Tipulidae*, wesentlich geringere, also wahrscheinlich erst zu dieser Zeit in volle Entwicklung getreten sind. Anderseits finden wir, daß einige Familien, wie die *Bibionidae*, im Bernstein nur in wenigen Arten gefunden werden, während bei anderen weitaus der größte Hundertsatz aus dem Bernstein stammt.

Die beiden höher entwickelten Ordnungen scheinen im Tertiär ihre kräftige Entwicklung begonnen zu haben. Von den orthorhaphen *Brachycera* sind aus dem Mesozoikum drei Arten bekannt, aus dem Tertiär 304, denen 14.000 lebende gegenüberstehen. Noch auffallender sind diese Verhältniszahlen bei den Zyklorhaphen, die im Alttertiär mit 172 Arten den lebenden 27.600 gegenüberstehen.

Die *Nematocera* sind durchgehends schlanke Tiere mit gut entwickelten, bei den Familien sehr verschieden gestalteten Fühlern, die meist sehr reichlich Sinneshaare tragen. Die Larven der *Mycetophilidae* entwickeln sich in Schwämmen, die der *Psychodidae* in im Wasser faulenden Pflanzenresten, die *Culicidae* in stehenden Gewässern, andere in fließenden (Abb. 139 bis 146).

Brachycera Orthorhapha. Das auffallendste Kennzeichen sind die gliederarmen Fühler, der oft stark vergrößerte Kopf und vielfach eine starke Reduktion des Flügelgeäders. Die Artenzahl ist heute über 14.000 und betrug im Alttertiär 304, davon 243 aus dem Bernstein. Der größte Teil der Arten läßt sich ohne Mühe in lebende Familien einordnen. Im Bernstein sind vertreten die Familien: *Xylophagidae,* deren Larven im Fallholz hausen, wo auch oft die Larven der *Stratiomyidae* leben, *Leptidae, Tabanidae,* deren Männchen Honigfresser, die Weibchen Blutsauger sind. Im *Bernstein* sind sie selten. *Therevidae, Asilidae, Bombylidae; Empididae* sind mit über 40 Arten eine der häufigsten Familien, werden aber an Zahl der Arten noch von den *Dolichopodidae* mit ungefähr 100 Arten übertroffen (Abb. 148, 150, 156).

Cyclorhapha (zyklorhaphe Fliegen). Nur wenige Züge sind den sehr verschieden gestalteten Familien gemeinsam. Das Flügelgeäder ist stets stark reduziert, die Fühler nie mehr als dreigliedrig. Das dritte Glied trägt meistens Borsten. Mit fast 28.000 Arten sind sie die artenreichste Unterordnung der *Diptera.* Sie treten erstmalig im Alttertiär in Erscheinung, und es sind aus dieser Periode nur 172 Arten beschrieben, also im Verhältnis zu den lebenden eine sehr geringe Anzahl. 77 Arten entfallen auf den Bernstein; alle können in lebende Familien eingeordnet werden. Die vorkommenden Familien sind *Syrphidae, Platypezidae, Pipunculidae, Phoridae, Borboridae, Muscidae.* Auf die letztgenannte Familie entfällt die größte Artenzahl. Viele Arten sind mehr Bewohner offenen Landes als der Wälder, worauf wahrscheinlich beruht, daß sie im Bernstein seltener sind als etwa die *Nematocera* (Abb. 147, 151, 154).

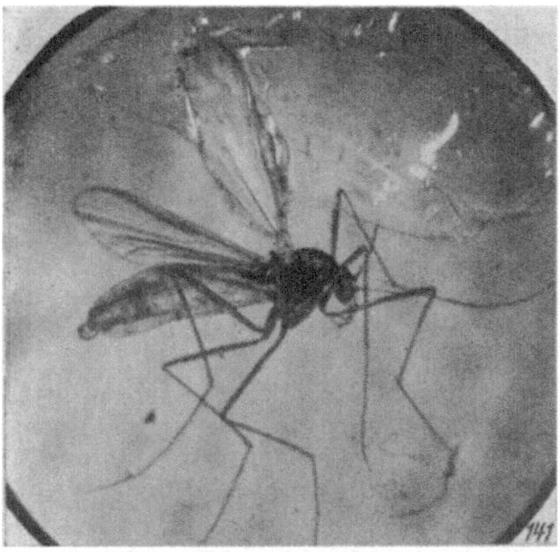

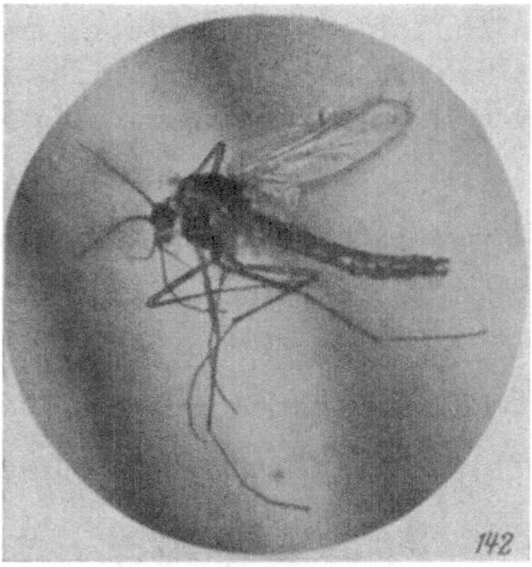

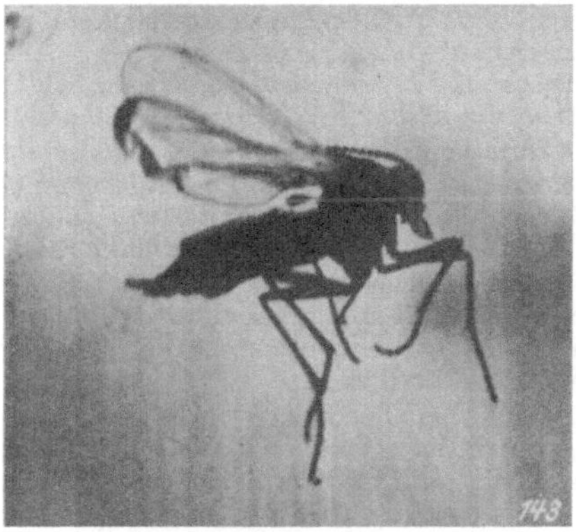

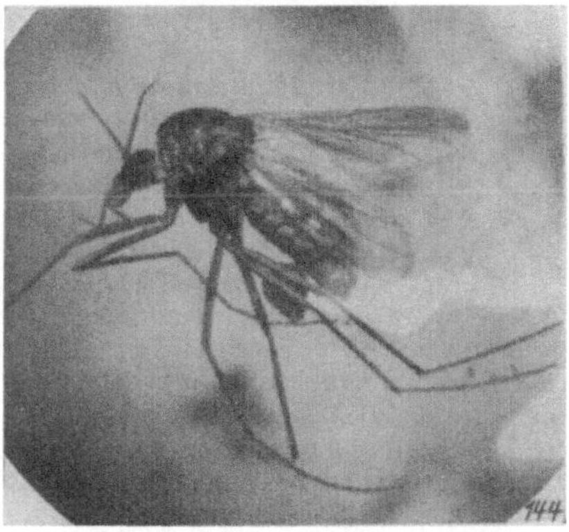

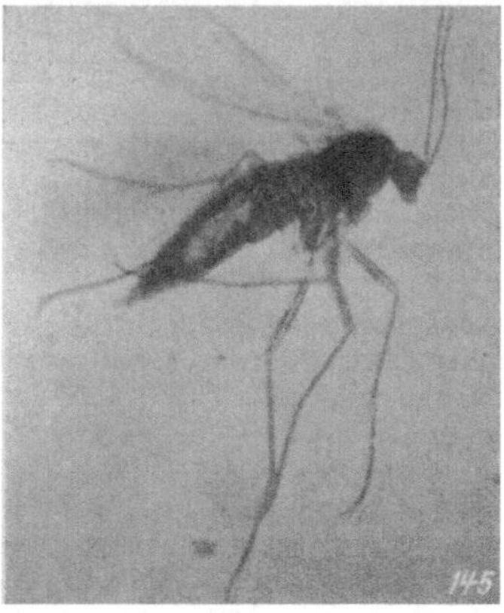

Abb. 141. Eine nematocere Diptere aus der Verwandtschaft der Stelzmücken (Limoniiden).
Abb. 142. Zuckmücke oder Tendipedide.
Abb. 143. Gallmücke oder Itonidide *(Cecidomyidae)*.
Abb. 144 bis 146. Pilzmücken oder Fungivoriden *(Mycetophilidae)*.

Im folgenden bringe ich eine gedrängte Übersicht über die Familien mit Anführung der Bernsteinfunde und der für deren Auswertung notwendigen biologischen Bemerkungen.

Nematocera

Petauristidae (Trichoceridae, Wintermücken): Über 40 Arten in der paläarktischen Region, Himalaja, Formosa, Nord- und Südamerika, Neuseeland. Larven in faulendem Laub. Imagines an sonnigen Herbst- und Wintertagen oft in Schwärmen. Im Bernstein zwei Arten der Gattung *Petaurista (= Trichocera).*

Tipulidae (Schnaken): Gegen 1400 Arten, hauptsächlich tropisch und subtropisch. Larven in feuchter Erde, moderndem Holz usw. Imagines an feuchten Orten. Im Bernstein 16 Arten der Gattungen *Macromastix, Tipula.*

Limoniidae (Limnobiidae, Stelzmücken): Über 1000 Arten in allen Regionen, auch weit in die Arktis und Antarktis vordringend. Larven meist aquatisch, seltener in Moos oder Pilzen *(Limonia).* Imagines an feuchten oder versumpften, schattigen, pflanzenreichen Orten. Im Bernstein 85 Arten der Gattungen *Limonia, Dicranoptycha, Thaumastoptera, Helius, Palaeopoecilostola, Tanysphyra, Austrolimnophila, Phyllolabis, Trichoneura, Electrolabis, Dactylolabis, Pseudolimnophila, Limnophila, Tanymera, Pilaria, Polymera, Hexatoma, Eriocera, Elephantomyia, Adelphomyia, Tricyphona, Styringomyia, Dasymolophilus, Ormosia, Erioptera, Rhabdomastix, Gonomyia, Gnophomyia, Trentepohlia* und *Ceratocheilus.*

Phrynidae (Rhyphidae, Pfriemenmücken): Reliktgruppe mit über 70 Arten in allen Regionen. Larven meist in faulenden Vegetabilien oder in sumpfigen Tümpeln. Imagines an schattigen, feuchten Orten. Im Bernstein fünf Arten der Gattung *Rhyphus (Phryne).*

Mycetobiidae: Gegen 20 Arten in Europa, Nordamerika, Chile, Asien und Afrika. Larven im Saftfluß und in ulzerösen Geschwülsten von Bäumen, Imagines um diese Bäume schwebend. Im Bernstein einige Arten der Gattung *Mycetobia.*

Lygistorrhinidae: Nur wenige Arten in Australien. Im Bernstein nicht vertreten.

Manotidae: Wenige Arten in Nordamerika, den Antillen und in der Paläarktis. Im Bernstein nicht vertreten.

Sciophilidae: Etwa 400 Arten, meist aus Europa und Nordamerika. Larven in Rindenschwämmen, Pilzen und faulenden Strünken. Imagines besonders im Frühling und Herbst häufig. Im Bernstein sehr zahlreich, etwa 50 Arten der Gattungen *Sciophila, Empheria, Polylepta, Palaeoempalia, Empalia, Loewiella, Lasiosoma.*

Fungivoridae (Mycetophilidae, Pilzmücken): Gegen 1000 Arten in allen Regionen. Larven vorwiegend in Schwämmen. Imagines an schattigen Orten, in der Nähe von Pilzen usw. Im Bernstein gegen 100 Arten der Gattungen *Syntemna, Palaeoanaclinia, Anaclileia, Archaeoboletina, Proboletina, Palaeoboletina, Boletina, Dianepsia, Docosia, Trichonta, Brachycampta, Allodia, Mycothera* u. a.

Zelmiridae (Platyuridae, Ceroplatidae): Über 200 Arten in allen Regionen (außer in der orientalischen?). Larven vorwiegend in Pilzen, Imagines an schattigen Orten. Im Bernstein etwa 20 Arten der Gattungen *Asindulum* und *Zelmira (= Platyura).*

Macroceridae (Langhornmücken): Etwa 50 Arten in der paläarktischen und nearktischen Region, Zentralamerika, Chile, Neuseeland und Australien. Im Bernstein etwa sechs Arten der Gattung *Macrocera.*

Ditomyiidae: Gegen 20 Arten, paläarktisch, nearktisch und neotropisch. Larven in Pilzen. Im Bernstein nicht aufgefunden.

Diadocidiidae: Kaum zehn Arten aus Europa und Nordamerika. Im Bernstein nicht vertreten.

Bolitophilidae: Gegen 20 Arten aus Europa, Nordamerika, Australien und Neuseeland. Im Bernstein nicht aufgefunden.

Lycoriidae (Sciaridae, Trauermücken): Gegen 100 Arten aus allen Gebieten, meist in Europa und Nordamerika. Larven meist in faulenden vegetabilischen Stoffen, auch in Baumfluß, Kot, Pilzen usw. Im Bernstein etwa 50 Arten der Gattungen *Palaeheterotrichia, Heterotrichia, Lycoria (= Sciara), Bradysia, Corynoptera, Heeriella* u. a.

Heteropezidae (Moosmücken): Kaum 30 Arten in Europa, Nord- und Zentralamerika, Australien und Neuseeland. Larven vorwiegend von Moosen, Rindenalgen, Flechten und Pilzen oder unter der Rinde von Laubbäumen lebend. Im Bernstein etwa sieben Arten der Gattungen *Frirenia, Heteropeza* und *Ledomyiella.*

Itonididae (Cecidomyiidae, Gallmücken): Gegen 3000 Arten, meist in Europa und Nordamerika. Larven vorwiegend gallenerzeugend oder parasitisch, seltener *(Campylomyzinae)* in morschem Holz oder in faulenden Vegetabilien, letztere aber im Bernstein reicher vertreten. Im Bernstein etwa 25 Arten der Gattungen *Bryocrypta, Colpodia, Epidosis, Camptomyia, Winnertzia, Campylomyza, Lestremia* u. a.

Hesperinidae: Nur eine Art aus Südosteuropa. Im Bernstein nicht vertreten.

Pachyneuridae: Sehr artenarm. Nordeuropa, Ungarn, Sibirien, Japan, Formosa, Nordamerika. Imagines in Wäldern. Im Bernstein nicht vertreten.

Bibionidae (Haarmücken): Etwa 300 Arten in allen Gebieten, weit in die Arktis vordringend. Larven in der Erde von faulenden Pflanzenstoffen lebend. Imagines im zeitigen Frühjahr, oft auf Umbelliferen. Im Bernstein etwa zehn Arten der Gattung *Bibio* s. l.

Scatopsidae (Dungmücken): Etwa 100 Arten in allen Gebieten. Larven in Fäkalien und faulenden Substanzen. Imagines in deren Nähe. Im Bernstein vier Arten der Gattung *Scatopse.*

Corynoscelidae: Kaum zehn Arten aus dem mittleren und nördlichen Europa, eine von Neuseeland. Im Bernstein nicht vertreten.

Tanyderidae: Reliktgruppe mit etwa 30 Arten in fast allen Regionen. Im Bernstein eine Art der Gattung *Macrochile.*

Liriopidae (Ptychopteridae, Faltenmücken): Reliktgruppe mit etwa 40 Arten, vorwiegend holarktisch. Larven im Schlamm. Imagines in der Nähe von Gewässern an Blüten und Pflanzen. Im Bernstein eine Art der Gattung *Ptychoptera (= Liriope).*

Psychodidae (Schmetterlingsmücken): Etwa 300 Arten in allen Regionen. Larven meist in jauchigem Wasser, aber auch an sumpfigen Orten, in Baumhöhlungen und an Pilzen. Imagines ebendort, mitunter (Phlebotominen) blutsaugend. Im Bernstein gegen 30 Arten der Gattungen *Trichomyia, Diplonema, Eatonisca, Phlebotomiella, Palaeosycorax, Phlebotomus, Pericoma* und *Psychoda.*

Dixidae: Etwas über 100 Arten in allen Regionen. Larven in kalten, reinen Quellen und Gewässern. Imagines an feuchten, mit Buschwerk bestandenen Stellen in Auen und Wäldern. Im Bernstein etwa fünf Arten der Gattung *Dixa.*

Corethridae: Rund 50 Arten in allen Gebieten. Larven in stehenden Gewässern. Imagines in deren Nähe. Im Bernstein drei Arten der Gattung *Corethra.*

Culicidae (Stechmücken): Gegen 1500 Arten, meist tropisch. Larven vorwiegend in stehenden Gewässern, seltener in rasch fließenden Bächen (gewisse Anophelinen), Imagines in deren Nähe. Weibchen blutsaugend. Im Bernstein fünf Arten der Gattung *Culex* s. l.

Tendipedidae (Chironomidae, Zuckmücken): Rund 2000 Arten in allen Regionen. Larven in allen Arten von Gewässern, auch in salzhaltigen. Imagines meist in Massen auftretend. Im Bernstein über 60 Arten der Gattungen *Tendipes (= Chironomus), Tanytarsus, Cricotopus, Camptocladius, Eurycnemus* und *Tanypus.*

Heleidae (Ceratopogonidae, Gnitzen): Etwa 400 Arten, meist holarktisch, u. zw. vorwiegend in den nördlichen Gebieten. Larven der *Heleinae (= Ceratopogoninae)* terrestrisch, unter Rinde, Steinen, moderndem Holz, in faulenden Pflanzen, Pilzen und in Harz, die der *Culicoidinae* (im Bernstein n i c h t vertreten) aquatisch. Imagines der *Heleinae* an Säugetieren Blut saugend, die der *Culicoidinae* an anderen kleinen Insekten saugend. Im Bernstein 25 Arten der Gattung *Ceratopogon (= Helea).*

Melusinidae (Simuliidae, Kriebelmücken): Gegen 300 Arten, meist paläarktisch, nearktisch und neotropisch. Larven nur in mehr oder weniger rasch fließendem, sauerstoffreichem Wasser. Imagines blutsaugend, besonders im Frühjahr häufig. Im Bernstein etwa ein Dutzend Arten der Gattung *Simulium (Melusina).*

Abb. 147. Muscide.

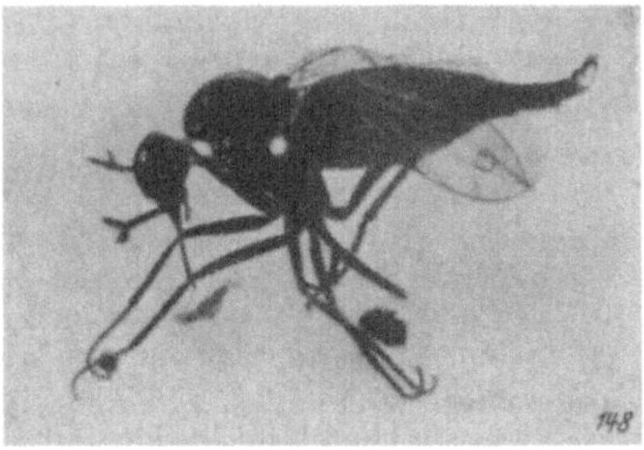

Abb. 148. Tanzfliege oder Empidide.

Thaumaleidae (Orphnephilidae): Rund 30 Arten in den Hochgebirgen der paläarktischen und nearktischen Region. Larven hygropetrisch, an überrieselten Felsen. Imagines auf Gebüsch und Bäumen in der Nähe von Gebirgsbächen. Im Bernstein n i c h t vertreten.

Blepharoceridae: Über 50 Arten in den Gebirgsgegenden aller Regionen. Larven stenotherme Kaltwassertiere, fast ausschließlich in Gebirgsbächen. Imagines in deren Nähe. Im Bernstein n i c h t vertreten.

Deuterophlebiidae: Nur wenige Arten aus den Gebirgen von Kaschmir, Altai und Nordamerika. Larven in reißenden Gebirgsbächen. Im Bernstein n i c h t vertreten.

Nymphomyiidae: Nur eine Art aus Japan. Im Bernstein n i c h t vertreten.

Brachycera — Orthorhapha

Erinnidae (Xylophagidae, Holzfliegen): Reliktgruppe mit etwa 30 Arten in allen Regionen außer Afrika. Larven unter der Rinde oder im Holz abgestorbener Bäume, seltener in Moder. Imagines vorwiegend an Baumstämmen. Im Bernstein acht Arten der Gattungen *Xylophagus, Habrosoma, Chrysothemis* u. a.

Rhagionidae (Leptidae, Schnepfenfliegen): Rund 400 Arten in allen Faunengebieten. Larven räuberisch in der Erde, unter Baumrinde oder im Wasser *(Atherix).* Imagines an Baumstämmen und Blättern. Im Bernstein etwa 14 Arten der Gattungen *Rhagio (= Leptis), Dialysis, Palaeohilrimorpha, Atherix* u. a.

Tabanidae (Bremsen): Etwa 2200 Arten in allen Regionen, meist tropisch. Larven aquatisch, halbaquatisch oder terrestrisch. Weibchen meist blutsaugend. Im Bernstein fünf Arten der Gattungen *Silvius, Tabanus* u. a.

Solvidae: Gegen 80 Arten aus der paläarktischen, nearktischen, orientalischen und äthiopischen Region. Larven unter Baumrinde. Im Bernstein n i c h t gefunden.

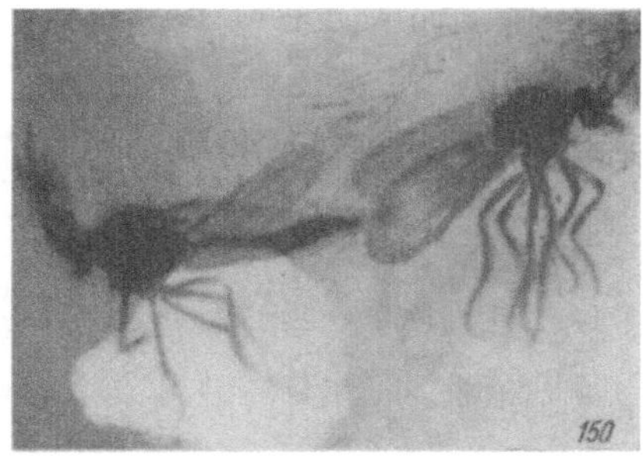

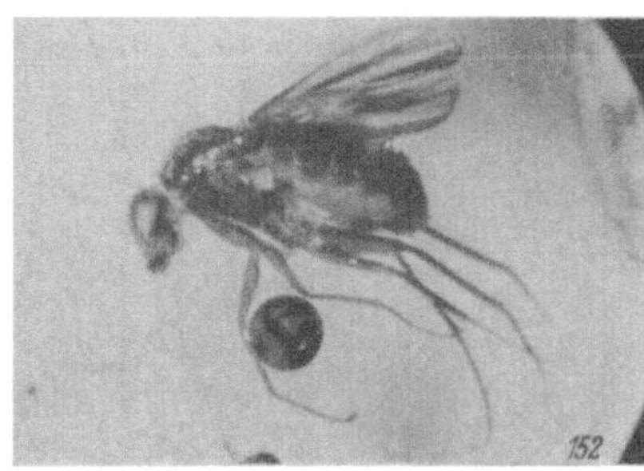

Abb. 149. Gallmücke oder Itonidide *(Decidomyidae)*.
Abb. 150. Zwei Fliegen in Copula.
Abb. 151. Augenfliege oder Dorylaide.
Abb. 152. Vermutlich eine Minierfliege *(Agromycidae)*.

Stratiomyiidae (Waffenfliegen): Rund 1300 Arten in allen Regionen, meist tropisch. Larven terrestrisch (auch unter Rinde) oder aquatisch *(Stratiomyiinae)*. Imagines besonders auf Umbelliferen und Kompositen. Im Bernstein drei Arten der Gattungen *Stratiomyia, Beris* (heute vorwiegend australisch) u. a.

Nemestrinidae: Rund 200 Arten aus allen wärmeren Gebieten. Larven wahrscheinlich durchwegs parasitisch in anderen Insektenlarven. Imagines sind Bewohner heißer, trockener, regenarmer Landstriche. Im Bernstein daher f e h l e n d.

Acroceridae: Über 200 Arten, meist in Amerika. Larven parasitisch in Spinnnen. Imagines auf Buschwerk. Im Bernstein eine Art der Gattung *Acrocera.*

Therevidae: Rund 460 Arten aus allen Gebieten, die meisten aus Europa und Nordamerika. Larven in der Erde, in faulenden Vegetabilien, moderndem Holz usw. Imagines auf sonnenbeschienenen Sträuchern und auf der Erde. Im Bernstein sechs Arten der Gattung *Thereva.*

Apioceridae: Reliktgruppe mit 20 Arten aus Nordamerika, Australien, Chile, Südafrika, Borneo und Ceylon. Imagines Blütenbesucher in sonnigen, trockenen Gegenden. Im Bernstein daher f e h l e n d.

Omphralidae (Scenopinidae): Rund 50 Arten, meist paläarktisch und nearktisch. Larven in Pilzen, faulem Holz usw. Im Bernstein n i c h t vertreten.

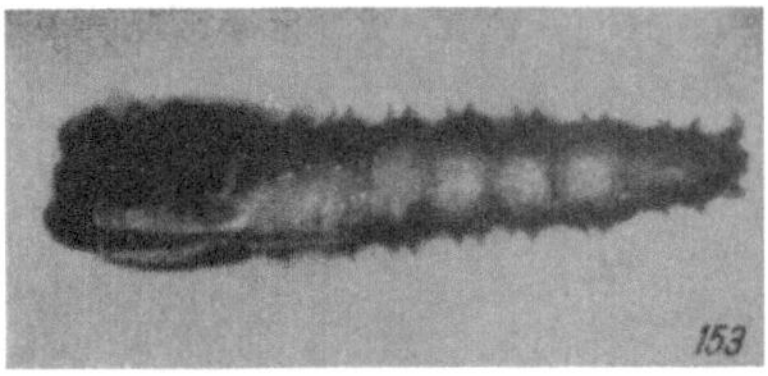

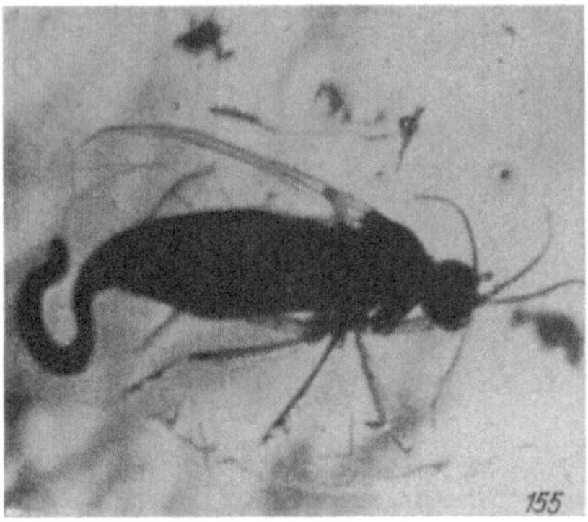

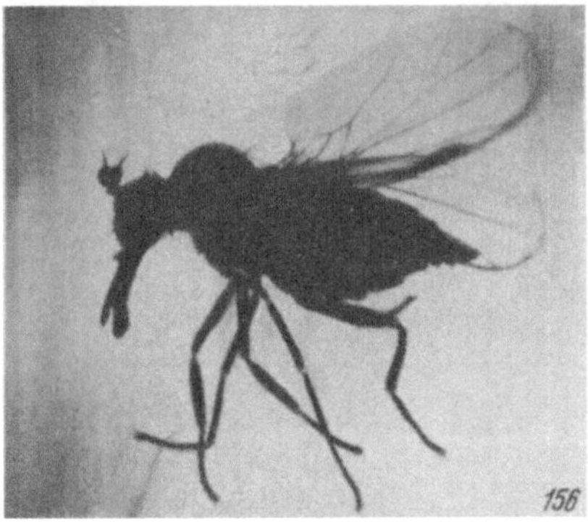

Abb. 153. Leere Puppenhülle einer nematoceren Diptere.
Abb. 154. Ein Vertreter der heute nur in den Tropen lebenden Diopsiden.
Abb. 155. Weibliche Fliege mit ausgetretenem Legeapparat.
Abb. 156. Tanzfliege oder Empidide.

Asilidae (Raubfliegen): Etwa 4000 Arten in allen warmen und gemäßigten Gebieten. Larven in der Erde und unter Rinde. Imagines sonneliebend, auf Steinen, Baumstämmen usw. Im Bernstein sechs Arten der Gattungen *Holopogon, Asilus* usw.

Mydaidae: Rund 200 Arten in allen Regionen, meist in Amerika. Larven vorwiegend im Holz fauler Bäume. Imagines lieben sonnige, trockene Orte. Im Bernstein n i c h t gefunden.

Bombyliidae (Wollschweber): Weit über 2000 Arten in allen gemäßigten und warmen Gebieten. Larven Schmarotzer in verschiedenen Hymenopteren oder sekundäre Parasiten von Larvaevoriden in Schmetterlingsraupen. Imagines Bewohner warmer, trockener, sandiger Gegenden. Im Bernstein daher nur drei Arten der Gattungen *Corsomyza, Bombylius* und *Anthrax.*

Hilarimorphidae: Nur wenige Arten aus Europa und Nordamerika. Imagines über Pfützen schwärmend. Im Bernstein n i c h t vertreten.

Empididae (Tanzfliegen): 2600 Arten in allen Regionen, die meisten paläarktisch, nearktisch und neotropisch. Larven in humöser Erde, unter faulendem Laub und alter Baumrinde, aber auch aquatisch *(Hemerodromia!).* Viele Arten schwärmen in Wäldern. Im Bernstein über 100 Arten der Gattungen *Brachystoma, Hybos, Meghyperiella, Rhamphomyia, Empis, Hilara, Palaeoedalea, Palaeoleptopeza, Euthyneuriella, Hemerodromia, Parathalassiella, Trichopeza, Phyllodromia, Sciodromia, Lepidomyia, Drapetis, Phoneuisca, Tachypeza, Elephropeza, Trachydromia* u. a.

Dolichopodidae: Über 2000 Arten in allen Faunengebieten, meist paläarktisch und nearktisch. Larven in der Erde, unter Laub und Rinde, in ausfließendem Baumsaft. Imagines in der Nähe von Wasser. Im Bernstein gegen 100 Arten der Gattungen *Psilopus, Dolichopus, Chrysotus, Palaeochrysotus, Diaphorus, Nematoproctus, Palaeoargyra, Thrypticus, Rhaphium, Porphyrops, Systenus, Achalcus, Medeterus, Thinophilus, Campsicnemus, Anepsius* u. a.

Brachycera – Cyclorhapha

Musidoridae (Lonchopteridae): Etwa 20 Arten, meist paläarktisch. Larven unter faulendem Laub und Anspülicht von Gewässern. Imagines mit Vorliebe auf dem Gras feuchter Wiesen. Im Bernstein n i c h t bekannt.

Clythiidae (Platypezidae, Tummelfliegen): Etwa 100 Arten, meist Europa und Nordamerika. Larven in Pilzen. Imagines auf niederen Sträuchern. Im Bernstein eine Art der Gattung *Oppenheimiella.*

Sciadoceridae: Einige Arten aus Australien, Neuseeland und Patagonien. Im Bernstein n i c h t vertreten.

Phoridae (Buckelfliegen): Etwa 800 Arten aus allen Regionen. Larven in verschiedenen, sich zersetzenden tierischen und pflanzlichen Substanzen, teils auch parasitisch, manche kommensalisch bei Ameisen. Imagines auf Gebüsch oder Blüten, viele myrmeco- oder termitophil. Im Bernstein etwa zwölf Arten der Gattungen *Phora, Conicera* u. a.

Termitoxeniidae: Wenige Arten in Indien, Java und Afrika. Termitengäste. Im Bernstein n i c h t vertreten.

Dorylaidae (Pipunculidae, Augenfliegen): Rund 300 Arten, meist paläarktisch. Larven parasitisch in Zikaden. Imagines auf dem Laub niederer Büsche und Pflanzen. Im Bernstein sechs Arten der Gattungen *Verrallia, Nephrocerus, Cephalosphaera, Protonephrocerus.*

Syrphidae (Schwebfliegen): Rund 3000 Arten in allen Regionen. Imagines sonneliebende Blütenbesucher. Von den zwölf Unterfamilien sind im Bernstein nur drei vertreten:

Syrphinae: Larven meist Blattlausfresser oder saprophag. Im Bernstein etwa elf Arten der Gattungen *Spheginascia, Palaeoascia, Palaeosphegina, Palaeopipiza* u. a.

Volucellinae: Larven meist in den Nestern von Bombus und Vespa. Im Bernstein eine Art der Gattung *Volucella.*

Milesiinae: Larven im Baumsaft und faulenden Holz. Im Bernstein fünf Arten der Gattungen *Xylota, Tropidia, Milesia* u. a.

Conopidae (Dickkopffliegen): Rund 500 Arten in allen Regionen. Larven parasitisch in Hymenopteren, Termiten und Orthopteren. Imagines Blütenbesucher. Im Bernstein eine Art der Gattung *Palaeomyopa.*

Pyrgotidae: Rund 50 Arten aus allen Regionen. Larven in Bockkäfern parasitierend. Imagines nächtlich. Im Bernstein n i c h t bekannt.

Phythalmiidae: Nur wenige Arten, meist afrikanisch. Im Bernstein n i c h t vertreten.

Richardiidae: Rund 100 Arten. Ausschließlich in Amerika, meist neotropisch. Im Bernstein nicht vertreten.

Platystomidae: Über 500 Arten, meist indoaustralisch und äthiopisch. Larven unter faulem Holz in der Erde. Imagines auf Gebüsch. Im Bernstein eine Art der Gattung *Platystoma.*

Pterocallidae: Über 100 Arten, meist neotropisch. Larven unter Rinde. Imagines auf Stämmen. Im Bernstein nicht bekannt.

Otitidae (Ortalididae, Schmuckfliegen): Etwa 300 Arten in allen Regionen. Larven wahrscheinlich endophag. Imagines auf Gras, Buschwerk und Bäumen. Im Bernstein nicht bekannt.

Ulidiidae: Rund 200 Arten in allen Regionen außer Australien, meist neotropisch. Larven in faulenden Vegetabilien. Imagines auf Steinen und Blättern. Im Bernstein eine Art der Gattung *Palaeotimia.*

Trypetidae (Bohrfliegen): Rund 1200 Arten in allen Regionen. Larven endophag in verschiedenen Pflanzen (meist Kompositen) und Pflanzenteilen. Imagines auf diesen. Im Bernstein nicht bekannt.

Agromyzidae (Minierfliegen): Rund 600 Arten in allen Regionen. Larven minierend, meist in Blättern. Im Bernstein etwa fünf Arten der Gattungen *Agromyza* und *Phyllomyza.*

Tachiniscidae: Nur zwei Arten in Südamerika und Südafrika. Im Bernstein nicht vertreten.

Lonchaeidae: Rund 200 Arten in allen Regionen. Larven in faulenden Vegetabilien, unter Rinde oder phytophag. Imagines auf Blättern und Blüten. Im Bernstein nicht vertreten.

Tanypezidae: Artenarm, paläarktisch. Imagines an feuchten Orten auf Blättern niederer Stauden. Im Bernstein nicht vertreten.

Tylidae (Micropezidae, Stelzfliegen): Über 300 Arten in allen Regionen, meist neotropisch. Imagines an feuchten, schattigen Orten, besonders in der Nähe von Bächen auf Blättern, Blüten, Baumstämmen und Pilzen. Im Bernstein drei Arten der Gattung *Calobata (Trepidaria).*

Neriidae: Wenige Arten, meist orientalisch. Im Bernstein nicht bekannt.

Sepsidae: Rund 130 Arten in allen Regionen. Larven vorwiegend in Exkrementen. Imagines ebendort, am Ufer von Gewässern oder auf Blüten. Im Bernstein nicht vertreten.

Piophilidae: Etwa 70 Arten, meist paläarktisch und nearktisch. Larven in Exkrementen, Kadavern und faulendem Laub. Imagines ebendort. Im Bernstein nicht vertreten.

Thyreophoridae: Nur wenige europäische Arten. Larven an alten, trockenen Leichen großer Säuger. Im Bernstein nicht vertreten.

Megamerinidae: Artenarm, paläarktisch-orientalisch. Im Bernstein nicht vertreten.

Diopsidae: Kaum 50 Arten, meist altweltlich-tropisch. Im Bernstein zwei Arten der Gattungen *Diopsis* und *Sphyracephala.*

Psilidae (Nacktfliegen): Rund 100 Arten, meist Europa und Nordamerika. Larven meist in fleischigen Wurzeln. Imagines auf Blättern und Gräsern in der Nähe von Gewässern. Im Bernstein nicht vertreten.

Rhopalomeridae: Etwa 15 Arten, neotropisch. Larven in ausfließendem Baumsaft. Imagines in Wäldern an Baumstämmen. Im Bernstein nicht vertreten.

Sciomyzidae (Hornfliegen): Kaum 100 Arten in allen Regionen außer Afrika. Larven auf der Oberfläche von stehenden oder langsam fließenden Gewässern zwischen Wasserpflanzen. Imagines in der Nähe von Gewässern. Im Bernstein nicht bekannt.

Dryomyzidae: Etwa ein Dutzend Arten, paläarktisch und nearktisch. Larven in Anspüllicht von Gewässern und des Meeres. Imagines an schattigen Orten, in Wäldern usw. Im Bernstein nicht vertreten.

Neottiophilidae: Nur zwei europäische Arten. Larven in den Nestern von Vögeln, blutsaugend. Im Bernstein nicht vertreten.

Lauxaniidae (Sapromyzidae): Etwa 1200 Arten in allen Regionen. Larven meist in Fallaub oder unter Rinde. Imagines an feuchten, schattigen Orten. Im Bernstein eine Art der Gattung *Sapromyza.*

Celyphidae: Etwa 20 Arten, orientalisch-äthiopisch. Im Bernstein nicht vertreten.

Chamaemyiidae: Etwa 50 Arten, meist Europa und Nordamerika. Larven Blatt- und Schildlausfresser. Im Bernstein nicht bekannt.

Coelopidae (Tangfliegen): Etwa 20 Arten in allen Regionen außer Indien. Larven in angeschwemmten Tangen an der Meeresküste. Imagines ebendort, halophil. Im Bernstein nicht vertreten.

Helomyzidae: Gegen 200 Arten in allen Regionen, meist paläarktisch. Larven der *Helomyzinae* (nur diese im Bernstein) an Exkrementen und anderen faulenden Substanzen, aber nicht an Pilzen. Imagines an dunklen, schattigen Orten an Exkrementen, Aas und frischen Schnittflächen von Bäumen, auch in Höhlen. Im Bernstein acht Arten der Gattungen *Heteromyza, Helomyza* und *Palaeoheteromyza.*

Clusiidae: Rund 90 Arten, paläarktisch, nearktisch und neotropisch. Larven in faulem Holz. Imagines ebendort oder auf Pilzen und Aas. Im Bernstein nicht vertreten.

Anthomyzidae: Etwa 20 Arten, meist holarktisch. Larven in Blättern und Stengeln verschiedener Gräser. Imagines besonders auf Sumpfwiesen. Im Bernstein nicht vertreten.

Opomyzidae: Etwa 30 Arten, meist holarktisch. Larven in Gräsern. Imagines auf Wiesen und Getreidefeldern. Im Bernstein nicht bekannt.

Drosophilidae (Obstfliegen): Etwa 700 Arten in allen Regionen. Larven meist in sauer gärenden vegetabilischen Substanzen. Imagines auch an diesen. Im Bernstein etwa drei Arten der Gattung *Drosophila.*

Camillidae: Artenarm, paläarktisch. Imagines an kühlen, schattigen Wiesenplätzen. Im Bernstein nicht vertreten.

Diastatidae: Artenarm, weit verbreitet. Imagines auf Sumpfwiesen. Im Bernstein nicht vertreten.

Curtonotidae: Etwa 50 Arten, vorwiegend tropisch. Imagines an schattigen, kühlen Orten. Im Bernstein nicht vertreten.

Asteiidae: Etwa 30 Arten in allen Regionen. Im Bernstein nicht bekannt.

Periscelididae: Etwa zwölf Arten in der Paläarktis, Nord- und Zentralamerika. Larven im Saftfluß von Bäumen oder in Exkrementen holzbohrender Insektenlarven. Imagines an Bäumen mit Saftfluß. Im Bernstein nicht bekannt.

Aulacogastridae: Artenarm. Paläarktisch und nearktisch. Larven in Ulmengeschwüren und im Saft verwundeter Eichen und Linden. Imagines an ausfließendem Baumsaft. Im Bernstein nicht vertreten.

Cypselidae (Borboridae, Dungfliegen): Über 200 Arten in allen Regionen. Larven in Exkrementen und faulenden Vegetabilien. Imagines meist an Exkrementen. Im Bernstein eine Art der Gattung *Cypsela (Borborus).*

Mormotomyiidae: Nur eine Art aus dem tropischen Ostafrika. Troglobiont. Im Bernstein nicht vertreten.

Tethinidae: Rund 40 Arten aus allen Regionen, meist holarktisch. Halophil, an Meeresküsten und salzigen Binnengewässern. Im Bernstein nicht vertreten.

Canacidae: Etwa sechs Arten in den paläarktischen Küstengebieten und auf den Galapagos-Inseln. An den Meeresküsten. Im Bernstein nicht vertreten.

Ephydridae: Etwa 700 Arten in allen Regionen. Larven meist in Wasserpflanzen minierend, aber auch frei im Wasser, ausfließendem Baumsaft usw. Imagines an feuchten Orten. Im Bernstein etwa zwei Arten der Gattung *Ephydra.*

Chloropidae (Halmfliegen): Etwa 1000 Arten in allen Regionen. Larven meist in Gräsern minierend. Imagines auf Wiesen, Mooren und Sümpfen. Im Bernstein zwei Arten der Gattungen *Oscinis* und *Chlorops.*

Odiniidae: Artenarm, paläarktisch und nearktisch. Larven in Baumschwämmen. Imagines ebendort oder an ausfließendem Baumsaft. Im Bernstein nicht bekannt.

Carnidae: Artenarm, paläarktisch. Im Bernstein nicht vertreten.

Milichiidae: Etwa 50 Arten in allen Regionen. Meist auf toten Insekten und Spinnen. Im Bernstein eine Art der Gattung *Phyllomyza.*

Braulidae (Bienenläuse): Zwei altweltliche Arten. Kommensalen der Honigbiene. Im Bernstein nicht vertreten.

Hippoboscidae (Lausfliegen): Etwa 100 Arten in allen Regionen. Imagines Blutsauger an Säugetieren, vivipar. Im Bernstein nicht vertreten.

Streblidae: Rund 40 Arten in allen Regionen, meist tropisch. Imagines Parasiten an Fledermäusen, vivipar. Im Bernstein nicht vertreten.

Nycteribiidae (Fledermausläuse): Über 50 Arten in allen Regionen. Imagines Parasiten an Fledermäusen, vivipar. Im Bernstein nicht vertreten.

Gastrophilidae (Magenfliegen): Etwa 24 Arten in Eurasien, Afrika und Amerika. Larven im Magen von Einhufern. Im Bernstein nicht vertreten.

Cordyluridae (Scatophagidae, Kortfliegen): Rund 500 Arten, meist holarktisch. Larven meist koprophag, aber auch phytophag. Imagines träge, auf Exkrementen und Pflanzen. Im Bernstein eine Art der Gattung *Cordylura.*

Oestridae: Etwa 100 Arten in allen Faunengebieten. Larven parasitisch in Wiederkäuern. Im Bernstein eine Art der Gattung *Oestrus.*

Cuterebridae: 50 Arten in Amerika. Larven parasitisch in der Haut verschiedener Säugetiere. Im Bernstein nicht vertreten.

Muscidae: Über 2000 Arten in allen Regionen. Unterfamilien:

Muscinae (Stubenfliegen): 300 Arten in allen Regionen. Larven sapro- oder koprophag. Im Bernstein elf Arten der Gattung *Musca* s. l.

Anthomyiinae (Blumenfliegen): Über 1500 Arten in allen Regionen. Larven sapro-, kopro- oder phytophag. Imagines meist Blumenbesucher. Im Bernstein 14 Arten der Gattungen *Anthomyia* s. l. und *Hylemyia.*

Stomoxydinae (Stechfliegen): Etwa 60 Arten in allen Regionen, meist äthiopisch. Larven koprophag. Imagines Blutsauger. Im Bernstein eine Art der Gattung *Stomoxys.*

Glossininae: Etwa 30 Arten im tropischen Afrika. Imagines an feuchten Stellen, vivipar. Im Bernstein nicht bekannt.

Larvaevoridae (Tachinidae): Gegen 5000 Arten in allen Regionen. Larven vielfach parasitisch in Insekten. Imagines meist auf Blüten. Unterfamilien:

Calliphorinae (Schmeißfliegen): Sehr artenreich. Larven an Aas oder parasitisch. Im Bernstein eine Art der Gattung *Lucilia.*

Sarcophaginae (Aasfliegen): Sehr artenreich. Larven meist Allesfresser. Im Bernstein eine Art der Gattung *Sarcophaga.*

Rhinophorinae: Wenig artenreich. Larven parasitisch in Arthropoden und Schnecken. Im Bernstein fehlend.

Phasiinae: Artenreich. Larven in Wanzen und Käfern parasitierend. Im Bernstein nicht vertreten.

Dexiinae: Sehr artenreich. Larven in Käfern und Schmetterlingsraupen parasitierend. Im Bernstein nicht bekannt.

Larvaevorinae (Tachininae, Raupenfliegen): Sehr artenreich. Larven in verschiedenen Insekten, besonders in Schmetterlingsraupen parasitierend. Im Bernstein fünf Arten der Gattungen *Chrysosoma, Echinomyia* und *Larvaevora (Tachina).*

19. Flöhe *(Suctoria)*

Kein Fund im Bernstein ist in den Zeitungen so viel erwähnt und verbreitet worden, wie der des ersten aus dem Bernstein bekannt gewordenen Flohes, den Dampf vor nahe 40 Jahren unter dem Namen *Palaeopsylla klebsiana* beschrieb. Keine Zeitung, die etwas auf sich hielt, ließ es sich entgehen, diesen Fund, mit mehr oder weniger geistvollen oder törichten Bemerkungen ausgeschmückt, ihren Lesern vorzusetzen. Es ist ja auch ein besonderer Zufall notwendig, daß solch ein Springer gerade in dem Augenblick seinen Ernährer verläßt, in dem derselbe an fließendem Harz vorbeiwechselt, auf dem er mit einem kühnen Sprung landet. Erst vor etwa sechs bis sieben Jahren wurde zum zweiten Male ein Floh gefunden und es ist interessant, daß Grund zu der Annahme ist, daß er ebenso wie der erstgefundene zu einer Familie gehört, die jenen lebenden nahesteht, die als Parasiten auf Insektenfressern leben. Parasiten bleiben allgemein der Art ihrer Wirttiere sehr treu, was wohl darauf beruht, daß sie mit ihren Klauen an das Festhalten in dem Fell derselben angepaßt sind und auch ihre Mundteile zum Durchbohren der Haut besonders geeignet sind. Das gilt allerdings nicht ganz so ausschließlich wie bei manchen Parasiten für die Flöhe, die etwas weitherziger in der Wahl ihrer Opfer sind als etwa Läuse und manche andere. Aus anderweitigen Funden wissen wir, daß im Frühtertiär die Insektenfresser annähernd auf der gleichen Entwicklungsstufe wie heute standen, findet also in dem Fund eines Insektenfresser-Flohs eine neue Be-

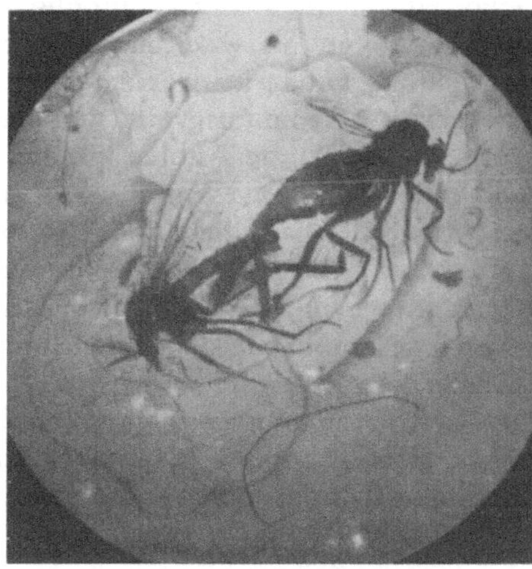

Abb. 157. Zwei Fliegen in Copula.

stätigung dieser Erkenntnis. Jedenfalls haben wir in diesen beiden Exemplaren die ältesten bekannten Flöhe vor uns. Aus früheren Erdperioden sind keine bekannt geworden. Trotzdem können wir mit vollem Recht annehmen, daß schon sehr früh ihre selbständige Entwicklung begonnen hat. Man nimmt an, daß ihr Ursprung dem der Zweiflügler nahesteht. Die Larven einer der primitivsten Zweiflüglerfamilien, die *Mycetophilidae* (Pilzmücken), sind denjenigen der Flöhe auffallend ähnlich gestaltet und haben auch wie diese pflanzliche Zerfallstoffe als Nahrung. Die Vollkerfe stehen sich allerdings außerordentlich ferne. Mit der Entwicklung der Säugetiere und Vögel dürfte sich die Möglichkeit zu ihrer Anpassung ergeben haben, deren Beginn uns immer unbekannt bleiben wird. Schon die beiden Bernsteinflöhe tragen alle wesentlichen Züge ihrer heutigen Verwandten. Der Kopf ist durch einen von ihm getragenen, nach rückwärts ragenden Nackenschild, der über den Prothorax weit hinausgreift, ziemlich unbeweglich. Die Augen sind stark reduziert, die Fühler können in passende Vertiefungen eingelegt werden. Die Mundteile sind in sehr eigenartiger Weise spezialisiert. Die Oberlippe ist stark verlängert und bildet mit Teilen der Kiefer ein Saugrohr, das gleichzeitig zum Stechen geeignet ist. Flügel sind nie vorhanden und auch nicht in Rudimenten erkennbar. Das letzte Beinpaar ist zu gewaltigen Springbeinen ausgestaltet, während die übrigen als Laufbeine dienen. Der seitlich zusammengedrückte Körper ist stark behaart. Sie haben sich also ganz eigenartig entwickelt und stehen als selbständige Ordnung vollständig einsam zwischen allen übrigen.

20. Schnabelkerfe *(Hemiptera)*

Während Lebensweise und Gestalt der dieser Überordnung angehörenden beiden Ordnungen: Wanzen *(Heteroptera)* und Zikaden, Blattläuse und Schildläuse *(Homoptera)* ganz außerordentlich verschieden sind, ist der Bau des Mundes allen gemeinsam und unterscheidet sie grundlegend von allen anderen Insektenordnungen. Während bei verschiedenen Ordnungen abweichend von Verwandten die Bildung eines Saugmundes durch Verwachsung verschiedener Teile des Mundes vorkommt, bilden bei den *Hemiptera* die Ober- und Unterlippe eine Stechborstenscheide, während die Mandibeln und Maxillen, stark verlängert und scharf zugespitzt, das sehr wirkungsvolle Saug- und Stechorgan darstellen.

Bereits im Perm von Birkenfeld wurde ein Fossil gefunden, das in vorzüglicher Erhaltung schon diesen Mund in ebenso vollkommener Ausgestaltung, wie wir ihn bei lebenden Arten zu sehen gewohnt sind, aufweist. Die Scheidung von allen übrigen Ord-

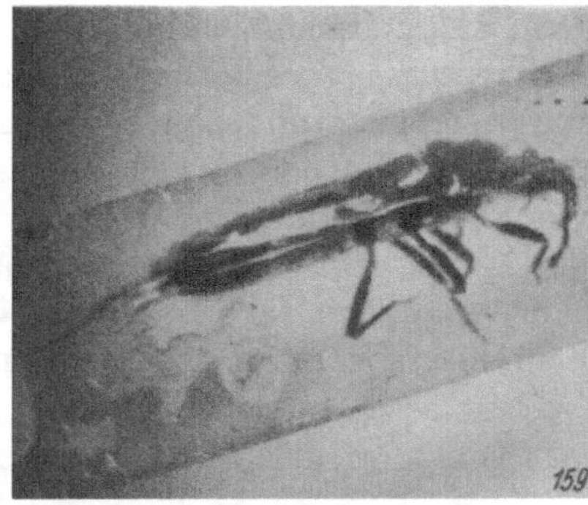

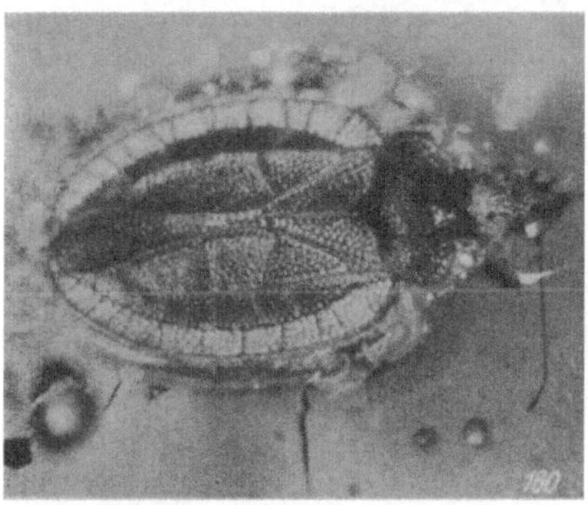

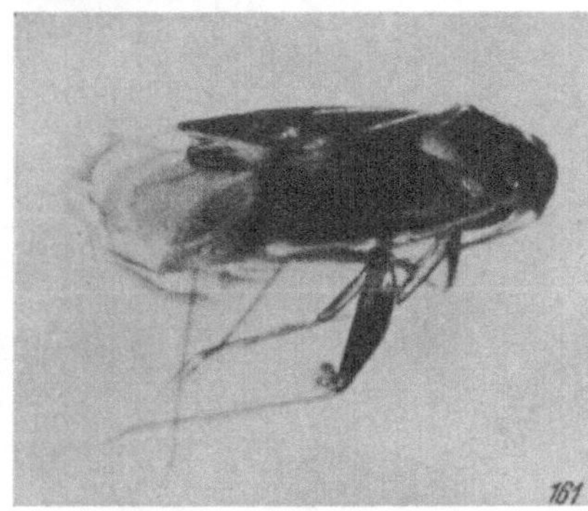

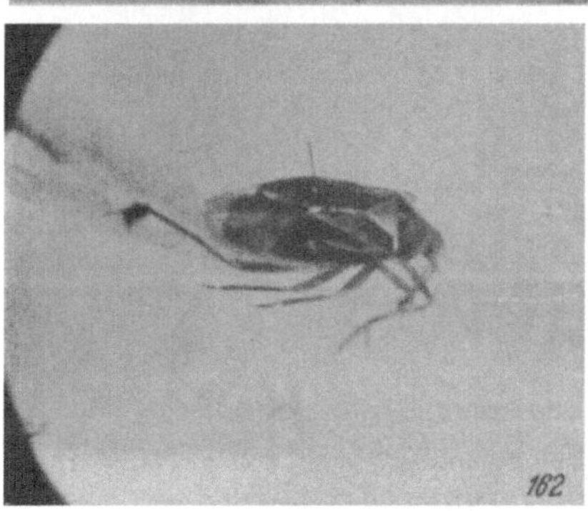

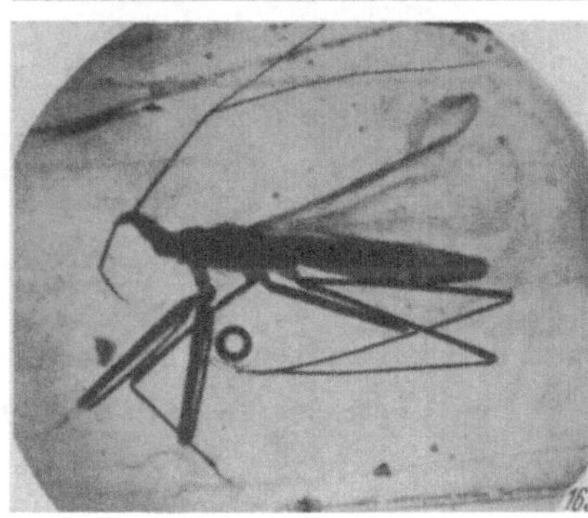

Abb. 158. Eine Wanze der Familie *Lygaeidae.*
Abb. 159. Raubwanze oder Reduviide.
Abb. 160. Gitterwanze oder Tingidide.
Abb. 161, 162. Zwei Blindwanzen oder Miriden *(Capsidae).*
Abb. 163. Kotwanze oder Nabide.

nungen war somit schon sehr früh eine vollkommene; die Entwicklung verläuft dann gradlinig bis heute. Die grundlegende Spaltung in zwei Ordnungen, die weiter in verschiedene Unterordnungen und Familien zerfallen, beruht auf der Anpassung anderer Organe an verschiedene Lebensbedingungen. Da nur die einzige Art aus dem Paläozoikum bekannt ist, läßt sich nicht entscheiden, wann die Trennung der Wanzen *(Heteroptera)* von den übrigen Ordnungen stattgefunden hat. Für eine weit zurückliegende Trennung spricht, daß schon aus dem Lias eine große Anzahl verschiedener Wanzen und daneben Zikaden und Blattläuse vorkommen. Das Tertiär ist sehr reich an Gattungen und Arten aus beiden Ordnungen, die vielfach lebenden Gattungen so nahestehen, daß sie in diese eingeordnet werden können.

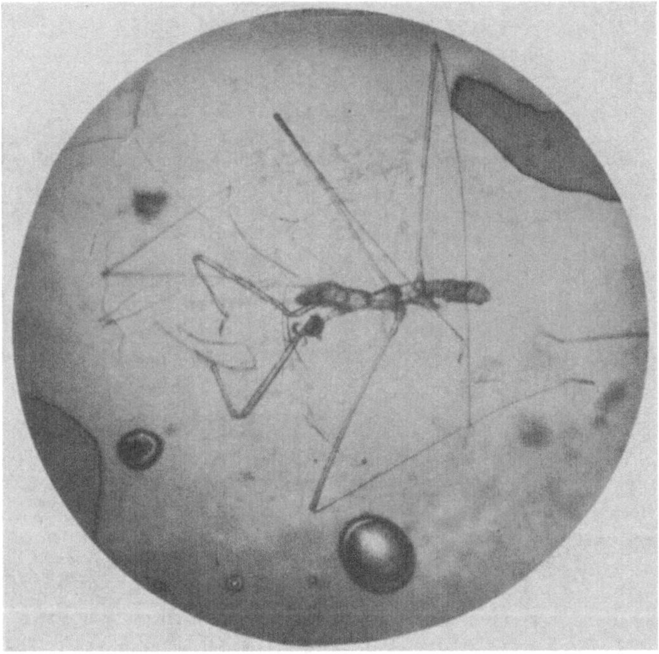

Abb. 164. Eine besonders langbeinige Raubwanze *(Reduviidae)*.

Ordnung W a n z e n *(Heteroptera)*

Bei den Wanzen ist die Bildung der Flügel ganz eigenartig und scheidet sie von den *Homoptera* grundlegend. Die Vorderflügel zerfallen in einen stark chitinisierten vorderen und einen durchsichtigen, nur von zwei Adern durchzogenen rückwärtigen Teil. Die chitinisierte, nie den ganzen Hinterleib deckende Hälfte bedeckt in der Ruhe die gefaltete rückwärtige Hälfte und die ebenfalls gefalteten Hinterflügel, die im Flug durch Haftapparate mit den vorderen verbunden sind. Die Beine sind bei den meisten Familien gleichartige Laufbeine, die vorderen werden jedoch bei den räuberisch lebenden Arten oft zu Fangbeinen, ähnlich denen der Mantiden, umgestaltet; bei den im Wasser lebenden Arten sind alle Beine als Schwimmbeine ausgebildet.

Über die Wanzen des Tertiärs fehlt eine einheitliche Bearbeitung. Wir kennen aus verschiedenen Vorkommen eine erhebliche Anzahl von Arten, aus dem Bernstein jedoch sind einzelne Gruppen noch gar nicht bearbeitet, während aus anderen tertiären Fundstellen eine größere Anzahl bekannt geworden ist. Von den *Lygaeidae* sind 15 Arten beschrieben, von denen drei aus dem Bernstein stammen. Von *Reduviidae* kommen von 20 Arten nur drei im Bernstein vor, von 30 *Coreidae* keine. Dagegen fallen von 49 *Capsidae* 34 auf das Vorkommen im Bernstein.

Die wichtigsten vorkommenden Familien sind:

Anthocoridae: Räuber, die auf Blüten ihrer Beute auflauern. Sie leben heute in allen Klimaten bis zur subarktischen Region. Im Bernstein sind sie ziemlich selten.

Capsidae: Heute in hoher Artenzahl über die Welt verbreitet, sind sie bisher als die artenreichste Familie aus dem Bernstein beschrieben. Nicht selten finden sich Larven, die, wie die Vollkerfe, von Raub leben (Abb. 161, 162).

Nabidae: Schlanke Tiere mit Fangbeinen. Heute weltweit verbreitet. Im Bernstein mehrere Gattungen nicht selten (Abb. 163).

Reduviidae: Eine Familie, deren Lebensraum heute hauptsächlich in den Tropen liegt, die jedoch in den gemäßigten Zonen durch einige Gattungen vertreten ist. Charakteristisch für sie ist eine feingerillte Rinne auf der Brust, über die sie mit dem dreigliedrigen Rüssel streichen und ein zirpendes Geräusch erzeugen (Abb. 159, 164).

Eine interessante Reduviide beschreibt W a s m a n n unter dem Namen *Proptilocerus dolosus.* Doppelt interessant wird sie dadurch, daß ein ähnliches Tier mit den gleichen Lebensgewohnheiten heute auf Java lebt, allerdings etwas größer ist, aber sonst im ganzen Körperbau dem *Proptilocerus* des Bernsteins gleicht. Das Tier trägt Exudattrichome, die von Ameisen leidenschaftlich beleckt werden und dieselben offenbar in großer Zahl anlocken. Die Wanze ergreift diese leichte Beute, saugt sie aus und läßt die leere Hülle fallen. Ebenso wie der Entdecker der lebenden Form unter ihrem Platz Haufen von leergesaugten Ameisenkörpern fand, zeigt das von W a s m a n n gegebene Bild unterhalb des Mörders deutlich zwei Häufchen ausgesaugter Ameisen.

Die Überfamilie der *Membraci* umfaßt die auf Pflanzen lebenden, wesentlich trägeren Familien.

Tingididae sind schwache Flieger mit reduzierten Augen. Die der Membran entbehrenden Vorderflügel sind gitterartig reich skulptiert. Heute leben sie in Südamerika, Indien und mit einigen Arten im Mediterranraum. Im Bernstein sind mehrere Arten, die nicht durchgehends beschrieben sind, nicht sehr selten (Abb. 160).

Unterordnung W a s s e r w a n z e n *(Hydrocorisae):* Durchgehends Räuber, die in oder am Wasser leben, deren Hinterbeine zum Schwimmen, die vorderen Beine als Raubbeine umgebildet sind. Ihre heutige Verbreitung ist weltweit. Aus Bernstein ist nur eine *Nepide* beschrieben, während aus anderen tertiären Fundstellen eine nicht unerhebliche Artenzahl beschrieben ist (Rott, Florissant). Natürlich scheint es, daß Ablagerungen, die aus Gewässern oder Sümpfen stammen, ausgesprochene Wasserbewohner viel häufiger beherbergen als Harze, in die sie nur durch ganz besondere Zufälle geraten konnten. Das Vorkommen zeigt, daß die Bernsteinbäume bis unmittelbar an das Ufer von Gewässern herantraten.

Abb. 165. Rindenwanze oder Aradide.

Überfamilie *Corixides*

Diese Familie hat ganz eigenartig ausgebildete Vorderbeine. Dieselben sind reusenartig mit feinen Haaren bedeckt, mit denen sie ihre Beute an der Oberfläche des Wassers abschöpfen, um sie dem Mund zuzuführen. Die Hinterbeine sind zu Rudern ausgestaltet. Ich fand in einem kleinen Block Bernstein drei noch ungeflügelte Larven einer *Corixide,* die bisher unbekannt war.

Ordnung Z i k a d e n, B l a t t l ä u s e, S c h i l d l ä u s e *(Homoptera)*

Der Bau des Mundes ist vollkommen gleich dem der *Heteroptera,* doch ist der Kopf so steil gestellt, daß der Rüssel knapp über der Brust liegt und sich in der Ruhe meist in eine Rinne an derselben einfügt. Die Vorderflügel sind meist ganz häutig. Die heutige Verbreitung geht weltweit. Alle zugehörigen Familien sind Pflanzenfresser.

Unterordnung Z i k a d e n *(Cicadinea)*

Vorderflügel meist wesentlich länger als das rückwärtige Paar, selten chitinisiert, oft farbig. Die rückwärtigen Flügel liegen in der Ruhe gefaltet unter den vorderen. Das letzte Beinpaar ist meist zu Sprungbeinen umgestaltet. Der gut entwickelte Augen und borstige Fühler tragende Kopf ist steil gestellt, so daß der Rüssel knapp über der Brust liegt und sich meist in eine Rinne an derselben einfügt.

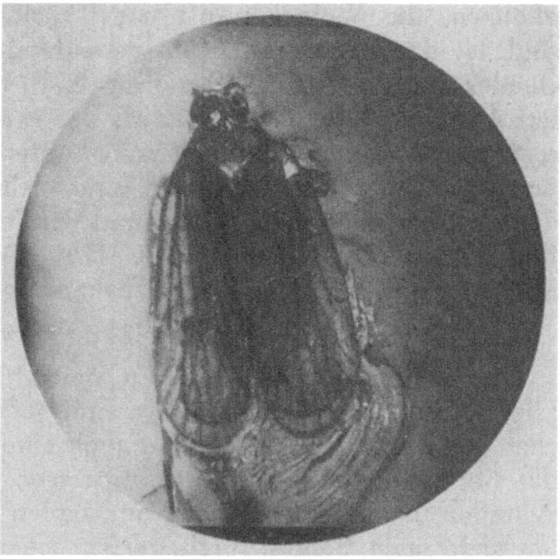

Abb. 166. Zikade der Familie *Fulgoridae*.

Fulgoriden *(Fulgoridae)*. Der Kopf trägt sehr charakteristische seitliche Kiele, die dadurch entstehen, daß unter der Stirn die Wangen hoch emporgezogen sind. Auch sonst finden sich verschiedenartige Ansätze am Kopf. Heute sind ihr Lebensraum tropische und gemäßigte Länder, in denen sie allgemein verbreitet sind. Im Bernstein findet sich eine erhebliche Anzahl von Arten, meist kleine Tiere, die lebenden nahestehen (Abb. 166, 167).

Abb. 167. Eine besonders breitköpfige kleine Zikade *(Fulgoridae)*.

Jassiden *(Jassoidea)*. Der weniger kantige Kopf trägt die Fühler zwischen den gut entwickelten Facettenaugen. Sie sind weniger gute Flieger, dafür aber ausgezeichnete Springer. Die Springbeine tragen starke Dornen an den kantigen Schienen. Sie sind heute über alle Zonen verbreitet, weitaus am stärksten in den Tropen. Im Bernstein sind sie seltener als die *Fulgoridae*, aber auch in mehreren Arten vertreten (Abb. 168).

Unterordnung Blattläuse *(Aphioidea)*

Während von Blattflöhen *(Psylides)* und *Aleurodidae* nur je eine Art aus dem Bernstein als einzige Vertreter im Alttertiär bekannt geworden sind, über die ich die Beschreibung nicht auffinden konnte, sind die Blattläuse reichlich vertreten. Da die Blattläuse sich geschlechtlich, aber auch durch Parthenogenese fortpflanzen, die Weibchen oft ungeflügelt, die Männchen geflügelt sind, ist der Formenreichtum bedeutend. An den Flügeln ist das Geäder stark reduziert, das Flügelmal stark entwickelt. Das hintere Paar ist stets viel kleiner als das vordere, sein Geäder stärker reduziert. Die ausschließlich zum Laufen geeigneten Beine tragen je zwei Klauen. Im Bernstein sind bisher 15 Arten beschrieben, die lebenden sehr nahestehen, und wir finden geflügelte und ungeflügelte Vertreter (Abb. 169 bis 175). Aus früheren Perioden ist nur ein Fund aus dem Dogger bekannt geworden.

Unterordnung Schildläuse *(Coccidae)*

Die Schildläuse sind die am weitesten spezialisierte Ordnung aller *Hemiptera*. Die Männchen sind geflügelt, während die Weibchen stets ungeflügelt sind und auch eine wesentliche Reduzierung der Beine, Augen und Fühler aufweisen. Sie sitzen fest auf Pflanzenteilen, meist auf Blättern, und bauen mit Hilfe der Larvenhaut um sich einen Schild. Viele Arten scheiden Wachs aus, das aus den Falten zwischen den Segmenten des Abdomen austritt. Heute sind sie über alle Zonen verbreitet, da sie im engen Anschluß an Gefäßpflanzen leben und klimatische Bedingungen genau so ertragen wie ihre Wirte. Aus dem Bernstein sind acht Arten beschrieben, die den lebenden sehr nahestehen.

Ich lasse wiederum eine gedrängte Übersicht der Familien folgen.

Heteroptera (Wanzen)

Unterordnung *Geocorisae (Gymnocerata*, Landwanzen)

Saldidae (Springwanzen): Gegen 150 Arten in allen Regionen, meist paläarktisch und nearktisch. Meist am Ufer von Gewässern. Im Bernstein zwei Arten der Gattung *Salda*.

Leptopodidae: Artenarm. Meist orientalisch. Am Ufer von Gewässern. Im Bernstein nicht vertreten.

Leotichiidae: Nur eine Art aus Indien. Im Bernstein nicht vertreten.

Aepophilidae: Nur eine Art. Atlantische Küste in der Flutzone. Im Bernstein nicht vertreten.

Velocipedidae: Artenarm. Orientalisch. Im Bernstein nicht vertreten.

Anthocoridae: Etwa 350 Arten in allen Regionen. Räuberisch unter Rinde, Laub und auf Sträuchern, teils myrmecophil. Im Bernstein nicht bekannt.

Cimicidae (Bettwanzen): Etwa 25 Arten. Alle Regionen. Parasiten von Vögeln und Säugern. Im Bernstein nicht bekannt.

Polyctenidae: Über zwölf Arten in Indien, Afrika und Amerika, vivipar. Parasiten von Fledermäusen. Im Bernstein nicht bekannt.

Isometopidae: Etwa zwölf Arten aus der Paläarktis und Nearktis. Meist auf Rinde. Im Bernstein nicht bekannt.

Capsidae (Miridae, Blindwanzen): Gegen 5000 Arten in allen Regionen. Meist phytophag. Im Bernstein 34 Arten der Gattungen *Lopus, Phytocoris, Lygus, Hadronema, Capsus, Miris* u. a.

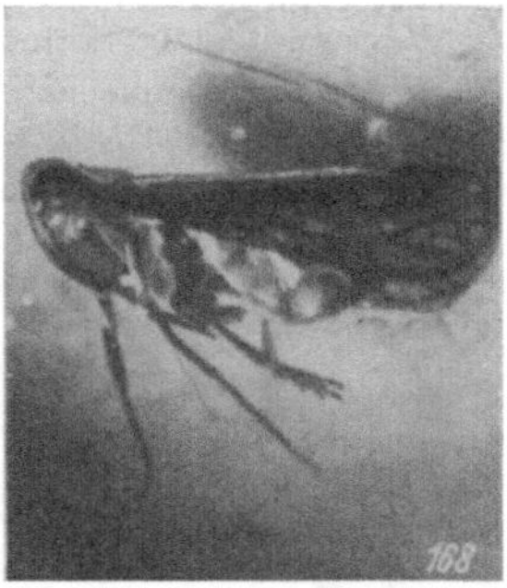

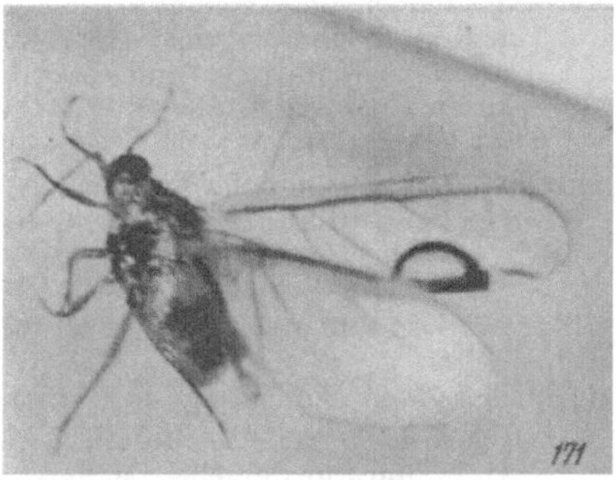
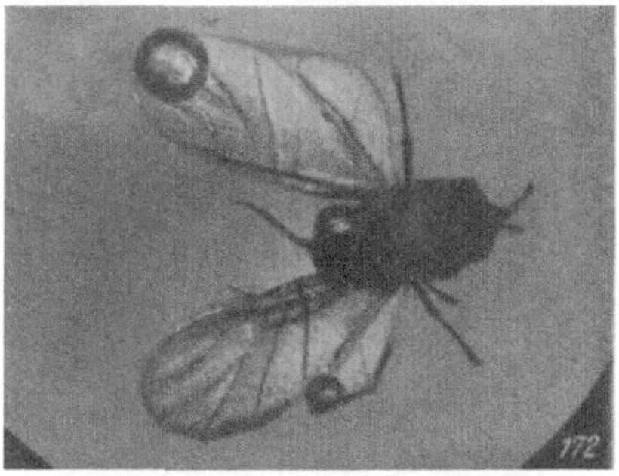
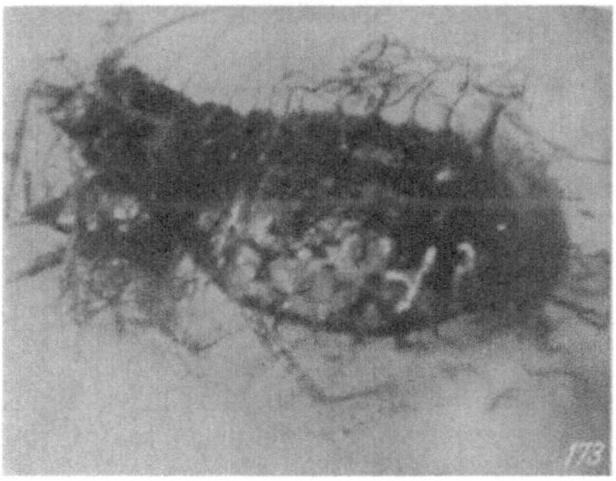
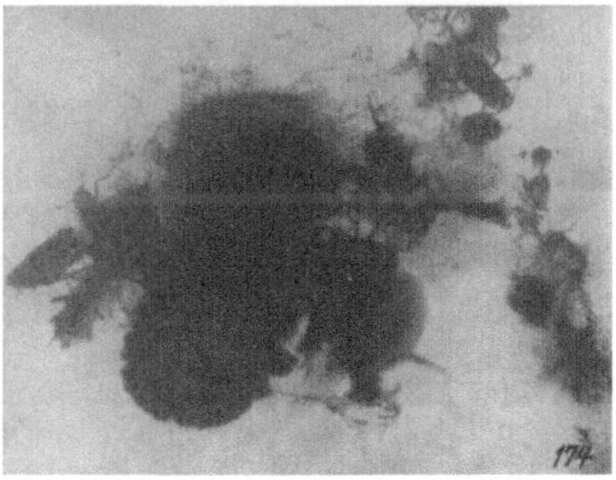

Abb. 168. Zikade der Familie *Jassidaei.*
Abb. 169. Larve einer Blattlaus *(Aphididae).*
Abb. 170. Ungeflügeltes Blattlausweibchen (Fundatrix).
Abb. 171, 172. Geflügelte Blattläuse *(Aphididae).*
Abb. 173. Ungeflügelte Blattlaus mit Wachsausscheidungen.
Abb. 174. Blattlauskolonie mit Jungtieren.

Dipsocoridae: Etwa 50 Arten, weit verbreitet. Reliktgruppe. Im Bernstein nicht bekannt.

Nabidae: Etwa 300 Arten in allen Regionen, meist thermophil. Räuberisch, meist auf Pflanzen am Rande von Gewässern. Im Bernstein eine Art der Gattung *Nabis.*

Joppeicidae: Eine mediterrane Art. Im Bernstein nicht vertreten.

Reduviidae (Raubwanzen): Über 3000 Arten in allen Regionen, meist tropisch. Räuberisch. Im Bernstein zwei Arten der Gattungen *Platymeris (Reduviinae)* und *Proptilocerus (Holoptilinae)*. Letztere ameisenmordend wie der rezente javanische Verwandte *Ptilocerus*.

Phymatidae: Über 100 Arten, meist im tropischen Asien und Amerika. Räuberisch. Im Bernstein nicht bekannt.

Henicocephalidae: Über 50 Arten in allen Faunengebieten, thermophil und meist myrmecophil. Im Bernstein nicht vertreten.

Mesoveliidae: Etwa 17 Arten aus allen Regionen. Auf der Wasseroberfläche. Im Bernstein nicht vertreten.

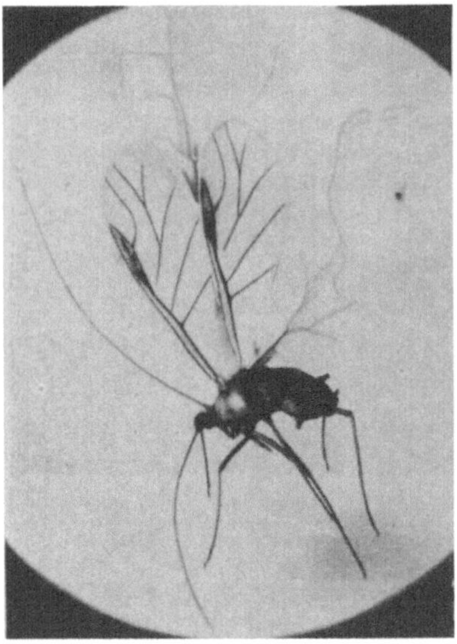

Abb. 175. Wunderbar erhaltene geflügelte Blattlaus *(Aphididae)*.

Hebridae: Gegen 50 Arten in allen Regionen, außer äthiopisch. Am Ufer von Gewässern und auf Wasserpflanzen. Im Bernstein nicht bekannt.

Veliidae: Gegen 200 Arten aus allen gemäßigten und warmen Gebieten, meist orientalisch und neotropisch. Auf der Wasseroberfläche. Im Bernstein nicht bekannt.

Gerridae (Wasserläufer): Über 200 Arten aus allen Regionen, meist tropisch. Auf der Wasseroberfläche. Im Bernstein drei Arten der Gattungen *Gerris* und *Metrobates*.

Hydrometridae: 50 Arten aus allen Regionen, meist tropisch. Am Ufer und auf der Oberfläche stehender Gewässer. Im Bernstein nicht bekannt.

Aradidae (Rindenwanzen): Etwa 400 Arten in allen Regionen. Unter Rinde und Reisig, in Holzschwämmen. Im Bernstein vier Arten der Gattung *Aradus*.

Thaumastotheriidae: Artenarm. Australisch-nearktisch. Im Bernstein nicht vertreten.

Lygaeidae: Etwa 2000 Arten in allen Regionen. Meist phytophag. Im Bernstein drei Arten der Gattungen *Trapezonotus*, *Rhyparochromus* und *Pachymerus*.

Colobathristidae: Über 60 Arten, indomalayisch-papuanisch und neotropisch. Im Bernstein nicht bekannt.

Pyrrhocoridae (Feuerwanzen): Gegen 400 Arten, meist tropisch und subtropisch. Phytophag, oft an Samen saugend. Im Bernstein nicht bekannt.

Hyocephalidae: Nur eine Art in Australien. Im Bernstein nicht bekannt.

Coreidae: Gegen 2000 Arten in allen gemäßigten und warmen Faunengebieten. Phytophag. Im Bernstein nicht bekannt.

Berytidae: Etwa 100 Arten in allen Regionen. Im Bernstein eine Art der Gattung *Berytus*.

Piesmidae: Etwa zwei Dutzend Arten, paläarktisch, nearktisch und Südafrika. Im Bernstein nicht bekannt.

Tingididae (Gitterwanzen): Etwa 700 Arten in allen Regionen, Phytophag. Im Bernstein eine Art der Gattung *Tingis* s. l.

Pentatomidae (Schildwanzen): Etwa 6000 Arten in allen Regionen, meist thermophil. Phytophag. Im Bernstein sieben Arten der Gattungen *Pentatoma, Eurydema, Dolycoris* u. a.

Plataspididae: Über 400 Arten in allen Regionen, außer Amerika. Im Bernstein n i c h t bekannt.

Termitaphididae: Artenarm, tropisches Amerika. Termitengäste. Im Bernstein n i c h t bekannt.

Unterordnung *Hydrocorisae (Cryptocerata,* Wasserwanzen)

Pelogonidae: Etwa 20 Arten in allen Regionen. Unter Gras und Krautwerk am Ufer von Gewässern. Im Bernstein n i c h t bekannt.

Mononychidae: Etwa 70 Arten in allen Regionen. Am Ufer von Gewässern, auf Sand- und Schlammbänken. Im Bernstein n i c h t bekannt.

Peloriidae: Drei Arten in Südamerika und Australien. Im Walde unter schimmeligem Laub und Moos. Im Bernstein n i c h t bekannt.

Naucoridae (Ruderwanzen): 150 Arten in allen Regionen, meist tropisch. Meist in stehenden Gewässern. Im Bernstein n i c h t bekannt.

Belostomatidae: Gegen 100 Arten in allen wärmeren und heißen Gebieten, meist in Südamerika. Im Bernstein n i c h t bekannt.

Nepidae (Wasserskorpione): Gegen 150 Arten in allen Regionen, meist in stehendem Wasser. Im Bernstein eine Art der Gattung *Nepa.*

Notonectidae (Rückenschwimmer): Etwa 150 Arten in allen Regionen. Im Bernstein n i c h t bekannt.

Pleiidae: Etwa zwei Dutzend Arten aus allen Regionen. Im Bernstein n i c h t bekannt.

Helotrephidae: Etwa 16 Arten aus der orientalischen, äthiopischen und neotropischen Region. Im Bernstein n i c h t bekannt.

Corixidae: Etwa 200 Arten in allen Regionen. In stehenden oder langsam fließenden Gewässern. Phytophag. Im Bernstein n i c h t bekannt.

Homoptera (Pflanzensauger)

Unterordnung *Cicadinea* (Zikaden)

Tettigometridae: Rund 70 Arten, meist paläarktisch. Mitunter Ameisengäste. Im Bernstein n i c h t bekannt.

Fulgoridae: Etwa 4000 Arten in allen Regionen, meist tropisch. Im Bernstein 17 Arten der Gattungen *Cixius, Oliarus, Pseudophana, Issus* u. a.

Cercopidae (Schaumzikaden): Über 1300 Arten in allen Regionen, meist tropisch. Im Bernstein acht Arten der Gattungen *Cercopis, Aphrophora* u. a.

Cicadidae (Singzikaden): Fast 1500 Arten in allen Regionen, meist tropisch. Im Bernstein zwei Arten der Gattung *Cicada* s. l.

Jassidae: Gegen 5000 Arten in allen Regionen. Im Bernstein 16 Arten der Gattungen *Tettigonia, Bythoscopus, Thamnotettix, Cicadula, Deltocephalus, Typhlocyba* u. a.

Aethalionidae: Wenig artenreich, fast ausschließlich tropisches Amerika. Im Bernstein n i c h t bekannt.

Membracidae (Buckelzirpen): Fast 2500 Arten in allen Regionen, meist tropisches Amerika. Im Bernstein n i c h t bekannt.

Unterordnung *Psyllinea* (Blattflöhe)

Psyllidae: Über 1000 Arten in allen Regionen. Im Bernstein eine Art der Gattung *Strophingia.*

Unterordnung *Aleurodinea* (Mottenläuse)

Aleurodidae: Etwa 200 Arten in allen Regionen. Im Bernstein eine Art der Gattung *Aleurodes.*

Unterordnung *Aphidinea* (Blattläuse)

Aphididae: Gegen 1500 Arten, meist paläarktisch und nearktisch. Wirtswechsel, viele Arten auf Nadelbäumen. Im Bernstein zwölf Arten der Gattungen *Lachnus, Schizoneura, Pemphigus, Aphis, Chermes.*

Unterordnung *Coccinea* (Schildläuse)

Coccidae: Fast 3000 Arten in allen Regionen, meist tropisch. Im Bernstein acht Arten der Gattungen *Monophlebus, Orthezia, Aspidiotus.*

Es stehen also rund 44.000 bekannten lebenden Arten etwa 125 bisher aus dem Bernstein beschriebene gegenüber.

21. Die Stellung der Insekten des Bernsteins zwischen ihren Vorfahren und den heutigen Familien

In der Einleitung über die Insekten wurde gesagt, daß die großen Erwartungen, die auf das Studium der Insekten des Bernsteins gesetzt wurden, enttäuscht worden sind. Das ist richtig; aber dennoch findet man ganz wesentliche Verschiedenheiten im Stande der Entwicklungen der einzelnen Ordnungen, wenn man die Vorkommen aus früheren Perioden in Beziehung setzt zu denen des Alttertiär. Es verläuft in dieser Periode keine scharfe Grenzlinie, aber die Höhe der Entwicklung ist bei vielen erreicht, bei anderen ist noch ein Fließen zu erkennen. Bei der Beschreibung der einzelnen Ordnungen suchte ich ein Bild darüber zu geben; es scheint aber nützlich, noch eine kurze Zusammenfassung der wesentlichen Erscheinungen zu geben.

Am frühesten sind jene Ordnungen, deren Larven im Wasser leben, auf einem Punkt angelangt, an dem sie stehen blieben, und haben durchgehends deutliche Züge ihrer fernen Ahnen beibehalten. Eine wesentliche Ordnung, die *Odonata* (Wasserjungfern), trägt die Flügel auch in der Ruhe seitlich vom Körper abstehend, wie ihre Ahnen aus dem Kreis der *Palaeodictyoptera,* dabei haben sie noch wie diese fast gleich große Flügelpaare und die Äderung derselben ist sehr ursprünglich. Die wesentlichsten Ausgestaltungen, das Heraufrücken der Flügel und Beine, sind schon im Mesozoikum erreicht und neben einer Zwischenform finden wir schon die beiden Unterordnungen, *Anisoptera* und *Zygoptera,* die heute noch bestehen. Im Bernstein sind schon lebende Familien vertreten.

Die *Ephemeridae,* deren Stamm wir bis ins Paläozoikum verfolgen können, haben seither ihre Flügeläderung vereinfacht und die rückwärtigen Flügel sind verkleinert, was bereits im

Mesozoikum erreicht wurde und im Bernstein auf gleicher Höhe der Entwicklung steht wie in der Jetztzeit.

Die *Perlaria* haben sich seit dem ersten Auftreten im Perm nur wenig verändert, das Geäder der Flügel, deren Paare gleich lang geblieben sind, hat sich vereinfacht, aber die Gesamterscheinung der ältesten erinnert lebhaft an die Formen der *Nemuridae* des Bernsteins.

Wesentlich anders verhalten sich jene Ordnungen, die schon früh vollständig zu Landbewohnern wurden. Betrachten wir als erste die *Orthoptera*, finden wir ganz wesentliche Veränderungen in klar erkennbarer Richtung vom Paläozoikum an, eine Aufspaltung in zwei an tiefgründig verschiedene Lebensgewohnheiten angepaßte Unterordnungen, *Saltatoria* und *Phasmidae*, im Mesozoikum. Im Bernstein haben sie schon vollständig den Höhepunkt mancher Familien, die heute noch leben, erreicht. Nur unwesentliche Veränderungen sind seither eingetreten. Manche Arten von *Phasmidae* sind an spezielle Verhältnisse so angepaßt, daß wir enge Beziehungen zu heute in Südamerika lebenden Arten feststellen können.

Die Ahnen der *Orthoptera* haben wahrscheinlich denen der *Blattaeformia* nahegestanden. Schon im Paläozoikum erscheinen Familien, die in manchen Zügen denen des Bernsteins nicht sehr fernstehen und wohl sicher das gleiche Leben geführt haben wie die *Blattidae*. Im Mesozoikum erscheinen schon Familien, die man ganz eng mit lebenden vergleichen kann, und im Bernstein ist die Familie der *Blattidae* reich vertreten. Früh hat sich bereits eine Ordnung der *Blattaeformia* abgespalten, die *Mantidae*. Dieselben haben ganz eigene Entwicklungen eingeschlagen und im Gegensatz zu den Pflanzenfressern, den *Blattidae*, wurden sie Räuber. Körperlich behielten sie einige typische Züge der *Blattaeformia* bei, entwickelten sich aber früh eigenartig und treten uns im Bernstein schon auf der gleichen Entwicklungshöhe wie heute entgegen. Wie bei den Phasmiden, können wir enge Verwandtschaft mit Südamerikanern feststellen. Nicht anders ist die Entwicklung zweier weiterer Ordnungen, der Termiten und *Corrodentia*, die wir erst im Bernstein finden, deren Vorgeschichte also vollständig im Dunkeln liegt, im Bernstein schon auf gleicher Höhe wie heute. Alle *Blattaeformia* haben also schon damals sich nur mehr als Arten von den lebenden unterschieden, wie das auch bei dem *Orthoptera* der Fall ist. Alle Ordnungen und Unterordnungen haben sich nicht nur erhalten, sondern ihre Eigenart weiterentwickelt und sich den Lebensbedingungen vollkommen angepaßt.

Ganz anders geartet ist die Entwicklung der *Panorpata* und der aus ihnen hervorgegangenen Ordnungen. Die Panorpaten haben im Lias (Mesozoikum) zweifellos den Höhepunkt der Entwicklung erreicht. Nicht weniger als 48 Arten kennen wir aus jener Periode. In der Kreide und Malm scheinen sie schon zurückgegangen zu sein und im Bernstein begegnen wir nur wenigen Arten, die auf gleicher Höhe mit lebenden stehen. Heute kennen wir nur 183 Arten, im Verhältnis zu der Artenzahl des Lias verschwindend wenige. Sie sind eine aussterbende Ordnung. Ganz anders als dieser Hauptstamm, der offenbar für andere, seit der Kreide veränderte Lebensbedingungen angepaßt war, steht es mit seinen Abzweigungen, den *Trichoptera, Lepidoptera* und *Diptera,* die alle in voller Blüte stehen, aber sehr verschiedene Entwicklungen durchgemacht haben. Die *Trichoptera* kennen wir seit Lias und Kreide in wenigen Arten, im Tertiär nehmen sie einen gewaltigen Aufschwung und der Bernstein hat uns 152 Arten gebracht, die lebenden so nahestehen, daß sie alle in lebende Familien eingeordnet werden können. Dabei sind die tertiären sowohl wie die lebenden Arten untereinander auffallend ähnlich in Lebensweise und Erscheinung. Die Ursache dürfen wir wohl darin sehen, daß ihre Larven sich dem Leben im Wasser angepaßt haben, während die der *Panorpata* Landbewohner waren.

Ganz anders hat sich die Ordnung der *Lepidoptera* (Schmetterlinge) dadurch entwickelt, daß sie einen ganz anderen Weg einschlugen und sich ursprünglich zu Pollenfressern, später zu Honigsaugern heranbildeten. Ihre Larven blieben Landtiere und wurden Pflanzenfresser, die aber mehrfach in der Gestalt noch sehr eng an die Larven der *Panorpata* erinnern. Sie folgten der Entwicklung der Pflanzenwelt und paßten sich außerordentlich an bestimmte Gruppen, vielfach an engste Familien von Nährpflanzen an, so daß eine außerordentliche Vielförmigkeit in Gestalt und Farbe erreicht wurde. Die mesozoischen Arten stehen denen des Bernsteins noch sehr fern. Im Bernstein finden wir unter den Kleinschmetterlingen bereits gleiche Gattungen wie heute. Das Vorkommen von großen Arten scheint aber erst in der Entwicklung gewesen zu sein; denn die Zahl der bekannt gewordenen Funde ist auffallend gering. Wir müssen daher annehmen, daß damals erst eine kleine Artenzahl lebte und seither eine wesentliche Weiterentwicklung im Gange ist, die wahrscheinlich auch heute noch nicht zum Abschluß gekommen ist.

Die *Diptera* (Zweiflügler) treten uns in der primitivsten, noch heute lebenden Unterordnung *(Nematocera)* zuerst im Mesozoikum in Trias bis Kreide entgegen und scheinen im frühen Tertiär ihren Höhepunkt der Entwicklung erreicht zu haben. Seither sind sie an Zahl der Arten wahrscheinlich stark zurückgegangen. Der größte Teil der Funde ist aus dem Bernstein bekannt. Im Gegensatz zu diesen nehmen die beiden höheren Unterordnungen, die *Brachycera Orthorhapha* und *Cyclorhapha*, die beide noch im Mesozoikum fehlen, seit dem Tertiär lebhaft zu. Eine kurze Tabelle zeigt deutlich den Gegensatz:

	Lias, Mesozoikum	Alt-Tertiär	Lebend
Nematocera	70	900	9000
Brachycera Orthorhapha . . .	—	300	14.000
Cyclorhapha	—	170	27.000

Man darf nach diesen Zahlenverhältnissen annehmen, daß von den *Nematocera* nur besonders geeignete Gattungen sich seit dem Lias an neue Verhältnisse anpaßten und sich dadurch halten konnten. Die in der Bernsteinzeit erst in Erscheinung tretenden *Brachycera Orthorhapha* und *Cyclorhapha* haben dann eine lebhafte Entwicklung bis zu unseren Tagen durchgemacht. Bei noch genauerem Nachgehen kann man außerdem feststellen, daß von den *Nematocera* die primitivsten Familien den stärksten Rückgang zeigen. Unmittelbar an die *Diptera* schließen die *Suctoria* (Flöhe) an, die, von sehr primitiven Dipteren abstammend, eigene Wege gingen, aber vor dem Bernstein keinerlei Spuren hinterließen und seither keine Entwicklung zeigen.

Hautflügler *(Hymenoptera). Symphyta.* Die im Jura und Malm vorkommenden Familien stehen denen des Bernsteins noch fern und auch die im Bernstein vorkommenden Gattungen nähern sich den lebenden nur zum kleinen Teil. Die stärkere Entwicklung hat also wohl erst im späteren Tertiär eingesetzt. Die beiden anderen Unterordnungen *Terebrantia und Aculeata* finden wir erst im Bernstein, aber schon auf gleicher Entwicklungsstufe mit den lebenden Gattungen, in die sie vielfach eingeordnet werden können. Der große Aufschwung dieser beiden Unterordnungen muß demnach spätestens in der Kreide stattgefunden haben. Derselbe hing offenbar eng mit der Entwicklung des Pflanzenlebens zusammen, da einerseits viele *Terebrantia* sich erst entwickeln konnten, als die übrige Insektenwelt einen Höhepunkt erreicht hatte, und die staatenbildenden *Aculeata* meist ihr Leben auf Blütenpflanzen aufbauten.

Netzflügler *(Neuroptera).* Die Netzflügler haben die Höhe der Entwicklung im Mesozoikum erreicht, sowohl an Artenzahl, die sowohl im Trias, Lias, wie im Dogger bis Kreide die des Alttertiär wesentlich übertrifft, als an Stattlichkeit und Höhe der Entwicklung der Arten. Seither sind sie wahrscheinlich am Zurückgehen.

Schnabelkerfe *(Homoptera).* Allen *Homoptera* ist ein ganz eigenartig gebauter Mund gemeinsam, der durch Verwachsung der wichtigsten Teile zu einem Saugorgan, verbunden mit einem höchst wirksamen Stechapparat, geworden ist. Schon die ältesten *Homoptera* aus dem Paläozoikum (Perm) besitzen diesen nur dieser Überordnung eigenen Mund in vollkommener Form. Dieser so früh schon erworbene, für die Erhaltung der Ordnung so außerordentlich wertvolle Mund bleibt unverändert und ermöglicht sehr früh eine Anpassung an die verschiedensten Lebensbedingungen. Im Lias finden wir schon eine reiche Entwicklung der Wanzen, Zikaden und Blattläuse. Im Bernstein sind sie vollkommen auf gleicher Höhe wie heute angelangt. Räuberische Wanzen von großer Beweglichkeit und Schlankheit mit Fangarmen in der Art derer der Mantiden leben neben breitgedrückten pflanzenfressenden Wanzen. Blattläuse mit ungeheuer verlängerten Rüsseln kommen ebenso vor wie Schildläuse, deren Weibchen unbeweglich an einer Stelle einer Pflanze festgesaugt sind und Beine sowie Flügel als überflüssige Organe bis aufs äußerste reduziert haben. Allen ist gemeinsam geblieben der Mund, der dem gleich ist, den schon die Ahnen im Paläozoikum hatten.

Coleoptera. In ihrer großen Zahl sind die Käfer im Bernstein bereits durchaus auf der Höhe der Entwicklung angelangt, auf der sie heute stehen. Nur eine Familie hat eine Entwicklung seither durchgemacht, die von ganz außerordentlicher Bedeutung ist, die Fühlerkäfer *(Paussidae).* Diese Ameisengäste haben im Bernstein, wo wir sie erstmalig finden, noch einen Mund, der zur Fütterung durch die Ameisen, aber nicht mehr zu selbständiger Nahrungaufnahme geeiget ist. Derselbe hat seither eine vollständige Umgestaltung erfahren und dient nunmehr zum Aussaugen der Ameisenlarven. Gleichzeitig haben sich die Fühler vielfältig verändert und bieten den Ameisen durch bedeutende Vergrößerung der Fläche, welche zum Ablecken der Ausscheidungen frei liegt, eine wesentliche Erleichterung der Aufnahme dieses Genußmittels. Daneben haben sich ganz wesentliche Veränderungen des Körpers in vielen Richtungen ergeben. Alle freiliegenden Organe sind bedeutend widerstandsfähiger gegen Bisse der Ameisen geworden, die Beine können in entsprechende Vertiefungen an der Körperoberfläche eingezogen werden, die Fühler sind außerordentlich zäh. Es ist ein einzigartiger Fall in der Insektenwelt, in dem wir eine so vollständige Umgestaltung einer Familie in geologisch kurzer und junger Zeit feststellen können. Diese Umgestaltung erinnert lebhaft an jene, die wir bei Haustieren erleben und zeigt, daß solche Veränderungen durch einen Wechsel der Lebensbedingungen in hohem Grad beschleunigt werden können.

Die weniger auffallenden Änderungen in der Insektenfauna, die seit dem Bestand der Bernsteinwälder erkennbar sind, lassen vor allem ein Absinken primitiver Formen und ein Aufsteigen der höher entwickelten in verschiedenen Ordnungen erkennen *(Diptera, Hymenoptera)*. Der Rückgang ganzer Ordnungen, die zu Anpassungen unfähig waren *(Panorpata)* und das Aufblühen aus ihnen früh hervorgegangener Ordnungen *(Lepidoptera, Diptera* usw.) und das Gleichbleiben oder sehr geringe Veränderungen bei

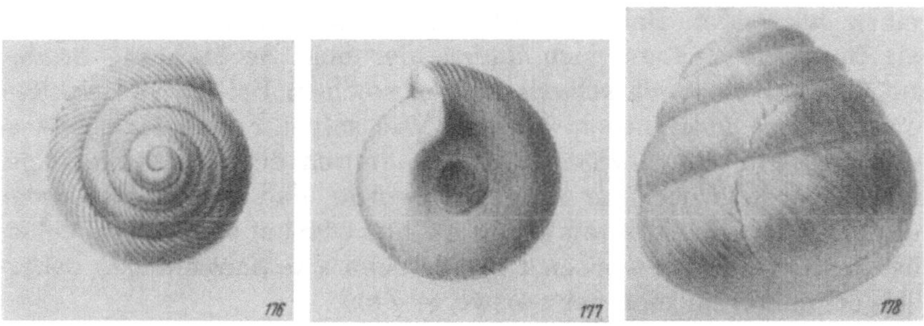

Abb. 176 bis 178. Drei der im Bernstein sehr seltenen Schneckengehäuse.

anderen. Von größtem Interesse bleibt die rasche und nach vielen Richtungen erfolgte Umgestaltung einer einzelnen Familie *(Paussidae)* in verhältnismäßig kurzer Zeit.

XII. Schnecken *(Conchilia)*

Unsere Kenntnis der Schnecken reicht weit zurück, vor allem über Wasser bewohnende Familien, aber wir kennen auch aus früheren Perioden viele, die Landbewohner waren. Besonders aus Deltas von Bächen und Flüssen stammen reiche Funde, so daß man die zur Zeit der Bildung der Ablagerungen lebende Landschneckenfauna gründlich kennt. Gerade der Bernstein hat uns zur Kenntnis der Schneckenfauna nur äußerst geringe Beiträge geliefert. Es liegt das schwerlich an der Seltenheit dieser Tiere in jenen Wäldern, sondern wohl vor allem daran, daß Schnecken kaum je unter Nadelbäumen herumkriechen, da ihnen der mit abgefallenen Nadeln bedeckte Boden keineswegs behagt. So ist es sehr wahrscheinlich, daß es sich bei den seltenen Funden meist um Gehäuse, die leer waren und durch Regen unter die Bäume geschwemmt wurden, handelt. Bei den beobachteten Arten handelt es sich meistens um kleine Formen von Klausilien, Pupiden und Heliciden. Eine genaue Studie über die Heliciden des Bernsteins ist in der Zeitschrift der Gesellschaft für Naturforschung in Danzig veröffentlicht. Man fand keine Arten, die enge Beziehungen zu heute in Europa lebenden Arten haben, sondern stellte nahe Verwandtschaften zu Bewohnern Ostasiens fest. Ich zeige drei Bilder aus der gründlichen Arbeit in Abb. 176 bis 178. Eine *Helix,* die in dem Berliner Naturwissenschaftlichen Museum liegt, bestimmte Dr. Adensamer als einer afrikanischen Art nahestehend. Es scheinen also vor allem Beziehungen zu tropischen oder subtropischen Familien zu bestehen. Wenn Schnecken überhaupt unter einen harzenden Baum gerieten, ist sehr unwahrscheinlich, daß sie in einem Zustand sich finden, der eine Beobachtung ermöglicht. Wahrscheinlich schieden sie in solchem Fall so viel Schleim aus, daß sie unkenntlich wurden. Wie selten Funde sind, bewies mir, daß nur ein einzigesmal in 20 Jahren eine Schnecke angeboten wurde, wobei mir mitgeteilt wurde, daß es seit Dezennien die erste sei. Zur Zeit, als Menge und Helm sammelten, scheinen mehr gefunden worden zu sein; denn alte Sammlungen beherbergen immerhin eine nennenswerte Zahl.

XIII. Wirbeltiere

So sehr der Bernstein unsere Kenntnis der Insekten, Spinnen und Myriapoden des Tertiär bereichert hat, so gering ist die Ausbeute von Wirbeltierresten. Die seltenen Vorkommen bieten jedoch ein ganz besonderes Interesse und lassen manche wichtige Schlüsse zu. Besonders wertvoll sind die Funde von Haaren von Säugetieren und Federn von Vögeln. Außer diesen beiden Klassen sind nur durch ganz wenige Funde die Reptilien vertreten.

Das einzige, fast vollständig erhaltene Reptil ist eine kleine, etwa 10 cm lange Eidechse, an der nur die Spitze des Schwanzes fehlt. Das Tierchen ist in einem klaren Stück Bernstein eingeschlossen und läßt alle äußeren Merkmale glänzend beobachten. Die sehr charakteristische Anordnung der Schuppen läßt es als nahen Verwandten der Gattung *Nucreas,* die heute in Zentralafrika lebt, feststellen.

Es ist ein ganz außerordentlicher Zufall, daß ein so großes Tier fast vollständig eingeschlossen wurde, und man muß wohl annehmen, daß es verendet am Fuße eines harzenden Baumes lag und eine rasch herabfließende Welle es einschloß. Ein lebendes Tier hätte, wenn es schon nicht entfliehen konnte, mindestens heftige Bewegungen gemacht und versucht, sich zu befreien. Erwähnt sei, daß in mehreren Sammlungen fast gleich große Einschlüsse von Fischen, Fröschen, Eidechsen und Verwandten liegen, die Fälschungen sind. Geschickte Bernsteinschleifer des 18. Jahrhunderts scheinen mit außerordentlicher Erfahrung Bernsteinstücke gespalten, ausgehöhlt, die Tiere mit bernsteinähnlichem Harz eingegossen und alle Spuren der Fälschung verborgen zu haben. Gerade in dieser Zeit, in der das Sammeln vor allem von *Curiosa* blühte und in manchen Sammlungen Hasen mit Rehgeweihen oder sechs Beinen bewahrt wurden, war es gewiß ein gutes Geschäft, solche Dinge zu machen. Außer jener Eidechse sind noch einige Stücke gefunden, in denen Hautteile von Reptilien eingeschlossen sind. Wesentlich häufiger und in mancher Beziehung aufschlußreich sind die Funde von Federn.

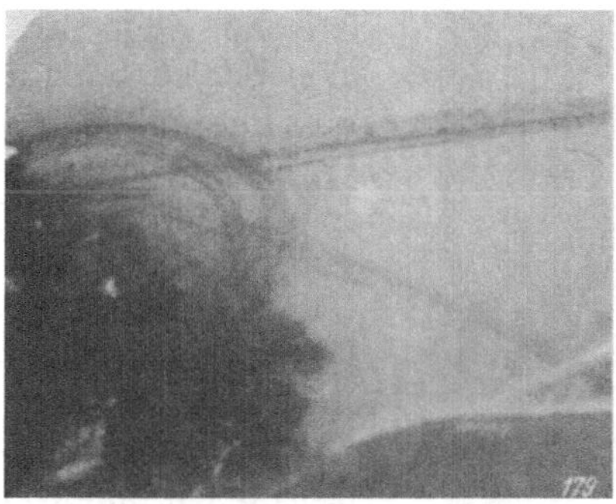

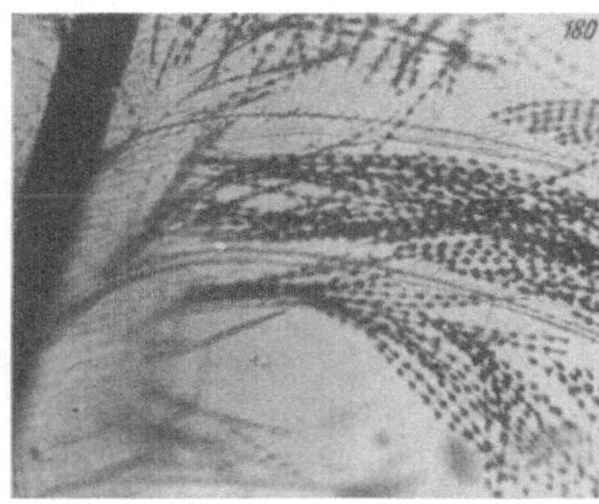

Abb. 179. Vogelfedern im Bernstein.
Abb. 180. Teil einer Feder mit Knötchen an den Barbuli bei stärkerer Vergrößerung.

Die ältesten Abdrücke von Federn kennen wir durch die prachtvoll erhaltenen Reste von *Archäopteryx* aus dem Lias von Eichstedt, dann folgen Spuren von Seevögeln aus Amerika und zwei Abdrücke aus dem frühen Eocän von Dänemark. Alle diese und Funde aus späteren Zeiten werden weit übertroffen durch die Erhaltung der im Bernstein eingeschlossenen Federn. Die Anzahl derselben ist nicht groß, etwa 18 Einschlüsse wurden mir bekannt, die in den Museen von Berlin, Danzig, Königsberg und einigen privaten Sammlungen liegen. Es finden sich darunter Deckfedern von verschiedenen Teilen des Körpers und Flaumen. Schon die Lage und Erhaltung gibt interessante Aufschlüsse über die Bedingungen, unter denen sie ins Harz gelangten. Einige machen den Eindruck, daß sie durch Wind an das Harz geweht wurden, kleben blieben und von einer neuen Welle überflossen wurden. Zu diesen gehören einige Deckfedern und eine hervorragend schöne Flaume. Die meisten jedoch scheinen darauf hinzuweisen, daß der Vogel an das weiche Harz geriet und sich gewaltsam davon befreite. Die Rami und Barbuli an solchen Stücken sind in Unordnung geraten und in mehreren Fällen finden sich zwei bis vier Federn zusammen mit den Spulen ausgerissen und mit nach einer Richtung gezerrten Rami. Bestimmungen, welcher lebenden Familie der einstige Träger so erhaltener Deckfedern nahesteht, sind schwer, wenn nicht, wie bei vielen Deckfedern, die proximalen Rami erhalten sind. Diese tragen häufig Barbuli, die den Flaumen gleiche Bildung zeigen, und nur die Flaumen sind bei den verschiedenen Familien durch charakteristische Züge ausgezeichnet. Chandler hat, ohne die Materie zu erschöpfen, ungefähr 200 deutlich verschiedene Flaumfedern beschrieben und abgebildet.

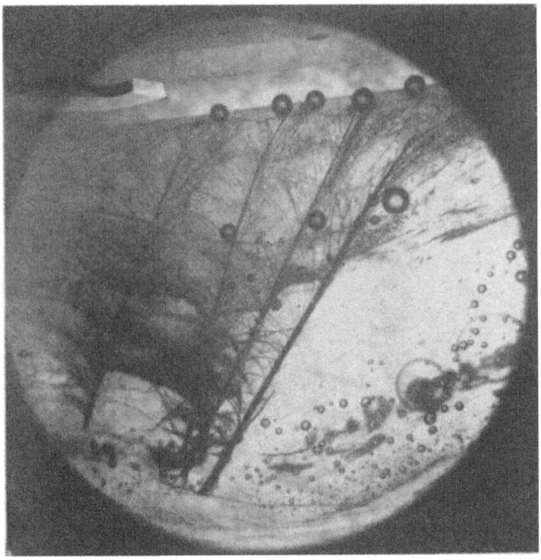

Abb. 181. Vier Federn aus dem Bauchgefieder eines Sperlingsvogels.

Die vorhandenen Deckfedern gehören meistens kleinen Vögeln an und stammen von verschiedenen Körperstellen. Einige sind Schwungfedern, andere waren Deckfedern des Körpers, manche sind locker und ohne Verbindung der Rami untereinander und gleichen den Federn, die bei vielen Vögeln unter dem Schwanz stehen. Das größte zusammen eingeschlossene Paar Deckfedern ist im Abdruck erhalten und liegt in der Sammlung des Museums in Berlin. Es sind rückwärtige Deckfedern des Flügels eines etwa drosselgroßen Vogels. Vorzüglich an der einen sind die Rami, stark durcheinandergeschoben und in Unordnung gebracht.

Der Aufbau aller Deckfedern ist vollständig gleichartig mit dem lebender Vögel, aber man kommt über die Bestimmung, wo sie am Körper eines Vogels, dessen Größe man annähernd bestimmen kann, gesessen waren, nicht hinaus.

Weit wichtiger und aufschlußreicher sind die Flaumfedern und die ihnen gleich gebildeten, nahe der Spule stehenden Rami und ihre Barbuli, die eine Ergänzung des Flaumenkleides bilden. Es findet sich eine Reihe verschiedener Formen, und genaue Vergleiche mit den Flaumen lebender Arten ergaben positive Resultate. Die schönste Flaume findet sich in einem Bernsteinstück eingeschlossen im Museum in Danzig und scheint nach der Art, in der sie locker und aufgeschlossen liegt, vom Wind an das Harz geweht worden zu sein. Sie ist knapp 10 mm lang und zeigt an den Barbuli genau dieselben Knötchen, wie die Flaumen lebender *Parus* (Meisen) und *Sitta europaea* (Kleiber). Chandler vergleicht die Verdickungen, die bei allen Passeriformen ähnlich gebaut sind, mit den Früchten von Eukalyptus. Bei allen lebenden Meisen und *Sitta* ist die Bildung gleich, kann somit als ein diesen Gattungen durchaus eigenes Kennzeichen genommen werden. Es ist darum auch nicht zu zweifeln, daß wir es bei dem Einschluß dieser Feder mit einem Ahnen, wahrscheinlich mit einem solchen der Passeriformen, zu tun haben. Ähnliche, wenn auch nicht ganz gleiche Knötchen finden wir an den untersten Rami von vier zusammen eingeschlossenen Federn des Bernsteinmuseums in Königsberg. Dieselben sind etwas anders gebildet als die besprochenen. Die Feder gehörte zweifellos ebenfalls einem Passeriformier an (Abb. 181).

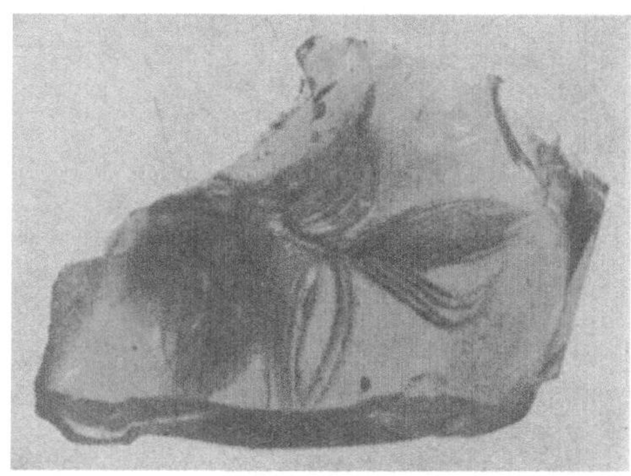

Abb. 182. Bernsteinstück mit Flaumfeder.

Ein besonders schön erhaltenes Federpaar zeigt ebenfalls an den untersten Rami deutliche Verdickungen, die jedoch wesentlich länger ausgezogen und am distalen Ende etwas anders gebildet sind, als wir es bei kleinen Spechten finden. Die großen Spechte haben außerordentlich schlank ausgezogene Verdickungen der Barbuli, während diejenigen der kleinen Arten (kleiner Buntspecht = *Picus minor*) in der Größe zwischen diesen und der Gestalt bei manchen Passeriformen liegen, welche sie jedoch an Länge übertreffen.

Wesentlich anders erscheinen die Flaumen in zwei Stücken, von denen eines in Berlin, das andere in Danzig bewahrt wird. In beiden Fällen ist eine größere Anzahl Flaumen zusammen eingeschlossen, u. zw. in sehr auffallender Art. In dem Berliner

Stück, das leider sehr unglücklich beschliffen ist, wobei sicher ein großer Teil des Einschlusses zerstört wurde, liegen die Federn fest aufeinandergepreßt. Stellenweise kann man bei der Dicke von kaum mehr als 1 mm drei Lagen, die in verschiedener Richtung sich überkreuzen, unterscheiden. Das Danziger Stück enthält ebenfalls eine große Menge von Flaumen gleicher Art, die nicht aufeinandergepackt und zum Teil bis zu einem Halbkreis ineinandergedreht sind. Weder eine Feder, die vom Wind an das Harz getragen wurde, noch eine, die einem Vogel, als er anstreifte, ausgerissen wurde, kann so liegen. Ähnliches finden wir wohl nur in einem Nest, wo die jungen Vögel sich hin und her drehen und ihre Unterlage durcheinanderwühlen und zusammenpressen. Es konnte gewiß ein frei in einem Busch stehendes Nest getroffen werden, aber wahrscheinlicher scheint, daß es sich um einen Höhlenbrüter handelt. Nicht ganz selten finden wir Abdrücke von Käferlarven, die im Holz leben, im Bernstein, und es ist ebensogut möglich, daß ein in einer Höhle im Baum liegendes Nest vom Harz überflutet wurde. Nicht geringeres Interesse als die Art der Einlagerungen dieser Federn verlangt ihr Aufbau. Die Barbuli tragen Knötchen von langgezogener Form, die gleichmäßig anschwellen und am Ende drei kurze Spitzen tragen. Diese Knötchen stecken wie die Teile des Stengels eines Schachtelhalmes übereinander und sind sehr häufig an der Haftstelle abgebrochen, so daß das letzte Knötchen mit den drei Spitzen frei herausragt. Schon der leider verstorbene Ornithologe Professor L a m b r e c h t (Budapest) machte mich auf die Ähnlichkeit der Form mit Flaumen, die C h a n d l e r von *Momotus*, einer Gattung, die Mittel- und Südamerika bewohnt, abbildete, aufmerksam. *Momotus*arten sind nicht selten in zoologischen Gärten zu sehen und fallen immer dadurch auf, daß an den langen Schwanzfedern mitten heraus ein Teil der Fahne fehlt. Genaue Untersuchungen an Flaumen

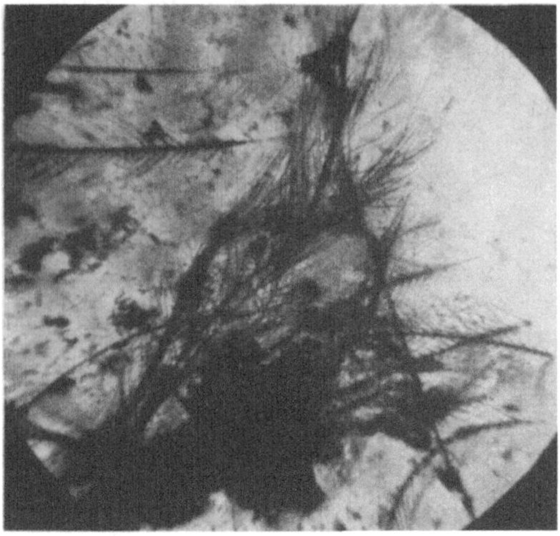

Abb. 183. Zahlreiche Federn blieben im klebrigen Harz hängen.

ergaben, daß auch bei ihnen die Barbuli leicht brechen, u. zw. immer knapp über einem Knötchen, und daß zuweilen auch ganze Barbuli fehlen, andere in verschiedener Höhe abgebrochen sind. Die Form der Knötchen stimmt vollständig mit der im Bernstein gefundenen überein und Photographien der fossilen und rezenten Form sind nicht zu unterscheiden. Man kann somit fest annehmen, daß es sich um eine Ahnenform von *Momotus* handelt.

Die kleine Zahl Funde von Federn zeigt uns somit einerseits, daß im frühen Tertiär bereits sehr deutlich spezialisierte Passeriformen, wahrscheinlich spechtartige Vögel und Ahnen von *Mo-*

Abb. 184. Zusammengedrängte Flaumen einer Feder.

motus lebten, und gibt uns durch den Fund von Einlagen von Nestern auch einen Einblick, daß auch in dieser Richtung schon der gleiche Stand wie heute erreicht war.

Neben den Funden von Federn scheint mir mancher Fund von Insekten ebenfalls auf reichliche Anwesenheit von Vögeln im Bernsteinwald hinzuweisen. Wir finden nicht selten im Bernstein Insekten, an deren Haltung man feststellen kann, daß sie wohl im Harz festsaßen, aber noch lebten, durch Schwirren mit den Flügeln, Umherwirbeln um das festgehaltene Glied und andere Bewegungen sich zu befreien suchten, ehe eine zweite Welle sie vollständig einschloß. Es ist kaum denkbar, daß ein von Insekten lebender Vogel, der eines bei seinen Befreiungsversuchen erblickte, es ungestört ließ. Ich konnte einmal einen Kleiber beobachten, der an einem Stamm saß, aus dem Saft austrat und mit großer Sachlichkeit jedes Insekt, das anflog, wegschnappte. Wäre der Saft so klebrig gewesen, wie offenbar das Bernsteinharz war, hätte er oft anstreifen können und dabei Federn verloren. Wir finden nicht selten Reste von Insekten im Bernstein, die scharf wie mit einer Schere abgeschnitten sind. Flügel und Beine, die in der älteren Schicht hängen, sind noch da, der obere Teil des Körpers ist abgeschnitten. Auf dem Bild eines solchen Restes sieht man, daß der Rest aus dem Harz etwas verzogen wurde. Daß bei solcher Jagd manche Feder hängen blieb, ist mehr als wahrscheinlich. Daß die Vögel schon damals unter Parasiten zu leiden hatten, macht eine Milbe, die ich unmittelbar neben einer in Königsberg bewahrten Feder sah, wahrscheinlich.

Abb. 185. Teilansicht einer Feder mit gedrehten Rami bei starker Vergrößerung.

Häufiger als Federn finden wir im Bernstein Haare von Säugetieren. Zuweilen sind es einzelne, grannenartige, meistens jedoch trifft man Büschel, die offenbar gleichzeitig ausgerissen oder, etwa in der Zeit des Haarwechsels, verloren wurden. In diesen Büscheln kann man oft deutlich Leithaare, Grannen und Wollhaare unterscheiden. In den Schriften der Naturwissenschaftlichen Gesellschaft in Danzig hat Dr. K. Eckstein 1890 eine gründliche vergleichende Studie veröffentlicht, nach der er unter den 45 Objekten, die ihm vorlagen, neue Beziehungen zu Eichhorn *(Sciurus)* und Siebenschläfer *(Myoxus)* feststellte. Mein Material beträgt allerdings weit weniger, aber es scheint richtig, einige Stücke abzubilden. In Abb. 186 liegen bis 5 cm lange kräftige Grannen sehr locker nebeneinander und dazwischen sind in langen, sehr regelmäßigen Spiralen dünne Wollhaare, die ihnen an Länge wenig nachgeben. In dem großen Werk über Säugetierhaare von K. Toldt fand ich unter den über 200 Abbildungen am ähnlichsten die von der Behaarung von *Glis glis* (Bilch). Nur scheinen dort die Wollhaare relativ stärker vertreten als die Grannen. Man kann dieser Erscheinung jedoch kein großes Gewicht beilegen, da ja gerade die Dichte der Wollhaare in verschiedenen Jahreszeiten sehr verschieden ist und in der Zeit des stärksten Harzflusses im Sommer wahrscheinlich am dünnsten war. Bei der großen Ähnlichkeit zwischen Haaren einander sehr fernstehender Familien ist es kaum möglich, für den Großteil genaue Beziehungen festzustellen.

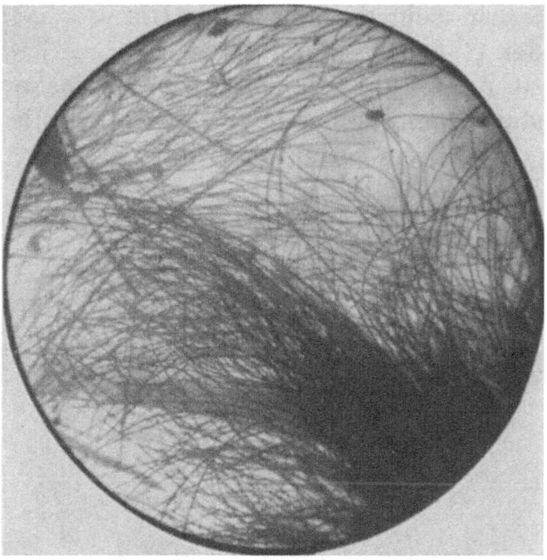

Abb. 186. Ein Büschel von Säugetierhaaren im Bernstein. Wahrscheinlich stammen sie von einem Bilch.

Ganz besonderes Interesse darf ein Einschluß beanspruchen, der Haare mit sehr starker Verschiedenheit ihrer Oberfläche zeigt. In einer Photographie sieht man deutlich eine spiralig an einzelnen Haaren hinlaufende Verdickung. Unter den Zeichnungen fällt eine besonders auf, die eine deutliche Ringelung des Haares zeigt. Andere zeigen einen spiraligen Aufbau, der jedoch nicht verstärkt ist, und eine weitere Erscheinung sind kräftige Schuppen, die, wie es scheint, spiralig angeordnet sind. In dem Einschluß liegen die Haare fast überall sehr dicht, so daß man nur an einigen ein einzelnes Haar ein Stück verfolgen kann, aber nirgends gelingt es, eines von der Wurzel bis zur Spitze zu untersuchen. Wir müssen annehmen, daß die verschiedenen Gestaltungen von verschiedenen Teilen der Haare stammen. Vollständig gleiche Verhältnisse finden wir bei Haaren lebender Arten von Fledermäusen und außer diesen finden wir wohl bei keiner Familie eine gleich stark ausgeprägte Bedeckung mit Schuppen. Hier dürfen wir mit Recht annehmen, daß wir die Haare einer Fledermaus vor uns haben.

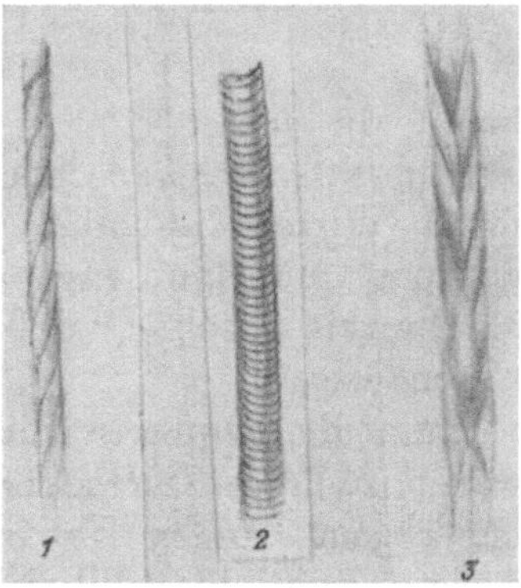

Abb. 187. Drei verschiedene, im Bernstein festgestellte Haarformen, bei starker Vergrößerung gezeichnet.

Obwohl starke Beziehungen zu einzelnen lebenden Arten bestehen, ist es wahrscheinlich, daß die Art längst ausgestorben ist (Abb. 187).

Ein sehr interessanter Hinweis auf ein kleines Säugetier ist der Abdruck einer Fährte in einem kleinen Bernsteinblock, der im Besitz der Bernsteinwerke in Königsberg ist (Abb. 188). Der Bernstein war offenbar noch sehr weich, als das Tier darauftrat, und es entstand ein prächtiger Abdruck, der die schmale Sohle und vier Zehen zeigt. Merwürdigerweise fehlt jede Spur des Abdruckes von Klauen, obwohl der Fuß tief einsank. Es kann sich um die Fährte eines Beuteltieres oder um die eines kleinen, primitiven Raubtieres handeln. Neben diesen direkten Beweisen des Vorkommens von Säugetieren gibt es noch indirekte durch das Vorkommen von Parasiten. Unter den Insekten am bekanntesten ist wohl der Floh, *Palaeopsylla klebsiana* (Dampf), geworden; denn er ist der älteste Floh, den man überhaupt kennt. In seiner ganzen Erscheinung steht er den Flöhen, die auf Insektenfressern leben, am nächsten. Da gerade Parasiten ihren Wirten besonders treu bleiben, weil sie an deren Behaarung und Haut angepaßt sind, können wir diesen Floh ruhig als Beweis ansehen, daß Insektenfresser im Bernsteinwald vertreten waren.

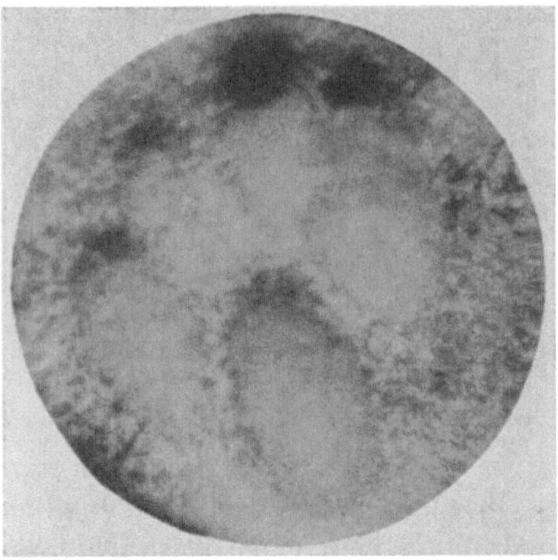

Abb. 188. Im Bernstein abgedrückte Fährte eines kleinen Säugetieres.

Unter den Dipteren finden sich einige, die zweifellos Blutsauger waren. Mehrere *Culex*arten gehören hierher und vor allem dürften die $1^1/_2$ cm langen Tabaniden böse Feinde der kleinen Pferde gewesen sein, die wohl sicher hier wie in den Wäldern des Geiseltales hausten.

Die Ausbeute an Resten von Wirbeltieren ist gering, hat uns aber doch einige, sonst noch nie beobachtete frühe Arten von Vögeln, die ältesten Funde Haare und einen neuen Beweis für das hohe Alter der Fledermäuse gebracht. Wie so viele andere Funde im Bernstein, geben die Funde von Wirbeltieren nicht nur Zeugnis für das Vorkommen derselben, sondern ermöglichen uns tiefe Einblicke in das Leben der Tiere und zeigen viel interessantere Züge wie ein Skelettfund, der nur genügt, um eine bisher unbekannte Art festzustellen.

XIV. Landschaft

Wenn man das Verzeichnis der Pflanzen, die im Bernstein nachgewiesen wurden, und die Lebensräume der verwandten Formen in der Jetztzeit überblickt, ist die erste Überzeugung, die man gewinnt, daß heute kein Wald besteht, den man unmittelbar mit dem der damaligen Zeit vergleichen kann. Wir finden jeden Kontinent vertreten; Gewächse, die heute in den Tropen leben, erscheinen neben solchen gemäßigter Klimaten und anderen, die Trockengebiete bevorzugen. Zieht man dann auch die Funde aus dem Tierreich heran, begegnet man auch da Vertretern von Gattungen und Arten, deren heutiger Lebensraum sehr verschieden ist und sich nicht selten deckt mit dem einer Gruppe von Pflanzen, die in einem bestimmt umrissenen Gebiet heimisch sind.

Eine unbedeutende Rolle spielen Australien und Neuseeland, sowie Südamerika. Wichtig ist der Norden Asiens und Europa, da hier die Verwandten der Bäume heute leben, die das Bernsteinharz lieferten, und viele andere Koniferen, sowie *Ericaceae, Cupulaceae,* wie *Quercus, Castanea, Ulmaceae, Salicaceae, Aceraceae, Aquifoliaceae* u. a. m. Nordamerika ist dadurch sehr interessant, daß eine Reihe von Koniferen, die heute dort leben, nahe Verwandte im Bernstein haben, wie *Pinus subrigida, Sequoia Langsdorfii, Juniperus virginianus* und eine Palme *Sabal,* der *Sabalites* des Bernsteins sehr nahesteht.

Der Gürtel der Tropen und Subtropen ist sehr reich vertreten. *Oleaceae, Rubiaceae, Ternstroemiaceae, Hammamelidaceae, Protaceae* kommen im tropischen Amerika, Asien und Afrika vor. Stark in den Vordergrund treten hier Insulindien und Südamerika. Neben den obengenannten sind wichtig lianenartig windende Pflanzen, wie *Apocynaceae* und *Lorantaceae,* als Schmarotzer. Von den tropischen und subtropischen Regionen zieht sich eine Gruppe von Pflanzen an der Ostküste Asiens und der westlichen Amerikas weit hinauf und erreicht u. a. Japan. Hierher gehören *Magnoliaceae, Smilax, Myrsinaceae,* von denen einige im Süden Neuseeland erreichen.

Wichtig scheinen noch jene Gewächse, die Trockengebiete bevorzugen. Wir treffen da auf *Sciadopitys* mit seinen doppelten Reihen von Spaltöffnungen und Santalaceen als Wurzelschmarotzer. Eine große Rolle spielen natürlich alle die Gewächse, die auch heute eine weltweite Verbreitung haben. Sie können uns keine wesentlichen Hinweise über Klima oder Beziehungen zu bestimmten Lebensräumen geben.

Die Vielfältigkeit der Lebensbedingungen, welche die verschiedenen Pflanzen beanspruchen, erschwert es sehr, klare Vorstellungen zu gewinnen und weist darauf hin, daß entweder die Bernsteinbäume unter sehr verschiedenen Bedingungen leben konnten oder daß Gebiete mit sehr verschiedenen Voraussetzungen nebeneinander lagen und sich berührten, so daß Pflanzenteile und in weit höherem Maße Tiere, vor allem Insekten und Spinnen, dorthin gelangten, wo das Harz sich fand. Die größere Menge von Resten von bestimmten Pflanzen dürfen wir zweifellos als aus der Lebensgemeinschaft stammend ansehen, die die Wälder bildete, in denen die das Harz abscheidenden Bäume lebten. Nach der Menge des Harzes müssen ganz gewaltige Bestände von *Pinetes succinifera* und verwandten Koniferen bestanden haben. Sie bildeten vielleicht stellenweise geschlossene Bestände, aber nach der Häufigkeit der Reste von Eichen, deren zehn Arten sich durch Blüten bestimmen lassen, nach der nicht unbedeutenden von Kastanien, einigen Ulmen, waren weite Bestände ausgesprochener Mischwald. Wir müssen dabei annehmen, daß *Pinetes succinifera* entschieden wärmere Temperaturen ertrug als ihre heutige Verwandte *Pinus abies.* Es kommt ja in tropischen und subtropischen Gebieten heute kein naher Verwandter dieser Konifere vor. Ebenso wie die Häufigkeit der Blätter und Blüten und vor allem ihrer feinen Haare uns von dem gemeinsamen Leben der Eichen, die der tropischen Gattung *Pasania* zuzurechnen sind, beweist, daß sie vielfach im gleichen Lebensraum mit den Koniferen wuchsen, ergeht es mit manchen Pflanzen, die den Unterwuchs der Wälder bildeten. *Thuya orientalis succinea* und *Ilex* sind häufig, in großer Artenzahl und vielen Individuen finden sich *Ericaceen.* Seltener war zweifellos *Sabalites,* eine Fächerpalme, deren Blätter recht vereinzelt vorkommen. *Phoenix,* die hochwüchsig ist, war offenbar nur sehr selten eingestreut oder stand vereinzelt am Rande des Waldes. Daß *Ericaceen* direkt unter den Bäumen standen, erweist sich dadurch, daß nicht nur Blätter und Blüten, sondern auch Früchte eingeschlossen sind, die nur getroffen werden konnten, wenn die Pflanze unmittelbar unter dem harzenden Baum stand. Die vielen Einschlüsse von Gramineen zeigen, daß der Boden vielfach von Gräsern bedeckt war. Eine unmittelbare Nachbarschaft von Lianen und Schmarotzern scheint auch nachgewiesen durch das Vorkommen von *Apocynaceae* und *Lorantaceae;* in diesen

Kreis passen *Lauraceae, Magnoliaceae* und *Myrtaceae* ausgezeichnet hinein und wir stehen in einem Wald, der mit wenigen Abweichungen auf den malayischen Inseln sein Widerspiel hat. Nur ein Baum, der heute keine Beziehung zu jenen Inseln hat, aber doch in diesem Lebenskreis gedieh, ist der wichtigste Träger unserer Forschung, *Pinites succinifera*. Vielleicht ist der Gedanke nicht abwegig, daß Koniferen, die ihre Urheimat in kühlen Teilen von Eurasien haben und hier eine mäßige Harzerzeugung zeigen, zu besonders starker Harzabsonderung gereizt werden, wenn sie in tropische oder subtropische Gebiete versetzt werden. Wir haben ja dieselbe Erscheinung bei *Damara australis* und verwandten Bäumen auf den Philippinen.

Wenn wir die Tierwelt durchgehen, finden wir mehr nachweisbare Beziehungen zu Insulindien als zu anderen Gebieten. Die artenreiche Gattung *Iridomyrmex* (Ameisen) lebt im wesentlichen dort und in ihrem Gefolge die merkwürdige Käferfamilie der *Paussidae*. Die Termiten passen hieher und die Holzläuse (*Corrodentia*, unter denen das schuppentragende *Amphistomum* besonders wichtig ist) weisen im Bernstein eine Anzahl Arten auf, die eng verwandt mit solchen Malayas sind. Die reich vertretene Familie der *Blattidae* lebt heute in großer Artenzahl dort. Unter den *Hemiptera* ist neben manchen anderen tropischen Gattungen *Proptilocerus dolosus* (Wasmann) in jeder Beziehung fast vollständig gleich mit *Ptilocerus ochraceus* (Edw. Jacobson), der heute auf Java lebt. Beide ließen und lassen sich ihre Ausscheidungen von Ameisen belecken, fangen diese dann, um sie auszusaugen. Die Reste lassen sie unter sich auf einen Haufen fallen. Überzeugendere Beweise gleichartiger Lebensbedingungen als dieser und die *Corrodentie Amphistomum* lassen sich kaum finden. Neben denen zu Insulindien bestehen auch auffallende Beziehungen zum tropischen Südamerika. Die wenigen Mantiden des Bernsteins stehen baumbewohnenden Arten Südamerikas nahe und die *Phasmidae* haben dort in gleicher Weise verlängerte Vorderflügel. Ähnliche Erscheinungen finden sich aber auch auf Borneo, nur sind die dort lebenden Formen meist mit phantastischen Anhängen versehen. Merkwürdig ist das Vorkommen des mittel- und südamerikanischen Vogels *Monotus*, der in zwei Fällen durch die vollständig gleich geformten Flaumen nachgewiesen werden konnte. Es erscheint allerdings wichtiger und bindender, was Pflanzen und Insekten uns über die Gleichheit der Lebensverhältnisse erzählen, als die Beobachtung einer einzelnen Vogelart. Wir dürfen abschließend annehmen, daß der Wald der Bernsteinbäume ein gemischter Bestand von Koniferen und Laubbäumen war und daß er eine wesentliche Ähnlichkeit mit den Wäldern von Malaya hatte. Ob er in der Ebene lag oder in bergigem Gelände, entzieht sich unserem Urteil, aber es spricht manches für letztere Auffassung. Nicht zuletzt die ungeheure Masse von zu Sand und Staub zerriebenen Resten von Felsen und ungeheuren Mengen von Blöcken, die durch die Eiszeit aus Fenoscandien abgetragen und heute in Rußland, Polen, Deutschland, Holland usw. abgelagert sind. Dabei sind das nur Reste von größeren Massen, die seither verschwemmt worden sind und einst erhebliche Gebirge bildeten. Dafür, daß diese Wälder nicht gleichmäßig das Land bedeckten, haben wir Beweise in dem Vorkommen von Feuchtigkeit liebenden Bäumen, wie *Salicaceae* und in vielen Insekten. Stille Gewässer zeigt uns das Vorkommen von bestimmten Ephemeriden, deren Larven dort hausen und ebenso von *Odonata,* die stark vertretene Familie der Trichopteren gibt hiefür einen bündigen Beweis ab und wir sehen, daß der Wald bis unmittelbar an das Wasser herantrat, wenn wir eine Larvenhaut einer Ephemeride und drei Larven von Rückenschwimmern, die noch nicht flugfähig waren, finden. Einen gleichen Beweis gibt der kleine Flohkrebs. Wenn es auch keinem Zweifel unterliegt, daß fließende Gewässer den ruhenden zuflossen, so sehen wir einen bindenden Beweis im Vorkommen der *Perlaria* (Uferbolde), deren Larven in Bächen leben. Die *Trichoptera* geben uns die Gelegenheit, zwischen lebhaften und trägen Bächen zu unterscheiden, wie auf S. 143 bis 144 ausgeführt.

Neben den Gewässern unterbrachen die Wälder zweifellos weite offene Flächen. Viele einzelne verwehte Blüten zeigen uns das und vor allem dürfen wir aus der Insektenwelt die Überzeugung gewinnen, daß Wiesen mit reichlichem Blumenbestand vorhanden waren. Eine ganze Reihe von Koleopteren sind Blütenbesucher, ebenso viele Dipteren wie die Männchen von Tabaniden, Schmetterlinge nicht minder, von den Wanzen jagen die *Anthocorinae* in Blüten und ebenso lauern manche Spinnen in Blüten auf Beute. Am überzeugendsten ist das Vorkommen von mindestens 25 Arten von Bienen, die meist nur durch wenige Individuen vertreten sind. Ohne Wiesen mit reichem Blumenbestand können diese Honigsammler nicht bestehen. In den Wald kamen sie nur zu ihren Behausungen. Die große Zahl von Arten ist bei der genauen Auswahl, die sie bei der Nahrungssuche treffen, ein starker Beweis für den Reichtum an Blütenpflanzen.

Eine Anzahl von Pflanzen zeigt, daß im Umkreis der Wälder auch Trockengebiete lagen. Ein ausgesprochen auf trockenen Böden und in trockener Luft gedeihender Baum ist *Sciadopitys* aus Japan. *Santalaceae,* Wurzelschmarotzer, die heute Malaya,

Afrika und in einzelnen Arten auch Ungarn bewohnen, zeugen dafür aus dem Pflanzenreich. An Insekten weisen in gleicher Richtung Embien und Cicindelen.

Wenn wir bei den wesentlichsten Gebieten des Bernsteinwaldes an Ebenen oder Hügelland denken müssen, scheinen doch auch Gebirge von erheblicher Höhe ihn beherbergt zu haben oder mindestens in seiner nahen Umgebung aufgeragt zu haben. Dafür sprechen Vorkommen aus der Pflanzenwelt und nicht minder Erscheinungen in dem Vorkommen von Tieren. *Aceraceae,* Ahorne, leben in tropischen und subtropischen Ländern, aber während sie in gemäßigtem Klima Ebene und Hügelland bevorzugen, rücken sie dort in Höhen bis zu 2300 m über dem Meer hinauf, die *Gnetacee Joanina ephedra,* die heute Quito bewohnt, ist ein zweifellos hohe Lagen liebender Baum, *Caprifoliaceae* leben in den Tropen ebenfalls im Gebirge, ebenso *Umbelliferae.* Für Hochgebirge spricht das Vorkommen der Nadeln von *Pinites silvatica,* die nicht zu unterscheiden sind von *Pinus montana.* Von größter Bedeutung für die Annahme, daß neben den tropischen oder subtropischen Landstrichen der Ebene und des Hügellandes auch bedeutende Erhebungen in dem Gebiet der Wälder bestanden, ist das Vorkommen von Ameisen, die heute in gemäßigtem Klima lebenden Familien und Arten eng verwandt sind. Die Untersuchung von 10.000 Individuen ergab dafür ungefähr die Hälfte, also 5000, die übrigen gehören zu ausgesprochen tropischen und australischen Familien. Die Erklärung, daß erst später eine Scheidung eingetreten sei, bei der ein Teil sich an tropische, der andere an kühlere Länder gewöhnt habe, ist kaum stichhaltig. Ameisen stehen in engster Beziehung zu Klima und Pflanzenwelt und neigen nicht dazu, sich neuen Verhältnissen anzupassen. In Europa kennen wir vielleicht die wesentlichsten Anpassungen bei den Arten, die in Mooren leben, die wohl durch die Eiszeit, abgeschnitten von gewohnten Verhältnissen, sich neu einrichten mußten. Sie haben dabei aber auch wesentliche körperliche Veränderungen erlebt. Das trifft aber bei den Beziehungen zwischen den Arten des Bernsteins und jetzt lebenden in gemäßigten Gürteln nicht zu. So bleibt es viel natürlicher anzunehmen, daß die tropischen Formen in den heißen, niedrigen, die Kälte liebenden in Gebirgen, für deren Bestehen ja auch andere Zeichen sprechen, lebten.

Wir sehen so ein reich gegliedertes Land, aus dessen sehr verschiedenen Gürteln Pflanzen und Tiere in das Harz gerieten. Es bleibt noch eine Erklärung zu suchen, wie diese bunte Mischung von Resten aus verschiedenen Zonen dorthin geriet, wo ein Einschließen möglich war. Gewiß stiegen die harzenden Bäume aus der Ebene bis in erhebliche Höhen hinauf, aber sicher nicht so hoch, daß sie in allen Gebieten standen, in denen kälteliebende Pflanzen und Tiere leben und ebensowenig kamen sie in Trockengebiete. Wind und Wasser sind vorzügliche Beförderer abgefallener Blätter und Blüten und die Flügel der Insekten, die Fäden der sich der Luft vertrauenden Spinnen tragen weit. So mag vieles in das Harz gelangt sein. Ein zweiter Weg ist der Wechsel des Pflanzenwuchses an Stellen, wo ein Sturm einmal mit voller Wucht an einer Berglehne zugegriffen hat und alles niederwarf, was hoch stand. In tropischen Ländern um ein Vielfaches schneller als in den Karpaten, in deren damals noch unberührten Wäldern ich viel herumstreifte, vermodert das gestürzte Holz und üppiger Boden entsteht. Der Wind trägt von den verschiedensten Seiten Samen zu und es entsteht rasch eine neue Vegetation, die bunt gemischt ist und Arten enthält, die sonst hier nicht heimisch sind. Die Bäume an den Rändern des Windbruches sind vielfach angeschlagen. Ähnliche Ereignisse wirkten im Bernsteinwald und mehr Harz als sonst trat aus den Wunden aus. So entstanden die Schlauben, in denen die größte Menge der Einschlüsse sich findet. Manche Pflanze, deren Heimat fern, vielleicht hoch in den Bergen liegt, ist hier aufgegangen und eine einzelne Blüte, ein verwehtes Blatt von ihr, wurde bewahrt. Bald wuchert mächtig auf, was hier wirklich heimisch ist, und die Fremdlinge werden unterdrückt und verschwinden, bis ein neuer Zufall wieder einen von ihnen auf eine offene Wunde des Waldes wirft. So sind vielleicht die nicht wenigen, unzweifelhaft bestimmten Arten angehörigen Einschlüsse zu erklären, von denen nur ein einziges Vorkommen bekannt geworden ist. Ohne diese Auffassung von dem Aufbau des Landes ist das gemeinsame Vorkommen so vieler unter verschiedenen Bedingungen lebender Pflanzen und Tiere kaum zu erklären.

Göppert spricht an einer Stelle seines großen Werkes den Gedanken aus, daß der Wald, der uns den Bernstein überliefert hat, durch Sturm und Insektenfraß verwüstet gewesen sei, daß kaum ein gesunder Baum darin stand. Dieser Anschauung stimmt auch der große Paläobotaniker Mägdefrau zu; ich kann mich ihm nicht anschließen. Gewiß griff mancher Sturm heftig an und warf manchen Bestand nieder, aber weitaus der größte Teil blieb wohl immer gesund und war vollkommen den Lebensverhältnissen angepaßt. Wir haben ja auch Abdrücke von Stämmen von sehr erheblichem Umfang. Bedeutende Schädigungen durch Insekten lassen sich nirgends erkennen. Bohrlöcher von Käfern finden wir durchaus nicht häufiger, als in Hölzern lebender Bäume, und der

Reichtum an Braconiden und anderen Schlupfwespen sorgte gewiß dafür, daß in einem Gebiet, wo Bäume durch Verletzungen kränkelten, die Zahl der Waldfeinde in Schach gehalten wurde. Der mächtige Harzerguß verlockt vielleicht, an Krankheit zu glauben. Wir haben das Recht, uns vorzustellen, daß der Wald viele Millionen von Jahren bestand und die von ihm bedeckte Fläche kann sehr ausgedehnt gewesen sein, es muß also die im Laufe eines Jahres von einem Baum erzeugte Menge nicht übermäßig gewesen sein, allerdings wesentlich größer, als bei den heute lebenden Verwandten. Es drängt sich da ein Gedanke auf, den ich schon früher aussprach und der vielleicht nicht vollkommen abzulehnen ist. Die Koniferen entstanden in Eurasien wohl sicher in kühlen Landstrichen oder Gebirgen, ziehen diese auch heute im wesentlichen vor und bilden dort ungeheure Wälder. Nur wenige sind in tropische Länder vorgedrungen. Bei diesen, wie *Damara australis* oder anderen Koniferen der Philippinen, finden wir heute ungewöhnlich große Harzergüsse. Wäre es nicht denkbar, daß dieselbe Erscheinung bei einer Verwandten von *Pinus abies* und den anderen, Harz erzeugenden *Pinites* eintrat, als sie sich in einem Land mit tropischem Klima heimisch machten?

Literaturverzeichnis

A. Allgemeines

Andrée, K., Bernstein. Handwörterb. Staatswissensch., 4. Aufl., *2*, 1923, 518—524.

— — Ostpreußens Bernstein und seine Bedeutung, hauptsächlich für Wissenschaft, Kunstgewerbe und Industrie. Ostdeutsch. Naturwart, 1924, 183—189, 1925, 120—134.

— — Vom „Ostpreußischen Gold", dem Bernstein, im allgemeinen und von der Klebsschen Bernsteinsammlung und ihrer Bedeutung für Königsberg und die Bernsteinforschung im besonderen. Jahresber. Königsb. Universitätsbundes E. V. 1926/27, 1927, 18—36.

— — Wirtschaftliches über Ostsee-Bernstein. Bernstein-Forsch., *3*, 1932, 233—236.

— — Über den Bernstein und seine wissenschaftliche Bedeutung. Angew. Chemie, *48*, 1935, 481.

— — Die wissenschaftliche Bedeutung des Bernsteins und neuere Bernstein-Forschungen. Forsch. Fortschr., *12*, 1936, 357—359.

— — Der Bernstein und seine Bedeutung in Natur- und Geisteswissenschaften, Kunst und Kunstgewerbe, Technik, Industrie und Handel. Königsberg 1937, 219 Seiten.

— — Steinzeitliche Bernstein-Anhänger mit Ritzzeichnungen von Nordlichtern. Bernstein-Forsch., *4*, 1939, 45—47, 1 Tafel.

— — Über neue Funde neolithischer Bernsteinartefakte Schwarzorter Stils an der Ostseeküste Kurlands und ihre Bedeutung für die Frage der Entstehung der Schwarzorter Bernstein-Lagerstätte. Bernstein-Forsch., *4*, 1939, 48—51, 1 Tafel.

— — Über Inklusen im allgemeinen und über Bernstein-Inklusen und Bernstein-Inklusenfälschungen im besonderen. Bernstein-Forsch., *4*, 1939, 52—77.

Aycke, J. C., Fragmente zur Naturgeschichte des Bernsteins. Danzig 1835.

Berndt, W., Der Bernstein in der Nordsee. Nat. u. Mus., *58*, 1928, 302—306.

Berry, E. W., The Baltic Amber Deposits. Scient. Monthly, *24*, 1927, 268—278.

Bielefeld, Dr., Der Bernstein und seine Verbreitung im nordwestlichen Deutschland. Niedersachsen, *26*, 1920/21, 306—307.

Bissing, F. W. v., Studien zur ältesten Kultur Italiens. II. Etruskische Skarabäen und Skarabäoide aus Bernstein. Studi Etruschi, *5*, 1930, 49—69, 3 Tafeln.

Black, G., Amber and its origin. Amer. Mineralog., *4*, 1919, 83—85, 97—99, 118—120, 130—131.

Bock, F. S., Versuch einer kurzen Naturgeschichte des preußischen Bernsteins und einer neuen wahrscheinlichen Erklärung seines Ursprunges. Königsberg 1767.

Bölsche, W., Im Bernstein-Wald. Stuttgart 1927, 78 Seiten.

Branco, W., Die Anwendung der Röntgenstrahlen in der Paläontologie. Phys. Abh. Preuß. Akad. Wiss. Berlin 1906, 55 Seiten, 4 Tafeln.

Brandes, Gewinnung und Verwertung des Bernsteins. Naturf., *11*, 1935, 433—438, 1 Tafel.

Brühl, L., Bernstein, „Das Gold des Nordens". Meereskd., *14*/166, 1925, 34 Seiten.

Brückmann, R., Vom Bernstein. Aus der Heimat, *36*, 1923, 20—21.

Dahms, P., Mineralogische Untersuchungen über Bernstein. Schr. nat. Ges. Danzig, N. F., *13*, 1914, 175—243, *15*, 1919, 1—42, *15*, 1921, 57—68, *15*, 1921, 78—88.

— — Über rumänischen Bernstein. Zentralbl. Mineral., 1920, 102—118.

— — Hohlräume und Wassereinschlüsse im Bernstein. Zentralbl. Mineral., 1922, 327—335, 353—363.

— — Über die künstliche Klärung des Bernsteins. Schr. phys.-ökon. Ges. Königsberg, *64*, 1925, 17—29.

— — Ambra und Bernstein. Schr. nat. Ges. Danzig, *17*, 1926, 15—29.

Farrington, O. C., Amber, its physical properties and geological occurence. Field. Mus. nat. Hist., Geol., Chicago, 1923, 25—31, 3 Tafeln.

Fischer, W., Von dem bei Schmiedeberg im sächsischen Kurkreis in den Jahren 1731—1733 gegrabenen Bernstein. SB. Abh. nat. Ges. Isis, Dresden, 1929, 1930, 33—47.

Goebel, S., De Succino libri II. Frankfurt 1558.

Grunow, Bernstein in der Technik. Zeitschr. Ver. Deutsch. Ing., *74*, 1930, 879.

Hartmann, Ph. J., Succincta Succini Prussici Historia et Demonstratio. Berlin 1699.

Hoogeveen, E., Barnsteen, het goud der zee van't noorden. Studien, Tijdschr. Godsdienst, Wetenschap, Letteren, *61*/112, 1929, 127—130.

Iwasaki, C., The Coal and the Ambor of Kuji. Techn. Rep. Tohoku Univ., *6*/3, 1927, 23—28.

Jaeschke, Ostpreußens Bernstein und seine wirtschaftliche Bedeutung. E. Koehrer & M. Worgitzki, Ostpreußen, seine Entwicklung und seine Zukunft, 5. Aufl., Berlin-Charlottenb. 1922, 27—33.

Jensen, Ist der Bernsteinfluß Eridanus die Eider? Die Heimat, *40*, 1930, 17—19.

John, J. F., Naturgeschichte des Succins oder des sogenannten Bernsteins. I. Köln 1816.

Kaunhowen, F., Der Bernstein in Ostpreußen. Jahrb. Preuß. Geol. Landesanst., *34*, II, 1913, 1—80.

— — Bernstein. Dammer-Tietze, Die nutzbaren Mineralien, 2. Aufl., 2, 1928, 467—513.

Klebs, R., Der Bernstein. Seine Gewinnung, Geschichte und geologische Bedeutung. Königsberg 1880.

— — Der Bernsteinschmuck der Steinzeit von der Baggerei bei Schwarzort und anderen Lokalitäten Preußens. Beitr. Naturkd. Preußens, *5*, Königsberg 1882, 75 Seiten, 12 Tafeln.

— — Über die Farbe und Imitation des Bernsteins. Schr. phys.-ökon. Ges. Königsberg, *28*, 1887 (1888), 20—25.

— — Aufstellung und Katalog des Bernstein-Museums von Santien und Becker, Königsberg Pr., nebst einer kurzen Geschichte des Bernsteins. Königsberg 1889.

Klobius, J. F., Ambrae historia ad Omnipotentis Dei gloriam et hominum sanitatem. Wittenberg 1666.

La Baume, W., Bernstein und Bernsteinartefakte. Reallexikon Vorgesch., *9*, Berlin 1927, 430—441, 3 Tafeln.

Ley, W., The Story of Amber. Natural Hist., *41*, 1938, 351—357, 384.

Lineau, M. M., Der nordische Bernstein in vor- und frühgeschichtlicher Zeit. Ostdeutsche Monatsh., *8*, 1928, 939—949.

Loebner, H., Die gegenwärtige Lage der Bernstein-Industrie. Zeitschr. Ver. Deutsch. Ing., *78*, 1934, 1129—1131.

M a r t e l l, P., Der Bernstein an der Küste Ostpreußens. Schr. zool. Station Büsum Meereskd., 1920, 118—123.

M u s c h i c k, F., Der Bernstein, seine Entstehung, Gewinnung, Verarbeitung und Bedeutung. Geogr. Anz., *32*, 1931, 140—147, 4 Tafeln.

N a v a r r o, J. M. de, Prehistoric routes between Northern Europe and Italy defined by the amber trade. Geogr. Journ., *66*, 1925, 481—503, 2 Karten.

N e u m a n n, H., Leitfähigkeit und dielektrische Hysteresis einiger Isolatoren und ihre Beeinflussung durch Röntgen- und γ-Strahlen. Zeitschr. Physik, *45*, 1927, 717—748.

P e l k a, O., Bernstein. Bibl. Kunst-Antiquitätensamml., *18*, Berlin 1920, 148 Seiten.

P f e s t o r f, G., Bernstein und seine elektrischen Eigenschaften. Helios, A, *36*, 1930, 157—159.

P l o n a i t, C., Experimentelle Untersuchungen über den Inhalt der Bläschen bei den trüben Bernstein-Varietäten. Geolog. Archiv, *3*, 1924, 286—294.

— — Über den sicheren Nachweis des echten Ostsee-Bernsteins bei Verwechslung oder Fälschung mit besonderer Berücksichtigung einer optischen Unterscheidungsmethode für Bernstein und seine Imitationen. Mtt. Abt. Gesteins-, Erz-, Kohle- u. Salzuntersuch., Preuß. Geol. Landesanst., *2*, 1926, 30—74.

— — Probleme der Bernstein-Forschung. Angew. Chem., *48*, 1935, 184—187.

— — Entstehung, Bau und chemische Verarbeitung des Bernsteins. Angew. Chemie, *48*, 1935, 480—481, 605—607.

P l o n a i t, C. und E i s e n a c k, A., Laboratoriumsgeräte aus Bernstein. Chem. Fabr., *3*, 1930, 422.

— — und L o e b m a n n, S., Das optische Drehungsvermögen der Harze. Chem. Umsch. Geb. Fette, Öle, Wachse, Harze, 1923/23. 24, 331—336, 342—344.

P o t o n i é, H., Die rezenten Kaustobiolithe und ihre Lagerstätten. Abh. Preuß. Landesanst., N. F. *55*, I—III, III a, 1908—15.

— — Die Entstehung der Steinkohle und der Kaustobiolithe überhaupt. 5. Aufl., Berlin 1910.

P o t o n i é, R., Einführung in die allgemeine Kohlenpetrographie. Berlin 1924.

P r o k a t, F., Amber mining in Germany. Engineer. Mining World, New York, *1*, 1930, 150—152.

R e u t t e r, L., Des ambres lacustres. C. R. Ac. Sc. Paris, *162*, 1916, 421—423.

R i c h t h o f e n, B. v., Die Deutung der jungsteinzeitlichen Bernstein-Schnitzereien vom Schwarzorter Stil. Altpreußen, 1935/1, 3—15.

R o y, C. W. van, Ansichten über Vorkommen des Bernsteins, sowie praktische Mitteilungen über den Wert und die Behandlung desselben als Handelsware. Danzig 1840.

R u n g e, W., Der Bernstein in Ostpreußen. Sammlung gemeinverständl. wiss. Vorträge, herausgeg. von R. Virchow & Fr. v. Holtzendorff. 3. Serie, Berlin 1868.

S c h m i d, L., Bernstein. Handb. Mineralchemie, *7*, 1931, 101 Seiten.

S e g e r, H., Der Bernsteinfund von Hartlieb bei Breslau. Altschles., Mtt. Schles. Altertumsver., *3*, 1931, 171—184, 1 Tafel.

S k w a r r a, E., Bernstein, das ostpreußische Gold. Mutter Natur, *25*, 1937, 44 Seiten.

S t o c k, E., Bernstein, ein uralter deutscher Lackrohstoff. Farben-Ztg., *42*, 589—590.

S t u r m, E., Schwarzort. Ebert Reallexikon Vorgesch., *11*, 1928, 373—379.

T o r n q u i s t, A., Die in der königl. Universitäts-Bernsteinsammlung eingeführte Konservierungsmethode für Bernsteineinschlüsse. Schr. phys.-ökon. Ges. Königsberg, *51*, 1910, 243—247.

T s c h i r c h, A. (und Aweng, E., Jong, C. de, Hermann, S.), Über den Bernstein. Helvetica Chimica, *6*/1, 1923, 214—225.

W i l i a m s o n, G. C., The book of Amber. London 1932, 268 Seiten, 4 Tafeln.

B. B o t a n i k

B l u n c k, G., Bakterieneinschlüsse im Bernstein. Zentralbl. Min. Geol. Paläont., 1929, B., 554—555.

C a s p a r y, R. und K l e b s, R., Die Flora des Bernsteins. I. Abh. Preuß. geol. Landesanst., N. F. *4*, 1906.

C o n w e n t z, H., Monographie der baltischen Bernsteinbäume. Danzig 1890, 151 Seiten, 18 Tafeln.

D u i s b u r g, H. v., Urweltlicher Blütenstaub. N. Preuß. Provinzialbl., 1860, 294—298.

G o e p p e r t, H. R., M e n g e, A. und C o n w e n t z, H., Die Flora des Bernsteins. I, II. Danzig 1883, 1886.

G r ü ß, J., Die Urform des Anthomyces Reukaufii und andere Einschlüsse in den Bernstein durch Insekten verschleppt. Wochenschr. Brauerei, *7*, 1931, 6 Seiten.

— — Die Urform der Anthomyceten nebst Zucker und Stärke im Tertiär. Forsch. Fortschr., *7*, 1931, 175—177.

K i r c h h e i m e r, F., Beiträge zur Kenntnis der Flora des baltischen Bernsteins. I. Beih. Bot. Zentralbl., *57*, B., 1937, 441—484.

M ä g d e f r a u, K., Paläobiologie der Pflanzen. Jena 1942, 396 Seiten.

S c h u b e r t, K., Mikroskopische Untersuchung pflanzlicher Einschlüsse des Bernsteins. I. Bernstein-Forsch., *4*, 1939, 23—44, 6 Tafeln.

C. Z o o l o g i e

A l e x a n d e r, C. P., Crane-flies of the Baltic Amber. Bernstein-Forsch., 2, 1931, 1—135, 1 Tafel.

A n d r é, E., Notice sur les Fourmis fossiles de l'ambre de la Baltique et Description de deux espèces nouvelles. Bull. Soc. Zool. France, *20*, 1895, 80—84.

A n d r é e, K., Bernsteinforschung einst und jetzt. Bernstein-Forsch., *1*, 1929, I—XXXII.

— — Über Bernsteineinschlüsse und ihre wissenschaftliche Bearbeitung. Zeitschr. Österr. Entom. Ver., *24*, 1939, 45—47, 60—61, 78—80.

A n d r é e, K. und K e i l b a c h, R., Neues über Bernsteineinschlüsse. Schr. phys.-ökon. Ges. Königsberg, *69*, 1936, SB., 124—128.

B a c h o f e n - E c h t, A. v., Mikrophotographien von Bernsteininsekten. Paläont. Zeitschr., *7*, 1925, 162—163.

— — Insekteneinschlüsse im Bernstein. Nat. u. Mus., 1928, 299—302.

— — Leben und Sterben im Bernsteinwald. I—III. Paläobiolog., *1*, 1928, 39—50, 2 Tafeln, *2*, 1929, 15—18, 1 Tafel, 264—269, 2 Tafeln.

— — Farbenphotographien von in Bernstein und Kopal eingeschlossenen Insekten. Paläont. Zeitschr., *9*, 1928, 283—284.

— — Der Bernstein und seine Einschlüsse. Verh. zool.-bot. Ges. Wien, *80*, 1930, 35—44.

— — Beobachtungen über im Bernstein vorkommende Spinnengewebe. Biol. Gen., *10*, 1934, 179—184, 1 Tafel.

— — Über die Myriapoden des Bernsteins. Paläobiolog., *7*, 1942, 394—403, 4 Tafeln.

— — Einschlüsse von Federn und Haaren im Bernstein. Paläobiolog., *8*, 1944, 113—119.

B a g n a l l, R. S., On Stenurothrips succineus gen. et sp. nov., an interesting tertiary Thysanopteron. Geol. Mag. (6), *1*, 1914, 483—485.

B a g n a l l, R. S., Fossil Thysanoptera. I—IV. Ent. Monthly Mag., *59*, 1923, 35—38, *60*, 1924, 130—133, 251—252, *62*, 1926, 16—17.

B e i e r, M., Pseudoskorpione aus dem baltischen Bernstein. Festschr. E. Strand, *2*, 1937, 302—316.

— — Pseudoskorpione im baltischen Bernstein und die Untersuchung von Bernsteineinschlüssen. Mikroskopie, *1*, 1946 (1947), 188—199.

B e r e n d t, G. C., Die Insekten im Bernstein, ein Beitrag zur Tiergeschichte der Vorwelt. 1830, 38 Seiten.

— — Die im Bernstein befindlichen organischen Reste der Vorwelt. Berlin, *1*, 1854, Aptera (mit Koch), 124 Seiten, 17 Tafeln, *2*, 1856, Hemiptera und Orthoptera (mit Germar), Neuroptera (mit Pictet und Hagen), 125 Seiten, 8 Tafeln.

B e r v o e t s, R., Diagnoses de quelques nouvelles espèces de Cicadines de l'Ambre de la Baltique. Ann. Mus. nat. Hungar., *8*, 1910, 125—128, 1 Tafel.

B i s c h o f f, H., Bernsteinhymenopteren. Schr. phys.-ökon. Ges. Königsberg, *56*, 1915, 139—144.

B r i s c h k e, C. G. A., Die Hymenopteren des Bernsteins. Schr. nat. Ges. Danzig, N. F. *6*, 1886, 278—279.

B r u e s, C. T., Ancient insects; Fossils in Amber and other deposits. Scient. Monthly, *17*, 1923, 289—304.

— — A fossil genus of Dinapsidae from Baltic Amber. Psyche, *30*, 1923, 31—35.

— — Some new fossil parasitic Hymenoptera from Baltic Amber. Proc. Amer. Acad. Arts Sc., *58*, 1923, 327—346.

— — Two new species of Phoridae from Baltic Amber. Psyche, *30*, 1923, 59—62.

— — The Parisitic Hymenoptera of the Baltic Amber. I. Bernstein-Forsch., *3*, 1932, 4—178.

B u r r, M., Dermaptera preserved in Amber, from Prussia. Tr. Linn. Soc. London (2), *11*, 1911, 145—150, 1 Tafel.

C a r p e n t e r, F. M. und H u l l, F. M., The fossil Pipunculidae. Bernstein-Forsch., *4*, 1939, 8—17, 1 Tafel.

C h o p a r d, L., Orthoptères fossiles et subfossiles de l'Ambre et du Copal. Ann. Soc. ent. France, *105*, 1936, 375—386.

— — Un remarquable genre d'Orthoptères de l'Ambre de la Baltique. Livre Jubil. Bouvier, Paris, 1936, 163—168, 1 Tafel.

C o c k e r e l l, T. D. A., Descriptions of Hymenoptera from Baltic Amber. Schr. phys.-ökon. Ges. Königsberg, *50*, 1909, 1—25.

— — und C l a r k, G. E., A Tipulid fly from Baltic Amber. Canad. Ent., *50*, 1918, 115—116.

C r a m p t o n, G. C., The external anatomy of the primitive Tanyderid Dipteran Macrochile spectrum Loew, preserved in Baltic Amber. Bull. Brooklyn ent. Soc., *21*, 1926, 1—14, 2 Tafeln.

D a m p f, A., Palaeopsylla Klebsiana n. sp., ein fossiler Floh aus dem baltischen Bernstein. Schr. phys.-ökon. Ges. Königsberg *51*, 1910, 248—259, 2 Tafeln.

D u i s b u r g, H. v., Beitrag zur Bernstein-Fauna. Schr. phys.-ökon. Ges. Königsberg, *3*, 1862 (1863), 31—36, 1 Tafel.

E c k s t e i n, K., Tierische Haareinschlüsse im baltischen Bernstein. Schr. nat. Ges. Danzig, N. F., *7*, 1890, 90—93, 1 Tafel.

E m e r y, C., Deux Fourmis de l'ambre de la Baltique. Bull. Soc. ent. France, 1905, 187—189.

E n d e r l e i n, G., Die fossilen Copeognathen und ihre Phylogenie. Paläontograph., *58*, 1911, 279—360, 7 Tafeln.

Enderlein, G., Über die Drüsenhaare der Larve des fossilen Trichadenotecnum trigonoscenea (End. 1911). Zool. Anz., *83*, 1929, 177—180.

— — Die Klassifikation der Coniopterygiden auf Grund der rezenten und fossilen Gattungen. Arch. klassif. phylog. Ent., *1*, 1929 (1930), 98—114.

Giebel, C. G., Die Insekten und Spinnen der Vorwelt mit steter Berücksichtigung der lebenden Insekten und Spinnen; monographisch dargestellt. Leipzig 1856, 511 Seiten.

— — Wirbeltier- und Insektenreste im Bernstein. Z. ges. Naturw., *20*, 1862, 311—321.

Hagedorn, M., Borkenkäfer des baltischen Bernsteins. Schr. phys.-ökon. Ges. Königsberg, *47*, 1906, 115—121.

Hagen, H. A., Über die Neuropteren der Bernsteinfauna. Verh. zool.-bot. Ver. Wien, *4*, 1854, 221—232.

Handlirsch, A., Fernand Meunier und seine Arbeiten über die Paläontologie der Insekten. Wien 1906, 10 Seiten.

— — Die fossilen Insekten und die Phylogenie der rezenten Formen. Ein Handbuch für Paläontologen. Leipzig 1906—1908, 1433 Seiten, 51 Tafeln.

Handschin, E., Die Collembolen des baltischen Bernsteins. Zool. Anz., *65*, 1926, 179—182.

— — Revision der Collembolen des baltischen Bernsteins. Ent. Mitt., *15*, 1926, 161—185, 211—223, 330—342, 2 Tafeln.

Helm, O., Beiträge zur Kenntnis der Insekten des Bernsteins. Schr. nat. Ges. Danzig, N. F., *9*, 1895, 220—231.

— — Tierische Einschlüsse im Succinit. Schr. nat. Ges. Danzig, N. F., *9*, 1896, 88—90.

Hennig, W., Die Gattung Rhachicerus Walker und ihre Verwandten im baltischen Bernstein. Zool. Anz., *123*, 1938, 33—41.

Horn, W., Über das Vorkommen von Tetracha carolina L. im preußischen Bernstein und die Phylogenie der Cicindela-Arten. Deutsch. Ent. Zeitschr., 1906, 329—336.

Jakobi, A., Lichtbildaufnahmen von Bernsteineinschlüssen. Photogr. u. Forsch., 1937, 10—16.

— — Eine neue Bernsteinzikade. SB. Ges. nat. Freunde, 1938, 188—189.

Karsch, F., Neue Milben im Bernstein. Berl. ent. Zeitschr., *28*, 1884, 175.

Keilbach, R., Neue Forschungen über samländische Bernsteineinschlüsse. Naturforsch., *13*, 1937, 398—400.

— — Neue Funde des Strepsipterons Mengea tertiaria Menge im baltischen Bernstein. Bernstein-Forsch., *4*, 1939, 1—7.

Kirchner, G., Korallen im Bernstein. Umschau Wiss. Techn., *48*, 1944, 113—115.

Klebs, R., Gastropoden im Bernstein. Jahrb. Preuß. Geol. Landesanst., 1885 (1886), 366—394, 1 Tafel.

— — Über Bernsteineinschlüsse im allgemeinen und die Coleopteren meiner Bernsteinsammlung. Schr. phys.-ökon. Ges. Königsberg, *51*, 1910, 217—242.

Koch, C. L. und Berendt, G. C., Die im Bernstein befindlichen Crustaceen, Myriapoden, Arachniden und Apteren der Vorwelt. Berlin 1854.

Kolenati, F. A., Über Phryganiden im Bernstein. Abh. Böhm. Ges. (5), *6*, 1851, 15 Seiten.

Kornilowitsch, N., Hat sich die Struktur quergestreifter Muskeln bei Insekten, die wir im Bernstein antreffen, erhalten? SB. Naturf.-Ges. Dorpat, *13*, 1902 (1903), 198—206 (russ.).

Krüger, L., Neuroptera succinea baltica. Stett. entom. Zeit., *84*, 1923, 68—92.

Lengerken, H. v., Etwas über den Erhaltungszustand von Insekteninklusen im Bernstein. Zool. Anz., *41*, 1913, 284—286.

Lengerken, H. v., Über den Erhaltungszustand von Bernsteininklusen. SB. Ges. naturf. Freunde Berlin, 1921, 84—86.

— — Über fossile Chitinstrukturen. Verh. Deutsch. zool. Ges., *6*, 1922, 73—74.

— — Über Widerstandsfähigkeit organischer Substanzen gegen natürliche Zersetzung. Biol. Zentralbl., *43*, 1923, 546—555.

Löw, H., Über den Bernstein und die Bernsteinfauna. Prag. Realschul. Meseritz, 1850, 44 Seiten.

— — Über die Dipterenfauna des Bernsteins. Amtl. Ber. Ver. Deutsch. Naturf., *35*, 1861, 88—98.

— — On the Diptera or two-wingid Insects of the Amber-fauna. Amer. Journ. Sc. (2), *37*, 305—324.

Lucks, R., Palaeogammarus balticus n. sp., ein neuer Gammaride aus dem Bernstein. Schr. nat. Ges. Danzig, N. F., *18*, 1927, 1—11.

Lühe, M., Säugetierhaare im Bernstein. Schr. phys.-ökon. Ges. Königsberg, *45*, 1904, SB., 62—63.

Mayr, G. L., Die Ameisen des baltischen Bernsteins. Beitr. Natkd. Preuß., Königsberg, *1*, 1868, 102 Seiten, 5 Tafeln.

Menge, A., Lebenszeichen vorweltlicher, im Bernstein eingeschlossener Tiere. Progr. Petrischule Danzig, 1856, 1—32.

— — Über ein Rhipidopteron und einige Helminthen im Bernstein. Schr. nat. Ges. Danzig, N. F., *1*, 1866, 1—8.

Meunier, F., Observations sur quelques Diptères tertiaires et Catalogue Bibliographique complet sur les Insectes fossiles de cet ordre. Ann. Soc. Sc. Bruxelles, *19*, 1895, 1—16.

— — Note sur quelques Tipulidae de l'Ambre Tertiaire. Bull. Soc. ent. France, 1894, CLXXVII—CLXXVIII.

— — Note sur quelques Empidae et Mycetophilidae et un curieux Tipulidae de l'Ambre tertiaire. Bull. Soc. ent. France, 1895, XIII—XV.

— — Etudes de quelques Diptères de l'Ambre tertiaire. Bull. Soc. ent. France, 1899, 334—335, 358—359, 392—393.

— — Révision des Diptères fossiles types des Loew conservés au Musée provincial de Koenigsberg. Ent. Misc., 7, 1899, 161—165, 169—182, 4 Tafeln.

— — Les Pipunculidae de l'ambre. Rev. Sc. Bourbon., 1903, 148—151.

— — Monographie des Cecidomyidae, Sciaridae, Mycetophilidae et Chironomidae de l'Ambre de la Baltique. Ann. Soc. Sc. Bruxelles, *28*, 1904. 13—276, 16 Tafeln.

— — Monographie des Psychodidae de l'Ambre de la Baltique. Ann. Mus. Hungar., *3*, 1905, 235—255, 2 Tafeln.

— — Un nouveau genre de Psychodidae et une nouvelle espèce de Dactylolabis de l'Ambre de la Baltique. Naturl., *28*, 1906, 103—104.

— — Les Tipulidae de l'Ambre de la Baltique. Ann. Soc. Sc. Bruxelles, *36*, 1906, 213—215.

— — Monographie de Tipulidae et des Dixidae de l'Ambre de la Baltique. Ann. sc. Natur. (Zool.) (9), *4*, 1906, 349—401.

— — Monographie des Dolichopodidae de l'Ambre de la Baltique. Natural., *29*, 1907, *30*, 1908.

— — Monographie des Empidae de l'Ambre de la Baltique. Ann. Sc. Nat. (9), *7*, 1908, 81—135.

— — Monographie der Leptiden und Phoriden des Bernsteins. Jahrb. Geol. Landesanst. Berlin (2), *30*, 1910, 64—90, 4 Tafeln.

— — Beitrag zur Monographie der Mycetophiliden und Tipuliden des Bernsteins. Zeitschr. deutsch. geol. Ges., *68*, 1916, 477—493.

— — Über einige Mycetophiliden und Tipuliden des Bernsteins nebst Beschreibung der Gattung Palaeotanypeza derselben Formation. N. Jahrb. Mineral., Geol. Paläont., 1917, 73—106, 10 Tafeln.

M e u n i e r, F., Nouvelle contribution à la monographie des „Mycetophilidae" de l'Ambre de la Baltique. Rev. Sc. Bourbon. C. Fr., 1922, 114—120, 1923, 14—34.

M e y e r, A. B., Notiz über in Ostsee-Bernstein eingeschlossene Vogelfedern. Schr. nat. Ges. Danzig, N. F., *6*, 1887, 206—208.

O l f e r s, E. W. M. v., Die Ur-Insekten (Thysanura und Collembola) im Bernstein. Schr. phys.-ökon. Ges. Königsberg, *48*, 1907, 1—40, 25 Tafeln.

P e t r u n k e v i t c h, A., A study of Amber Spiders. Tr. Connecticut Ac. Arts Sc., *34*, 1942, 119—464, 69 Tafeln.

P e y e r i m h o f f, P. de, Le Cupes de l'ambre de la Baltique. Bull. Soc. ent. France, 1909, 57—60.

P o t o n i é, R., Bernsteineinschlüsse, ihre Freilegung und Untersuchung. Naturforsch., *1*, 1924/25, 565—567, 2 Tafeln.

P r e s l, J. S., Additamenta ad faunam protogaeam. sistens descriptiones aliquot animalium in succino inclusorum. Del. Prag. hist. nat. spectr., 1822, 191 Seiten.

P r i e s n e r, H., Bernstein-Thysanopteren. Ent. Mitt., *13*, 1924, 130—151.

— — Bernstein-Thysanopteren. II. Bernstein-Forsch., *1*, 1929, 111—138, 1 Tafel.

Q u i e l, G., Bemerkungen über Coleopteren aus dem baltischen Bernstein. Berl. Ent. Zeit., *55*, 1911, 181—192.

R e b e l, H., Microlepidopteren aus dem baltischen Bernstein. Forsch. Fortschr., *10*, 1934, 372—373.

— — Bernstein-Lepidopteren. Paläobiol., *6*, 1934, 1—16, 1 Tafel.

— — Bernstein-Lepidopteren. Deutsch. ent. Z. Iris, *49*, 1935, 162—186.

— — Mikrolepidopteren aus dem baltischen Bernstein. Naturwiss., *24*, 1936, 519—520.

— — Zur Systematik der Bernstein-Lepidopteren. Z. Österr. Ent. Ver., *22*, 1937, 1—3.

R e i s, O. M., Über eine Art Fossilisation der Muskulatur. Mitt. Ges. Morph. Physiol. München, 1890, 1—6.

— — Untersuchungen über die Petrifizierung der Muskulatur. Arch. mikr. Anat. Entwicklungsgesch., *41*, 1893, *44*, 1895, *52*, 1898.

R o s e n, K. v., Die fossilen Termiten. Eine kurze Zusammenfassung der bis jetzt bekannten Funde. Tr. 2. Entom. Congr. Oxford, 1912, 1913, 318—335, 6 Tafeln.

S a l t, G., Three Bees from Baltic Amber. Bernstein-Forsch., *2*, 1931, 136—147.

S a n d b e r g e r, F. v., Bemerkungen über einige Heliceen im Bernstein der preußischen Küste. Schr. nat. Ges. Danzig, N. F., *6*, 1886, 137—141, 1 Tafel.

S c h a u f u ß, C., Preußens Bernstein-Käfer. I, II. Berl. Ent. Zeit., *36*, 1891, 53—64, *41*, 1896, 51—54.

S c h a u f u ß, L. W., Einige Käfer aus dem baltischen Bernstein. Berl. Ent. Zeit., *32*, 1888, 266—270.

— — Systemschema der Pselaphiden, ein Blick in die Vorzeit, in die Gegenwart und in die Zukunft. Tijdschr. Ent., *33*, 1890, 101—162, 5 Tafeln.

— — Die Scydmaeniden des baltischen Bernsteins. Nunquam otiosus, *3*, 1890, 561—586.

S c h e d l, K. E., Die Borkenkäfer des baltischen Bernsteins. Zentralbl. Gesamtgeb. Entom., *2*, 1947, 12—45, 17 Figuren.

S e l l n i c k, M., Die Oribatiden der Bernsteinsammlung der Universität Königsberg i. Pr. Schr. phys.-ökon. Ges. Königsberg, *59*, 1918, 21—42, 1 Tafel.

— — Rezente und fossile Oribatiden. Schr. phys.-ökon. Ges. Königsberg, *65*, 1927, 114—116.

Sellnick, M., Milben im Bernstein. Bernstein-Forsch., *2*, 1931, 148—180.

Sendel, N., Historia Succinorum. 1742, 328 Seiten, 13 Tafeln.

Shelford, R., On a collection of Blattidae preserved in Amber, from Prussia. J. Linn. Soc. Zool., *30*, 1910, 336—355, 2 Tafeln.

— — The British Museum collection of Blattidae enclosed in Amber. J. Linn. Soc. Zool., *32*, 1911, 59—69, 1 Tafel.

Silvestri, F., Die Thysanuren des baltischen Bernsteins. Schr. phys.-ökon. Ges. Königsberg, *53*, 1912, 42—66.

Snyder, T. E., A new Reticulitermes from Baltic Sea Amber. J. Washington Ac. Sc., *18*, 1928, 515—517.

Stach, J., Eine neue Sminthurus-Art aus der Bernsteinfauna. Bull. Ac. Polon. Sc. Lettr., Cl. Math. Nat. B., 1922, 53—61, 1 Tafel.

Stein, E., Drei merkwürdige Bernstein-Insekten. Mitt. Münch. Ent. Ver., *1*, 1877, 28—30.

Uhmann, E., Hispinen aus baltischem Bernstein. Bernstein-Forsch., *4*, 1939, 18—22, 1 Tafel.

Ulmer, G., Die Trichopteren des baltischen Bernsteins. Schr. phys.-ökon. Ges. Königsberg, Beitr. Naturk. Preußens, *10*, 1912, 380 Seiten.

Ulrich, W., Über das bisher einzige Strepsipteron aus dem baltischen Bernstein und über eine Theorie der Mengeinenbiologie. Z. Morph. Ökol. Tiere, *8*, 1927, 45—62.

Voigt, E., Paläohistologische Untersuchungen an Bernsteineinschlüssen. Paläont. Zeitschr., *19*, 1937.

— — Der Erhaltungszustand der tierischen Einschlüsse im Bernstein. Chem. Zeitg., 1937, Nr. 83.

— — Eine neue Methode zur mikroskopischen Untersuchung von Bernsteineinschlüssen. Forsch. Fortschr., *14*, 1938, 55—56.

Wasmann, E., Die Paussidengattungen des baltischen Bernsteins. Zool. Anz., *68*, 1926, 25—30.

— — Die Arthropterus-Formen des baltischen Bernsteins. Zool. Anz., *68*, 1926, 225—232.

— — Die Paussiden des baltischen Bernsteins und die Stammesgeschichte der Paussiden. Tijdschr. Ent., *70*, 1927, LXII—LXIX.

— — Die Bernsteinpaussiden und die Stammesgeschichte der Paussiden. Verh. X. Intern. Zool. Kongr. Budapest, 1927, 1928 1497—1515.

— — Die Paussiden des baltischen Bernsteins und die Stammesgeschichte der Paussiden. Bernstein-Forsch., *1*, 1929, 1—110, 7 Tafeln.

— — Eine ameisenmordende Gastwanze (Proptilocerus dolosus n. gen. n. sp.) im baltischen Bernstein. Bernstein-Forsch., 2, 1932, 1—3, 1 Tafel.

Wheeler, W. M., The Ants of the Baltic Amber. Schr. phys.-ökon. Ges. Königsberg, *55*, 1914, 1—142.

Zaddach, G., Eine Amphipode im Bernstein. Schr. phys.-ökon. Ges. Königsberg, *5*, 1864, 1—12, 1 Tafel.

Zang, R., Über Coleoptera Lamellicornia aus dem baltischen Bernstein. SB. Ges. nat. Fr. Berlin, 1905, 197—205, 1 Tafel.

— — Coleoptera Longicornia aus der Berendschen Bernsteinsammlung. SB. Ges. nat. Fr. Berlin, 1905, 232—245, 1 Tafel.

Zeuner, F., The recent and fossil Tympanophorinae. Tr. R. ent. Soc. London, *85*, 1936, 287—302.

— — Fossil Orthoptera Ensifera. Brit. Mus. London, 1939, 321 Seiten, 80 Tafeln.

Zillen, E., Einiges über die Mikrophotographie der Bernstein-Inklusen. Zeiß-Nachr., *9*, 1935, 9—14.

GPSR Compliance

The European Union's (EU) General Product Safety Regulation (GPSR) is a set of rules that requires consumer products to be safe and our obligations to ensure this.

If you have any concerns about our products, you can contact us on ProductSafety@springernature.com

In case Publisher is established outside the EU, the EU authorized representative is:

Springer Nature Customer Service Center GmbH
Europaplatz 3
69115 Heidelberg, Germany

Batch number: 10577876

Printed by Printforce, the Netherlands